中国科学院优秀教材一等奖
中等职业教育“十二五”规划教材

中职中专机电类教材系列

电子技术基础与实训

舒伟红　主　编
孙长坚　费新华　副主编

科学出版社
北　京

内 容 简 介

《电子技术基础与实训》是应用电子技术专业的一门重要基础课程，具有较强的理论性与实践性。本书系统地介绍了模拟电路、数字电路的相关内容。主要包括常用电子元器件的识别与检测、电源适配器、扩音机、电池充电器、稳压电源、无线话筒、声光控开关、数字钟等所涉及的理论、实践知识。全书共分八个项目，各项目之间既相互联系又独立成章，体现了项目教学的思想。

本书最大的特点是理论与实践相结合，科学实用、通俗易懂，每个项目均附有“动手做”，对项目实训涉及的装调步骤、测试方法、元件选用等均有详细讲解，对“动手做”中的实践项目稍作改进，即可应用于生产、生活等各个领域。

本书既可作为各类中职学校、技校相关专业的教材，也可供各类培训班、电子爱好者自学使用。

图书在版编目(CIP)数据

电子技术基础与实训/舒伟红主编. —北京：科学出版社，2007
(中等职业教育“十二五”规划教材·中职中专机电类教材系列)
ISBN 978-7-03-019551-7

Ⅰ.电… Ⅱ.舒… Ⅲ.电子技术-专业学校-教材 Ⅳ.TN

中国版本图书馆 CIP 数据核字（2007）第 119920 号

责任编辑：陈砺川/责任校对：柏连海
责任印制：吕春珉/封面设计：耕者设计工作室

科学出版社出版
北京东黄城根北街 16 号
邮政编码：100717
http://www.sciencep.com

铭浩彩色印装有限公司 印刷
科学出版社发行 各地新华书店经销

*

2007 年 9 月第 一 版 开本：787×1092 1/16
2020 年 7 月第十五次印刷 印张：16 1/2
字数：373 000

定价：46.00 元

（如有印装质量问题，我社负责调换〈铭浩〉）
销售部电话 010-62134988 编辑部电话 010-62135763-8020

前　言

自2002年全国职业教育工作会议以来，《国务院关于大力推进职业教育改革与发展的决定》（国发［2002］16号）得到了各级政府、教育部门的深入贯彻，明确提出职业教育应“坚持以就业为导向，深化职业教育教学改革”。“十一五”期间，国家拨出专项资金用于加强职业院校学生实践能力和职业技能的培养，实施职业教育实训基地建设计划。高技能人才的培养被提到前所未有的高度。

与此相适应，从职业岗位要求出发，以职业能力和技能培养为核心、涵盖新工艺、新方法、新技术的专业教材的需求日趋迫切。

为此，科学出版社提出应积极推进课程改革和教材建设，为职业教育教学和培训提供更加丰富多样和实用的教材，更好地满足职业教育改革与发展的需要，并组织专家、各中、高职院校教学骨干教师多次研讨，推出了中职系列教材。

本教材与传统的同类教材相比，在内容组织与结构编排上都做了较大的改革与尝试。

1. 以能力为核心，面向中等职业教育培养中、初级技能人才的目标，创建理论与实践相统一、学以致用的综合性教材。

2. 针对中职学生的特点，适当降低理论起点，强调知识与实践的运用，着重基础性、实用性与趣味性。

3. 引入项目式教学，在内容编排上尽力做到形式与层次、知识与运用相结合。

本教材将模拟电路、数字电路相关知识通过八个项目有机地贯穿和结合在一起，在整体上力求科学实用、通俗易懂、图文并茂，从实践入手（开篇即从认识电子元件入手）激发学习兴趣，做到实践—理论—再实践地螺旋式上升，避免了长篇的枯燥理论讲解使学生学习无从下手的尴尬状况。除项目一外，其余项目都安排了富于实践性、趣味性的“动手做”，其内容贴近人们的日常生活，学生易于理解。“学了就会做，做了就能用”，实践内容易于取材，保证了教学的有效性。

本教材内容共分九个部分，项目一（认识常用元器件）、项目二（电源适配器），项目三（扩音机）、项目四（电池充电器）、项目五（直流稳压器）、项目六（无线话筒）、项目七（光声控开关）、项目八（数字钟），以及包含十七个实验的分组实验部分（供教学时选择分组实验）。

教材的实践环节包含了两个层次，第一个层次为分组实验（教材的实验部分），主要任务是验证理论学习中的一些定律、基本规则、常见元件的应用等，培养学生一丝不苟的科学态度，学会撰写规范实验报告；第二个层次为每个项目中的“动手做”，通过一定课时的综合实践——元件筛选、线路板的制作、电路调试等，完成具有特定功能的电路。“动手做”的内容具有较强的实用性，学生完成后可直接应用于生产、生活等各个领域，学以致用，从而激发学生的学习兴趣。

每个项目都配备了知识链接，着重介绍当今电子技术新工艺、新知识等，帮助学生丰富专业视野。

学习本教材大约需要 220 课时，学时分配方案可参考下表。

学时分配方案表

序号	理论课时	实践课时	序号	理论课时	实践课时
项目一	12	2	项目五	10	12
项目二	10	6	项目六	8	12
项目三	32	12	项目七	20	16
项目四	18	14	项目八	20	16
合计课时	220				

本书由浙江缙云职业中专舒伟红主编，浙江缙云职业中专孙长坚、浙江长兴职教中心费新华任副主编，浙江温岭职业技术学校陈文标、广东工业贸易职业技术学校蔡绵宏、浙江缙云职业中专胡土琴、浙江武义职业学校李林汉、浙江浦江职业技术学校余春晖参与了本书的编写。其中，项目一由费新华编写，项目三由胡土琴编写，项目八由李林汉编写，项目七由蔡绵宏编写，实验部分由陈文标编写，项目二、项目四～六的“知识巩固”部分由余春晖编写，项目二、项目四～六由舒伟红、孙长坚编写，全书由舒伟红统稿。浙江师范大学施晓钟主审。本书的编写得到了丽水职业技术学院胡德华、浙江亚龙教仪有限公司周炜、缙云职业中专赵询谊、施丽新等同志的大力支持和帮助，在此一并表示感谢。

由于编者水平有限，书中难免有疏漏和不妥之处，敬请广大读者批评指正。

目　录

项目一

认识常用元器件

任何电子设备都是由一个个的电子元件组成，音箱会发出声音、电视机能出现图像、手机能相互通信、收音机能收到电台节目等，无不在各种元件的“齐心合力”下完成。

认识各类元件、了解元件的作用、会判别元件的质量等是学习、应用电子技术的基础，是走进电子“殿堂”大门的第一步阶梯。

本项目的学习围绕电阻、电容、晶体管、电路图、线路板等元件、组件展开。

知识目标

- 能说出常见的电阻、电容的种类，并能正确应用。
- 掌握各种电容的读数方法、常用参数及选用的原则。
- 能识别、辨别各类元件，熟记各类元件的电路符号。

技能目标

- 熟悉用万用表测量电阻的方法来判别二极管、三极管等晶体管质量；能正确区分晶体管引脚与极性。
- 熟练掌握色环电阻的读数、测量方法、电容容量表示方法；能用万用表估测容量大小。
- 能运用器件手册等工具学习新元件的功能及选用方法。

1.1 电 阻 器

☞学习目标

1）能正确辨别碳膜电阻器、金属膜电阻器。

2）正确读出四环、五环电阻器的阻值。

3）了解电阻器标称系列阻值。

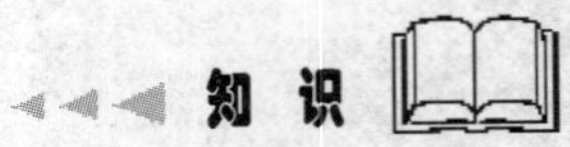

电阻器（也叫电阻）是电子电路中应用最广泛的一种元件，在电子设备中约占元件总数的30%以上，其质量的好坏对电路工作的稳定性有极大影响。它的主要用途是稳定和调节电路中的电流和电压，其次还可作为分流、分压和负载使用。

1.1.1 电阻的分类

1）线绕电阻器。包括通用线绕电阻器、精密线绕电阻器、大功率线绕电阻器、高频线绕电阻器。

2）薄膜电阻器。包括碳膜电阻器（RT）、合成碳膜电阻器（RH）、金属膜电阻器（RJ）、金属氧化膜电阻器（RY）、化学沉积膜电阻器、玻璃釉膜电阻器、金属氮化膜电阻器。

3）实心电阻器。包括无机合成实心碳质电阻器、有机合成实心碳质电阻器。

4）敏感电阻器。包括压敏电阻器、热敏电阻器、光敏电阻器、力敏电阻器、气敏电阻器、湿敏电阻器。

表1.1列出了几种常用电阻器的结构特点。

表1.1 常用电阻器的结构与特点

电阻器种类	电阻器结构特点	实物图片
碳膜电阻器	气态碳氢化合物在高温和真空中分解，碳沉积在瓷棒或者瓷管上，形成一层结晶碳膜。改变碳膜厚度和用刻槽的方法变更碳膜的长度，可以得到不同的阻值。碳膜电阻器成本较低，性能一般	
金属膜电阻器	在真空中加热合金，合金蒸发，使瓷棒表面形成一层导电金属膜。刻槽和改变金属膜厚度可以控制阻值。这种电阻器和碳膜电阻器相比，体积小、噪声低、稳定性好，但成本较高	

续表

电阻器种类	电阻器结构特点	实物图片
线绕电阻器	用康铜或者镍铬合金电阻丝，在陶瓷骨架上绕制而成。这种电阻器分固定和可变两种。它的特点是工作稳定，耐热性能好，误差范围小，适用于大功率的场合，额定功率一般在1W以上	

1.1.2　电阻的参数

1. 额定功率

电阻的额定功率指在规定的环境温度和湿度下，假定周围空气不流通，在长期连续负载而不损坏或基本不改变性能的情况下，电阻器上允许消耗的最大功率。为保证安全使用，一般选其额定功率比它在电路中消耗的功率高1或2倍。额定功率分19个等级，常用的有0.05W、0.125W、0.25W、0.5W、1W、2W、3W、5W、7W、10W等，在电路图中，非线绕电阻器额定功率的符号表示如图1.1所示。

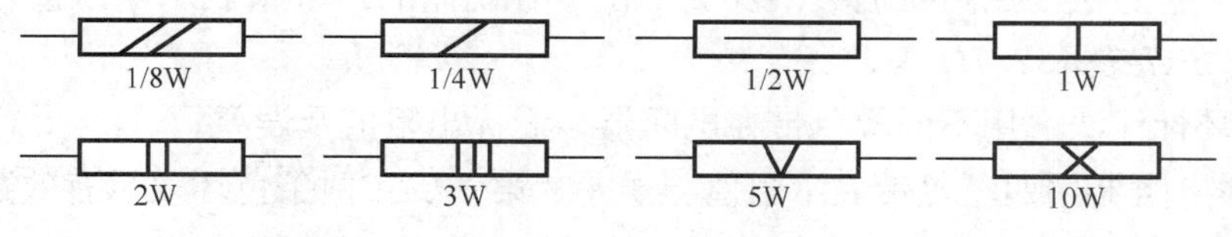

图1.1　电阻器功率的表示

2. 标称阻值

标称阻值指电阻器上标识的阻值，其单位为欧（Ω），千欧（kΩ）、兆欧（MΩ）。由于大批量生产的电阻器不可能满足使用者对阻值的所有要求，为保证能在一定的范围内选用电阻器，对电阻器的阻值数列按一定科学规律进行设计。这样生产厂家能批量生产，使用者也能找到合适的电阻值。普通电阻器的阻值数列有E24、E12、E6三种，如表1.2所示。

表1.2中的数值可以乘以10^n，得到不同的阻值，例如1.0这个标称值，就有1Ω、100Ω、1kΩ、10kΩ、100kΩ、1MΩ等电阻值。

电阻器和电位器实际阻值对于标称阻值的最大允许偏差范围称为它们的误差等级，它表示产品的精度，允许误差的等级如表1.3所示。

3. 标称阻值与误差允许范围的标识方法

电阻的标称阻值和误差通常都标注在电阻体上，标注方法有以下三种。

表 1.2 电阻器标称阻值系列

E24 (误差±5%)	E12 (误差±10%)	E6 (误差±20%)	E24 (误差±5%)	E12 (误差±10%)	E6 (误差±20%)
1.0 1.1	1.0	1.0	3.3 3.6	3.3	3.3
1.2 1.3	1.2		3.9 4.3	3.9	
1.5 1.6	1.5	1.5	4.7 5.1	4.7	4.7
1.8 2.0	1.8		5.6 6.2	5.6	
2.2 2.4	2.2	2.2	6.8 7.5	6.8	6.8
2.7 3.0	2.7		8.2 9.1	8.2	

表 1.3 电阻误差等级

级别	005	01	02	Ⅰ	Ⅱ	Ⅲ
允许误差	±0.5%	±1%	±2%	±5%	±10%	±20%

1）直标法。直接用阿拉伯数字及单位在电阻器表面上标出，如 4.7kΩ±10%。

2）文字符号法。用阿拉伯数字及文字符号有规律的组合来表示电阻值，如 2k7 表示 2.7kΩ，2R7 表示 2.7Ω 等。

3）色环标注法。用不同颜色带在电阻器表面标出阻值及误差。

①普通电阻器用四环色带表示阻值与误差，第一、二两条色环表示有效数字，第三条色环表示 10 的倍率，第四条色环表示允许误差，如图 1.2 所示。

②精密电阻器用五条色环表示阻值与误差，第一、二、三条色环表示有效数字，第四条色环表示 10 的倍率，第五条色环表示允许误差，如图 1.3 所示。

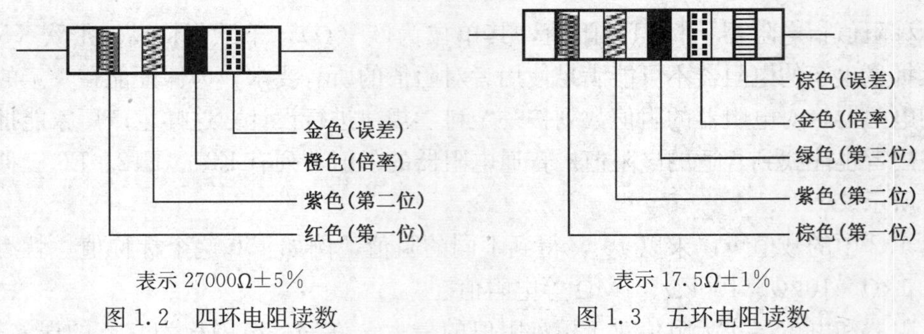

图 1.2 四环电阻读数

图 1.3 五环电阻读数

③在电路图中电阻器和电位器的单位标注规则如下。

• 阻值在兆欧以上，标注单位 M。比如 1MΩ，标注为 1M；2.7MΩ，标注为 2.7M。

• 阻值在 1～100kΩ 之间，标注单位 k。比如 5.1kΩ，标注为 5.1k；68kΩ，标注为 68k。

• 阻值在 100kΩ～1MΩ 之间，可以标注单位 k，也可以标注单位 M。比如360kΩ，可以标注 360k，也可以标注 0.36M。

• 阻值在 1 千欧以下，可以标注单位 Ω，也可以不标注。比如 5.1Ω，可以标注为 5.1Ω 或者 5.1；680Ω，可以标注为 680Ω 或者 680。

④各种色环表示的数字如表 1.4 和表 1.5 所示。

表 1.4 色环颜色所代表的数字或意义（四环电阻）

颜 色	第一色环	第二色环	第三色环应乘以10的倍率	第四色环允许误差
棕	1	1	10^1	
红	2	2	10^2	
橙	3	3	10^3	
黄	4	4	10^4	
绿	5	5	10^5	
蓝	6	6	10^6	
紫	7	7	10^7	
灰	8	8	10^8	
白	9	9	10^9	
黑	0	0	1	
金				±5%
银				±10%
无色				±20%

表 1.5 色环颜色所代表的数字或意义（五环电阻）

颜 色	第一色环	第二色环	第三色环	第四色环应乘以10的倍率	第五色环允许误差
棕	1	1	1	10^1	±1%
红	2	2	2	10^2	±2%
橙	3	3	3	10^3	
黄	4	4	4	10^4	
绿	5	5	5	10^5	±0.5%
蓝	6	6	6	10^6	±0.25%
紫	7	7	7	10^7	±0.1%
灰	8	8	8	10^8	
白	9	9	9	10^9	
黑	0	0	0	1	
金				10^{-1}	
银				10^{-2}	

4. 碳膜电阻的最高工作电压

碳膜电阻的最高工作电压指电阻器长期工作不发生过热或电击穿损坏时两端所受的最大电压。如果电压超过规定值，电阻器内部产生火花，引起噪声，甚至损坏。表 1.6 是碳膜电阻的最高工作电压一览表。

表 1.6 碳膜电阻的最高电压

标称功率/W	1/16	1/8	1/4	1/2	1	2
最高工作电压/V	100	150	350	500	750	1000

1.1.3 电阻的选用与检测

1. 选用常识

根据电子设备的技术指标和电路的具体要求选用电阻的型号和误差等级；额定功率应大于实际消耗功率的1或2倍；电阻装接前要测量核对，要求较高时，须对电阻进行人工老化处理，提高稳定性；根据电路工作频率选择不同类型的电阻。

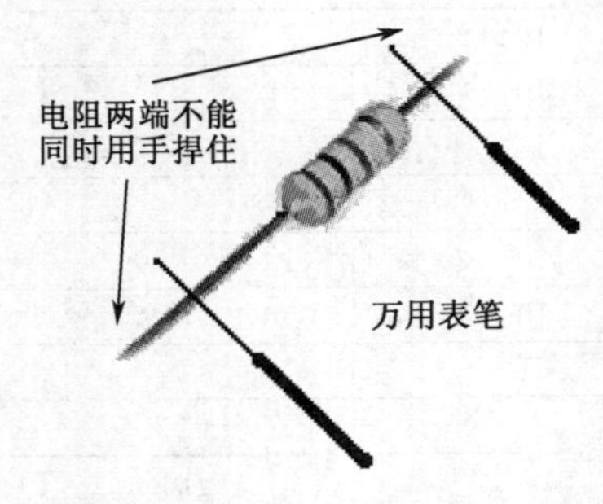

图 1.4 电阻的测量

2. 检测方法

将万用表两表笔（不分正负极）分别与电阻的两端引脚相接即可测出实际电阻值，如图1.4所示，为了提高测量精度，应根据被测电阻标称值的大小来选择量程。由于欧姆挡刻度的非线性关系（指针表），它的中间一段分度较为精细，因此应使指针指示值尽可能落到刻度的中段位置，即全刻度起始的20%～80%弧度范围内，以使测量更准确。根据电阻误差等级不同，读数与标称阻值之间分别允许有±5%、±10%或±20%的误差。如不相符或超出误差范围，则说明该电阻值变值了。

测试时，特别是在测数十千欧以上阻值的电阻时，手不要触及表笔和电阻的导电部分，避免人体电阻并入造成测量偏差；色环电阻的阻值虽然能以色环标志来确定，但在使用时最好还是用万用表测试一下其实际阻值。

■ 1.2 电容器的识别 ■

☞学习目标

1）了解常用电容器的种类，能区分电解电容、瓷介电容、涤纶电容等。
2）掌握选用电容器的基本原则与方法。
3）正确识别电容的标识，能用万用表估测容量。

1.2.1 电容器的分类与命名

1. 分类

固定电容器（电容器可简称为电容）按所用材料分为三大类，分别为有机介质电容器、无机介质电容器、电解电容器。各大类电容器细分如表 1.7 所示。

表 1.7　电容器的分类

有机介质电容器	无机介质电容器	电解电容器
纸介电容器	云母电容器	铝电解电容器
聚苯乙烯电容器	气体介质电容器	钽电解电容器
聚酯（涤纶）薄膜电容器	玻璃釉电容器	铌电解电容器
聚四氟乙烯电容器	瓷介电容器	……
漆膜电容器	……	
……		

2. 命名

国产电容器的型号一般由以下四部分组成（图 1.5），各部分都有其特定含义。

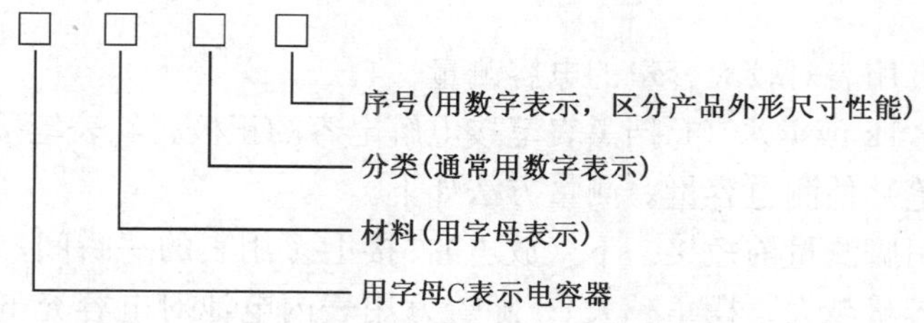

图 1.5　电容器的命名

用字母表示电容器的材料时各字母的含义如表 1.8 所示。

表 1.8　用字母表示电容的材料

字母	电容器介质材料	字母	电容器介质材料
A	钽电解	L	聚酯（涤纶）薄膜
B	聚苯乙烯	N	铌电解
C	高频陶瓷	O	玻璃膜
D	铝电解	Q	漆膜
E	其他材料电解	S T	低频陶瓷
F	合金电解	V X	云母纸
G	纸膜复合材料	Y	云母
H	玻璃釉	Z	纸介
J	金属化纸介		

例如：CD11 表示铝电解电容器。

1.2.2　电容器的主要参数与标识

1. 电容器的标称容量

电容器的标称容量是指标识在电容器上的容量，一般电容器的标称容量系列与电阻器的系列相同，即 E24、E12 和 E6 系列。

电容量标识方法有以下三种。

1）直标法。在电容器壳体上直接标出容量、单位、允许偏差，如 470μF。

2）文字符号法。用文字符号与数字有规律的组合来表示容量，如 6p8 表示 6.8pF，4μ7 表示 4.7μF，1n 表示 1000pF，104 表示 100000pF 即 0.1μF。

3）色标法。用色环或色点表示容量，一般以皮法（pF）为单位，与电阻色环规则相同。

2. 电容器的额定工作电压

电容器在电路中可长期可靠稳定工作而不被击穿所能承受的最大直流电压（耐压）。其大小与电容器的种类、介质厚度有关。电容器常用的耐压有 4.3V、10V、16V、25V、35V、63V、100V、160V、250V、400V、630V 等。

1.2.3 电容器的测量与选用

1. 电容器的测量

（1）用指针万用表对较大容量的电容测量

用万用表 R×1k 或 R×10k 挡黑表笔接电解电容的正极、红表笔接负极（无极性电容不必区分两表笔）估测电容量。测量方法如下。

被测电容两引脚测量前短接一下（放电），接上万用表的一瞬间，万用表指针向右摆动一个角度（容量越大，摆角越大）；随着万用表内电池对电容充电，万用表指针逐渐向左摆回（容量越大，指针摆回速度越慢），最后指针停留在刻度最左端，此时万用表的读数即为电容器的漏电阻。用这种方法测电容，须积累一定的经验才能较为准确地估计电容量的大小。

（2）用电容表测量

准确测量电容量的大小须采用专业电容表测量。电容器的其他参数可通过万用电桥及高频 Q 表来测量，读者可参阅其他手册说明。

2. 电容器的选用

选用电容器可参考以下基本原则。

1）根据实际电路要求选择合适类型的电容器。例如，用于高频电路中的电容器，应选用介质损耗小及频率特性好的电容器，如涤纶电容、陶瓷电容、云母电容；用于电源滤波、退耦应选用电解电容。

2）对电容容量的确定要符合电容器标称值系列规定。电子产品在批量生产时，应选用电容器容量标称系列中的电容，以确保有稳定的货源，避免出现所选用的电容无法购买。如在整流滤波电路中，根据计算得出滤波电容就为 3100μF，此容量在标称系列中不存在，故应在电容容量标称系列中选一个相近的值，如 3300μF。

3）选择电容器耐压时要留有余量。为确保电子产品能长期稳定工作，能适应正常电压的波动，在选择电容器的额定工作电压时要留有 20%～30%的余量，个别电路工作电压波动较大时，还须有更大的安全裕量。

1.3 半导体分立元件

☞**学习目标**

1）了解常用晶体管的封装形式，能大体直观判别其引脚极性。

2）熟练运用万用表检测晶体管质量、判别其引脚极性。

国产半导体分立器件的外形封装形式很多，通常用字母和数字表示，如图 1.6 所示。

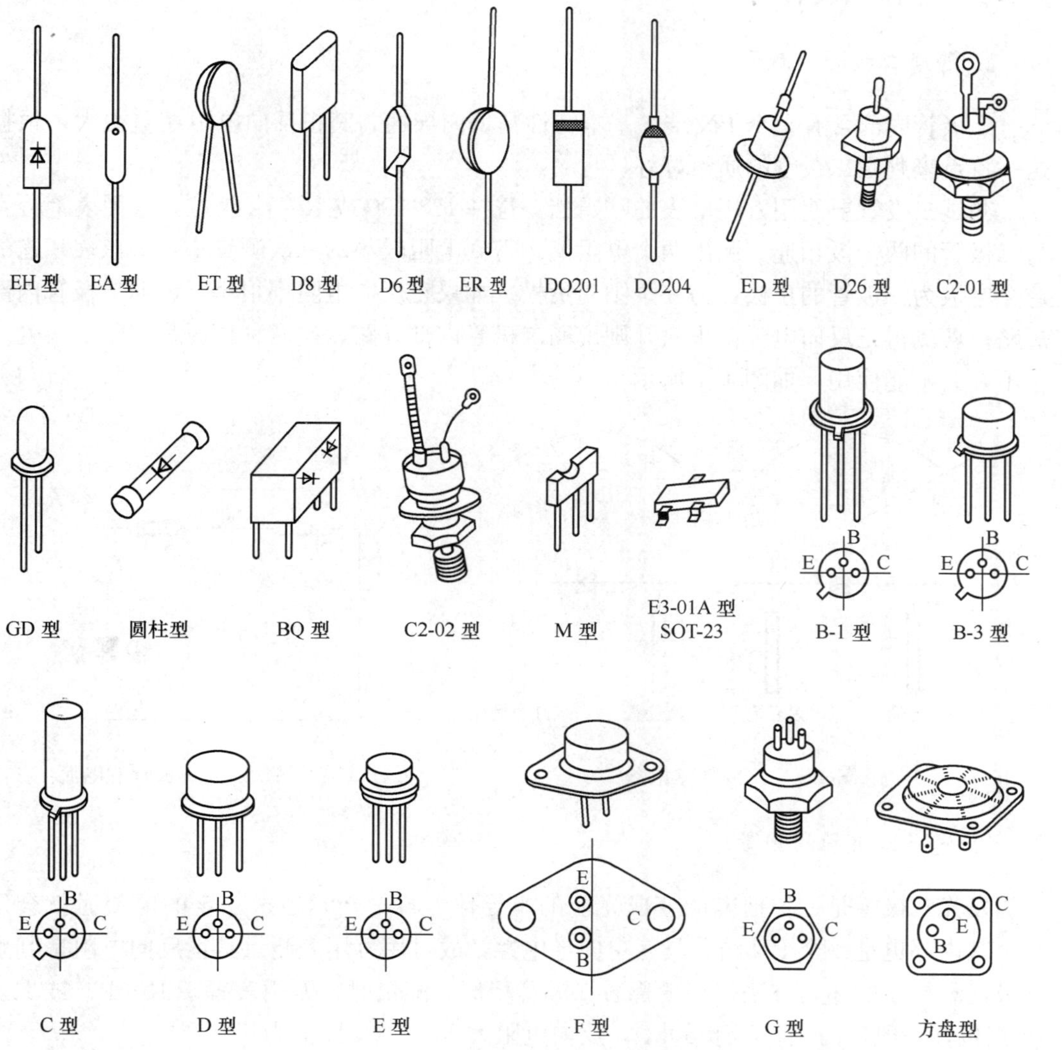

EH 型 EA 型 ET 型 D8 型 D6 型 ER 型 DO201 DO204 ED 型 D26 型 C2-01 型

GD 型 圆柱型 BQ 型 C2-02 型 M 型 E3-01A 型 SOT-23 B-1 型 B-3 型

C 型 D 型 E 型 F 型 G 型 方盘型

图 1.6 半导体分立器件的封装

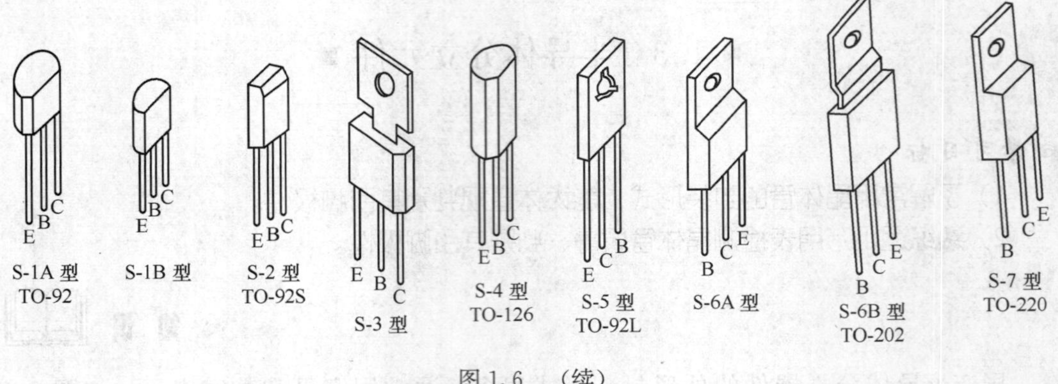

图 1.6 (续)

1.3.1 晶体二极管

1. 普通二极管的测量

二极管内部含有一个 PN 结，基本特性是单向导通，其正反向电阻相差很大，根据这一特点来判别二极管的质量好坏。

测试二极管要使用万用电表的欧姆挡，选择 R×100 或 R×1k 挡位，万用表笔分别与二极管的两个极相连，测出两个电阻值，得到电阻较小的一次测量中，与黑表相连的这个电极为二极管的正极，另一个则为负极。如果正反向电阻都很小，说明二极管内部短路；若测得正反向电阻都很大，则说明二极管内部开路，这两种情况都属于二极管质量不好，不能使用，如图 1.7 所示。

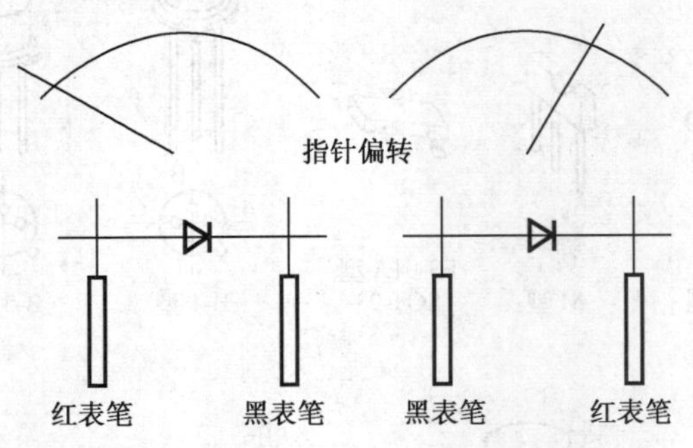

图 1.7 二极管测量图示

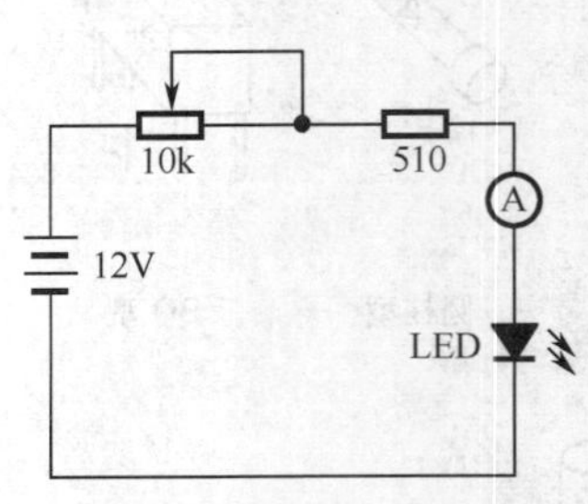

图 1.8 测量发光二极管的电流

2. 发光二极管的测量

发光二极管是一种把电能变成光能的半导体器件，当它通过一定的电流时就会发光。其内部也是一个 PN 结，具有单向导电性，故可用万用表测量其正反向电阻来判别其极性和质量好坏，方法与测量普通二极管相似。测量时，万用表置于 R×100 或 R×1k 挡位，一般正向电阻小于 50kΩ，反向电阻大于 200kΩ 以上为正常。

发光二极管的工作电流是一个重要的参数。工作电流太小，发光二极管亮度不够或不能点亮，太大则易损坏发光二极管。正常的工作电流可查阅器件手册或用图 1.8 估测。

测量时，先将限流电阻电位器置最大阻值位置处，然后慢慢将电位器向阻值变小的方向调节，调到一定阻值时，发光二极管发光，然后继续调小电位器阻值，使发光二极管达到正常的亮度，这时电流表指示的电流值即为发光二极管的工作电流。

不能使发光二极管亮度太高，否则容易使发光二极管早衰、老化。

3. 光电二极管的测量

光电二极管的管芯主要用硅材料制作，能把光照强弱变化转换成电信号，当光电二极管受光照时，其反向电流大大增加，使其内阻减小。根据这一特性，可用万用表进行测量。

（1）电阻测量法

使用万用电表 R×100 或 R×1k 欧姆挡，像普通二极管一样，正向电阻应为 10kΩ 左右，无光照时（可用手挡住光电二极管）反向电阻应为无穷大，然后让光电二极管见光，光线越强反向电阻应越小。光线特强时反向电阻可降到 1 kΩ 以下，说明管子质量良好。若正、反向电阻均为零或无穷大，则说明管子是坏的，如图 1.9 所示。

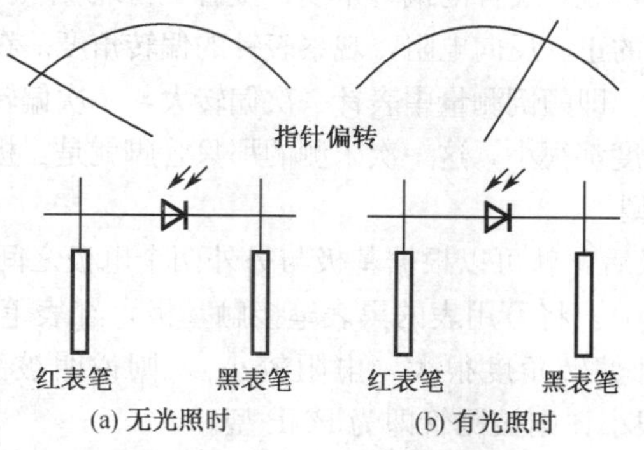

图 1.9　测量光电二极管

（2）电压测量法

用万用电表（指针式）直流低电压档位，红表笔接光电二极管正极，黑表笔接负极，在强光照射下，应可测到 0.2～0.4V 电压。

1.3.2 晶体三极管

晶体三极管的外形封装各异，相同的封装其引脚、极性可能也不一样，在使用晶体三极管时，必须注意其管脚的排列，一定要先检测管脚，避免装错，造成人为故障。

1. 三极管管脚的判别

用万用表判别三极管管脚的根据是：NPN 型三极管基极到发射极和基极到集成极均为 PN 结的正向；而 PNP 型三极管基极到发射极和基极到集电极均为 PN 结反向，如图 1.10 所示。根据二极管正向电阻小、反向电阻大的特点，判断出三极管的基极，进而确定集电极与发射极。

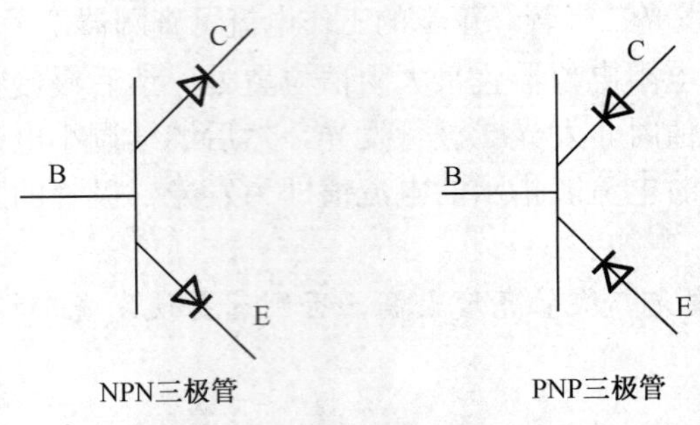

图 1.10 三极管测量示意图

判别方法按下面口诀进行："三颠倒，找基极；PN 结，定管型；判 CE，动动手。"具体说明如下。

(1) 三颠倒，找基极

测试三极管要使用万用电表的欧姆挡，选择 R×100 或 R×1k 挡位。假定事先并不知道被测三极管是 NPN 型还是 PNP 型，也分不清各管脚是什么电极。测试的第一步是判断哪个管脚是基极。这时任取两个电极（如这两个电极为 1、2)，用万用电表两支表笔颠倒测量它的正、反向电阻，观察表针的偏转角度；接着，再取 1、3 两个电极和 2、3 两个电极，分别颠倒测量它们的正、反向电阻，观察表针的偏转角度。在这三次颠倒测量中，必然有两次测量结果相近：即颠倒测量中表针一次偏转大，一次偏转小；剩下一次必然是颠倒测量前后指针偏转角度都很小，这一次未测的那只管脚就是三极管的基极。

(2) PN 结，定管型

找出三极管的基极后，就可以根据基极与另外两个电极之间 PN 结的方向来确定管子的导电类型（图 1.10)。将万用表的黑表笔接触基极，红表笔接触另外两个电极中的任一电极，若表头指针偏转角度很大（电阻较小)，则说明被测三极管为 NPN 型管；若表头指针偏转角度很小，则被测管即为 PNP 型。

(3) 判 CE，动动手

以 NPN 三极管为例，确定基极后，假定其余的两只脚中的一只是集电极，将黑表笔接到此脚上，红表笔则接到假定的发射极上，用手指把假设的集电极和已测出的基极捏起来（但不能相碰)，看表针指示，并记下此时的偏转角度。然后再作相反假设，即把原来假设为集电极的脚假设为发射极，进行同样的测试并记下指针偏转角度。比较两次读数的大小，若前者电阻较小，说明前者的假设是对的，则黑表笔接的一只脚是集电极，另一只便是发射极了，见图 1.11 所示。

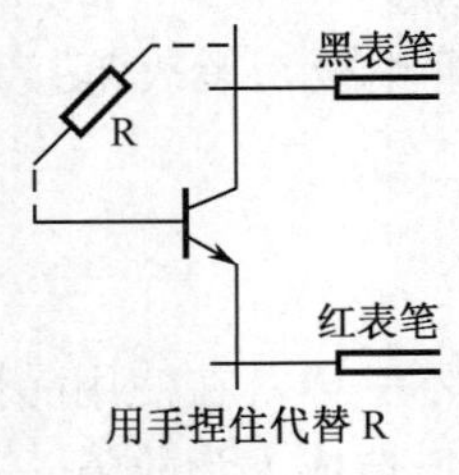

图 1.11 判别三极管的集电极

如要判别的是 PNP 三极管，方法与上述相同，但红、黑表笔极性对调一下即可。

2. 锗管和硅管的判别

可用万用电表的欧姆挡 R×100 或 R×1k，测量三极管的发射极正向电阻，硅管的正向电阻较大，锗管的正向电阻较小，比较即可得到结果。熟练后直接看其正向电阻即可判定。

值得一提的是，在三极管质量良好的情况下，按以上步骤可判别三极管的引脚、极性；在已知三极管的引脚排列、极性的情况下，亦可通过上述方法检测其质量，但测试步骤可简化为如下两步。

1）测量三极管基极与集电极、基极与发射极间 PN 正反向电阻应符合正向电阻较小、反向电阻较大的特性。

2）测试集电极与发射极间正、反向电阻均应较大。

通过以上两次测量，基本可以认为三极管质量良好，三极管的放大系数可利用万用表 β 测试挡位估测。

三极管的质量及引脚判别是一项基本电子技能，应多练多测，熟能生巧，形成自己熟悉快捷的判别方法才是最重要的。

■ 1.4 电路图与印刷电路板 ■

☞学习目标

1）熟记各种元件的电路符号。

2）了解电路图的概念。

3）了解印刷电路板的结构、功能及简单的生产制作过程。

1.4.1 电路图与图形符号

图 1.12 是用导线将电池、灯泡、开关连起来的实物布线图，接通开关灯泡就亮的最基本的电路，这个图称为实物接线图。

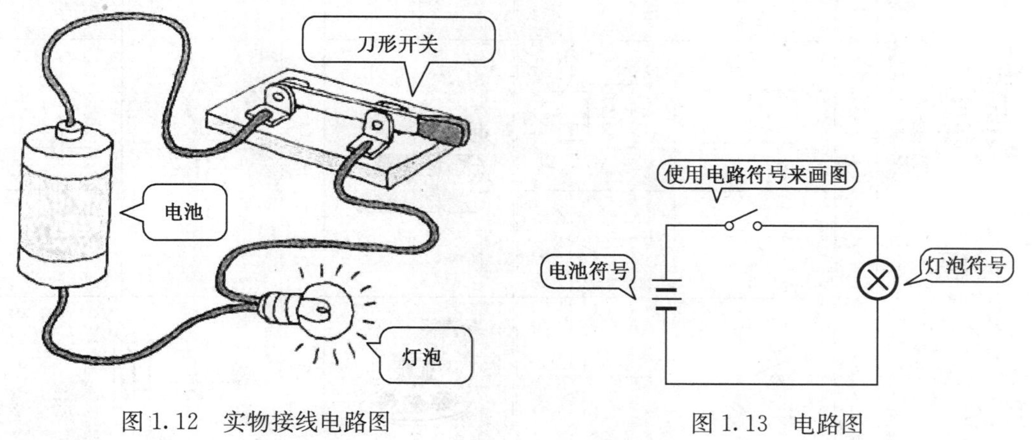

图 1.12 实物接线电路图

图 1.13 电路图

如果是简单的电路，则实物接线图容易画也容易理解；但对于较复杂的电路，则不仅难画也难于理解。为此将各种各样的部件用特定符号来表示，用电气符号表示电路结构，称为电路图。图 1.13 是用电气符号来表示的电路。

表 1.9 示出了常用的一些元件与电路符号对应关系，应熟练记忆。

表 1.9　常用元件与电路符号

器件名	符号	新图形符号	旧图形符号	器件名	符号	新图形符号	旧图形符号
电阻器	*R*			二极管	D		
可变电阻器	*VR*			发光二极管	LED		
电容	*C*			晶体管	V	NPN	PNP
电解电容器	*C*			电压表 电流表	V A	V A	
可变电容器	*VC*			保险丝	F		
线圈	*L*			灯泡	L		
变压器	T			电池	E		
开关	S						
按钮开关 (自动复原)	S			扬声器	SP		

1.4.2　印刷电路板

印刷电路板（PCB）几乎是任何电子产品的基础，出现在每一种电子设备中。一般说来，如果在某设备中有电子元器件，那么它们也都是被安装在大小各异的 PCB 上。如图 1.14 所示为电脑主板的一部分。

图 1.14　电路板

除了固定各种元器件外，PCB 的主要作用是提供各项元器件之间的电路连接。随着电子设备越来越复杂，需要的元器件越来越多，PCB 上的线路与元器件也越来越密集。

电路板本身是由绝缘隔热、并无法弯曲的材质制作而成，在表面可以看到的细小线路材料是铜箔。在被加工之前，铜箔是覆盖在整个电路板上的，而在制造过程中部分被蚀刻处理掉，留下来的部分就变成网状的细小线路了。因这个加工生产过程多是通过印刷方式形成供蚀刻的轮廓，故才得到印刷电路板的命名。

如图 1.15 所示，印刷电路板上的线条被称为导线或称布线，并用来提供 PCB 上元

图 1.15　印刷电路板

器件的电路连接。

1. PCB上元器件的安装

为了将元器件固定在PCB上面，需将元器件的引脚直接焊在布线上。在最基本的PCB（单面板）上，元器件都集中在其中一面，导线则都集中在另一面。这么一来就需要在板子上打孔，元件引脚才能穿过板子到另一面，所以元器件的接脚是焊在另一面上的。因为如此，PCB的正反面分别被称为元器件面与焊接面。

对于部分可能需要频繁拔插的元器件，比如说主板上的CPU，需要给用户可以自行调整、升级的选择，就不能直接将CPU焊在主板上了，这时候便需要用到插座(Socket)：虽然插座是直接焊在电路板上，但元器件可以随意地拆装。如图1.16所示的Socket插座，即可以让元器件（这里指的是CPU）轻松插进插座，也可以拆下来。插座旁的固定杆，可以在插进元器件后将其固定。

图1.16　电路板上的插座

2. PCB的颜色

一般来说，PCB的颜色以绿色或棕色居多，当然也有部分产品采用更绚丽漂亮颜色的，不过，多是出于外观而非产品性能或生产要求方面的考虑——这是防焊漆的颜色。对PCB来说，防焊层是相当重要的，它是绝缘的防护层，可以保护铜线，也可以防止元器件被焊到不正确的地方。在防焊层上另外会印刷上一层网版印刷面。通常在这上面会印上文字与符号（大多是白色的），以标示出各元器件在板子上的位置。网版印刷面也被称为图标面。

3. PCB上的元器件安装技术

(1) 插入安装技术

将元器件安置在板子的一面，并将引脚焊在另一面上，这种技术称为“插入式(THT)”安装如图1.17所示。大致说来，这种安装方式，元器件需要占用大量的空间，并且要为每只引脚钻一个孔，每只元件引脚要占用两面的空间，而且焊点也比较大。但另一方面，THT元器件和SMT（表面安装技术）元器件比起来，与PCB连接的构造比较好，如排线的插座，需要能耐压力，所以通常它们都是THT封装。

图1.17 THT安装方式

(2) 表面安装技术

使用表面安装技术（SMT）的元器件，引脚是焊在与元器件同一个面上。这种安装技术避免了像THT那样需要为每个引脚的焊接而在PCB上钻洞的麻烦。而另一方面，表面安装的元器件，还可以在PCB的两面上同时安装，这也大大提高了PCB面积的利用率。

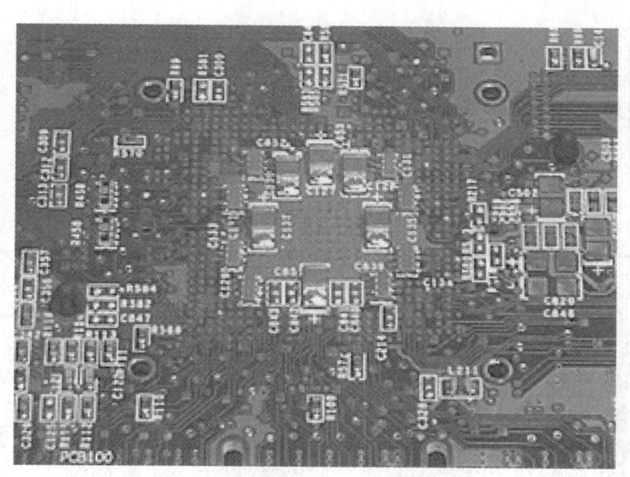

图1.18 SMT安装方式

另外，SMT的封装元件也比THT的元器件要小，和使用THT元器件的PCB比起来，使用SMT技术的PCB板上元器件要密集很多。相比较而言，SMT封装元器件也比THT的要便宜，因此如今的PCB上大部分都采用SMT方式。

目前PCB的生产均采用全自动技术，尽管SMT元器件的安装焊点和元器件的接脚非常小，也不会增加生产中的难度；不过，当出现故障维修需要更换元器件时，则对焊接技术提出了更高的要求。

■项目小结■

1）认识元件是学习电路技术的第一步，是学以致用的重要阶梯，对于每一个元件不用去探究其深奥的制造过程及工作原理，重要的是掌握其用法及在电路中的功能，能正确选用元件是本项目的学习重点。

2）初次接触色环电阻，对读数规则会感到较为繁琐，如色环代表的数字意义易学易忘，故在学习中应善于总结，归纳出合适自己的记忆方法。

3）晶体管的测量是一项实践性较强的技能，在深刻理解测量原理（如测量三极管的示意图 1.10）后，须反复练习、持之以恒。熟能生巧是技能训练的一大法宝。

4）电子元件成千上万，在本项目中不可能一一涉及，掌握学习方法至关重要。一般拿到一个陌生元件，可通过查阅器件手册、利用因特网资源、咨询生产厂家、销售商等途径了解其功能参数。如某个集成电路，至少应明确集成电路作用、各引脚功能、电源等参数，最好有外围典型应用图等。做到在应用中有的放矢。

常用二极管/三极管的主要参数

常用二极管与三极管的主要参数如表 1.10～表 1.12 所示。

表 1.10 常用三极管主要参数表

型 号	极 性	参 数	型 号	极 性	参 数
9011	NPN	30V/0.03A/0.4W	BU508	NPN	1500V/7.5A/75W
9012	PNP	20V/0.5A/0.6W	C2482	NPN	150V/0.1A/0.9W
9013	NPN	20V/0.5A/0.6W	C2068	NPN	70V/0.2A/0.6W
9014	NPN	45V/0.1A/0.4W	C8050	NPN	25V/1.5A/1W
9018	NPN	15V/0.05A/0.4W	C8550	PNP	25V/1.5A/1W
C1815	NPN	60V/0.15A/0.4W	3DG6	NPN	15V/0.02A/0.1W
A1013	PNP	160V/1A/0.9W	3DG12	NPN	30V/0.3A/0.7W
2N5551	NPN	160V/0.6A/0.6W	3AX31A	PNP	12V/0.125A/0.125W
2N5401	PNP	160V/0.6A/0.6W	3DD12A	NPN	100V/5A/50W
MJE13003	NPN	400V/1.5A/14W	3DD15A	NPN	50V/3A/50W
MJE13005	NPN	400V/4A/60W	2N3773	NPN	160V/16A/150W
D880	NPN	60V/3A/30W	TIP120	NPN	60V/5A
C2073	NPN	150V/1.5A/25W	TIP121	NPN	80V/5A
A940	PNP	150V/1.5A/1.5W	TIP125	PNP	60V/5A
D1403	NPN	1500V/6A/50W	TIP126	PNP	80V/5A
D1555	NPN	1500V/5A/50W	TIP31	NPN	40V/3A
MJ3055	NPN	60V/15A/115W	TIP32	PNP	40V/3A
MJ2955	PNP	60V/15A/115W	TIP48	NPN	300V/1A
BU406	NPN	400V/7A/60W	TIP50	NPN	400V/1A

表 1.11　常用二极管主要参数表

型　号	参　数	型　号	参　数	型　号	参　数
1N4001	50V/1A	1N5393	200V/1.5A	1N5402	200V/3A
1N4002	100V/1A	1N5394	300V/1.5A	1N5404	300V/3A
1N4003	200V/1A	1N5395	400V/1.5A	1N5405	400V/3A
1N4004	400V/1A	1N5396	500V/1.5A	1N5406	500V/3A
1N4005	600V/1A	1N5397	600V/1.5A	1N5407	600V/3A
1N4006	800V/1A	1N5398	800V/1.5A	1N5408	800V/3A
1N4007	1000V/1A	1N5399	1000V/1.5A	1N5409	1000V/3A
1N5391	50V/1.5A	1N5400	50V/3A	1N4148	75V/100mA
1N5392	100V/1.5A	1N5401	100V/3A	DB3	30V/100mA

表 1.12　常用稳压二极管主要参数表

型　号	参　数	型　号	参　数	型　号	参　数
1N4728A	3.3V/1W	1N4735A	6.2V/1W	HZ3B1	3V/0.5W
1N4729A	3.6V/1W	1N4736A	6.8V/1W	HZ4B1	3.9V/0.5W
1N4730A	3.9V/1W	1N4737A	7.5V/1W	HZ5B1	4.8V/0.5W
1N4731A	4.3V/1W	1N4742A	12V/1W	HZ2C1	2.2V/0.5W
1N4732A	4.7V/1W	1N4744A	15V/1W	HZ5C1	5.1V/0.5W
1N4733A	5.1V/1W	1N4751A	30V/1W	HZ7A1	6.6V/0.5W
1N4734A	5.6V/1W	HZ2B1	2V/0.5W	HZ7A3	6.9V/0.5W

项目二

电源适配器

电子设备的正常工作离不开稳定、合适的电源供给，懂得交/直流电压的变换原理是学习电子电路的首要任务。

电源适配器指能将交流电压转换成直流几十伏电压以内的电源装置，广泛应用于各种小型电子设备，如复读机、收放机、电脑LCD显示屏、单片机仿真器、连接宽带上网的“猫”等，与人们日常生活密切相关。

本项目的学习始终围绕电源适配器，包括其原理、拆装、维护、改进和设计等。

知识目标

- 明确二极管的特性与应用。
- 掌握基本整流方式与滤波原理，熟记三种典型整流滤波电路的构成。
- 了解发光二极管、稳压二极管的应用。

技能目标

- 熟悉用万用表测量电压、电流的方法。
- 学习查阅晶体管手册，正确选用整流二极管。
- 能设计并画出整流滤波电路。
- 了解常见的电源适配器内部结构，会拆装、测试，并能分辨其性能优劣。

■ 2.1 晶体二极管 ■

☞**学习目标**

1）了解二极管的单向导电性。
2）知道二极管的正向、反向偏置。
3）会画二极管的符号。
4）学会查器件手册，能根据要求选用合适的二极管。

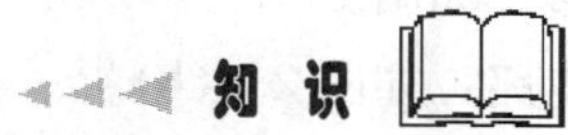

2.1.1 二极管的符号与参数

1. 二极管的符号

图 2.1 所示的是广泛用于电视机、扩音机、稳压电源等电子产品的各种不同外形的二极管。

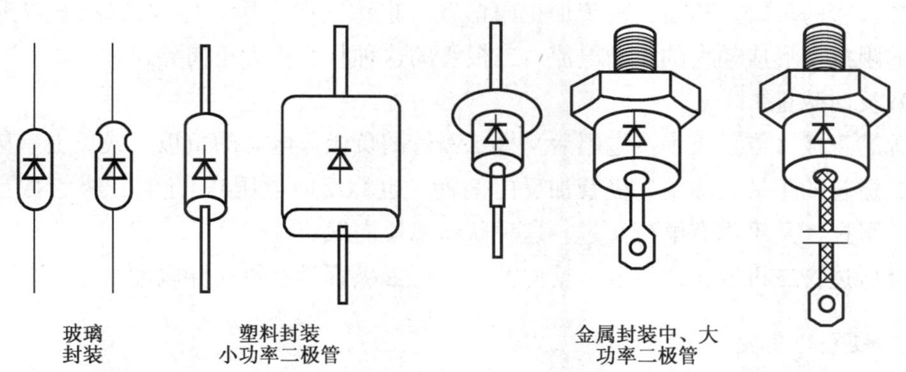

图 2.1 各种二极管外形

在实际电路图中不需要画出二极管实体元件的结构，通常是用特定的电路符号和文字符号来表示。如图 2.2 所示，用类似于一个箭头的符号表示二极管，箭头的一端表示二极管的正极（阳极），另一端表示二极管的负极（阴极），箭头所指的方向是二极管正向电流的流动方向，文字符号常用 V 或 VD 表示。

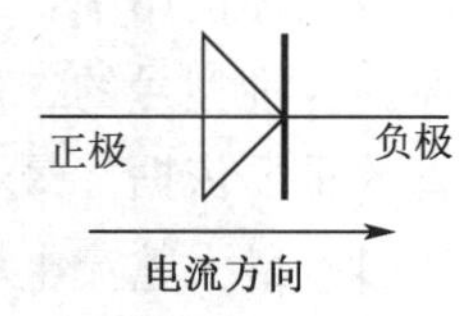

图 2.2 二极管符号

2. 二极管的单向导电性

【动动手】 如图 2.3 连接电路并观察电路中指示灯的变化。
【动动脑】 如何得出二极管的特性？

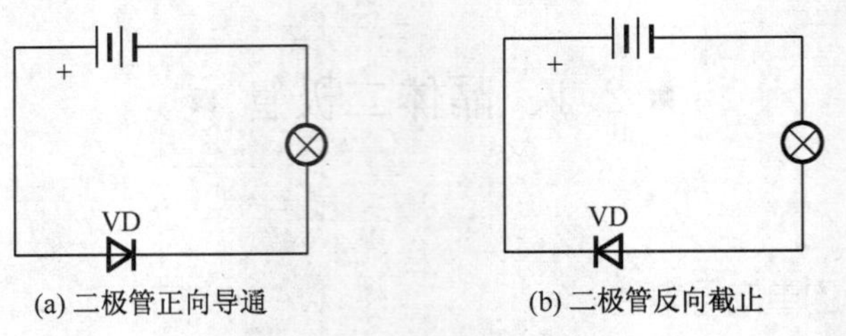

图 2.3　观察二极管特性

为了验证二极管的特性，将两节电池串联后，正极接到二极管的正极与指示灯连接，如图 2.3(a)所示，观察指示灯的亮、暗情况；将二极管的正、负极对调后再接入电路，如图 2.3(b)所示，再观察指示灯的亮、暗情况。

实验表明，当电流从二极管的正端流入，负端流出时，指示灯亮，说明二极管的内阻很小，可以通过较大的电流；反之，指示灯不亮，说明几乎没有电流流过二极管，二极管呈现很大的电阻。

由此，可得出如下结论。

(1) 正向导通

电源的正极（或正极串接电阻后）接二极管的正极，电源的负极（或负极串接电阻后）接二极管的负端，称给二极管加正向偏置（也称正向电压），此时二极管导通，呈现较小的阻抗，形成较大的正向电流，二极管的这种状态称为正向导通。

(2) 反向截止

电源的正极（或正极串接电阻后）接二极管的负极，电源的负极（或负极串接电阻后）接二极管的正端，称给二极管加反向偏置（也称反向电压），此时二极管截止，呈现很大的阻抗，几乎没有电流流过，这种状态称反向截止。

综上所述，二极管正向导通，反向截止，即二极管具有单向导电性。

3. 二极管的参数

二极管常用于整流电路，由于生产工艺等原因，各个厂商的二极管都有其额定的参数。在实际使用中，二极管的工作电流、反向电压若超过其规定的最大值，则可能造成损坏。各种型号的二极管参数在晶体管手册中均可查到，这些参数是设计电路时选用二极管的重要依据。最主要的二极管参数有以下两个。

(1) 最大整流电流 I_{FM}

I_{FM}也称额定工作电流，指二极管长期运行时允许通过的最大正向平均电流，在实际电路中流过二极管的电流若大于 I_{FM}，则会造成二极管过热损坏。

(2) 最高反向工作电压 V_{RM}

V_{RM}也称额定工作电压，指二极管工作时允许外加的最大反向电压，超过此值，二极管可能反向击穿而损坏。为确保二极管安全工作，最高反向工作电压常取击穿电压的1/3～1/2。

【例 2.1】 二极管 1N4007、1N4148 最大整流电流及最高反向工作电压分别是多少?

解 查手册得知，1N4007 的最大整流电流为 1A，最高反向工作电压为 1000V；1N4148 最大整流电流为 100mA，最大反向工作电压为 75V。

另外值得一提的是，二极管正向导通必须大于其门坎电压（也称死区电压），硅管门坎电压约为 0.5V，锗管约为 0.2V。二极管导通后，其正向导通压降硅管约为 0.6～0.7V，锗管约为 0.2～0.3V。在额定电流内，二极管正向导通电压基本保持恒定。

2.1.2 二极管的命名方法

根据国标 GB249—74，各厂商根据所生产二极管的材料、用途等对二极管进行命名，如图 2.4 所示。

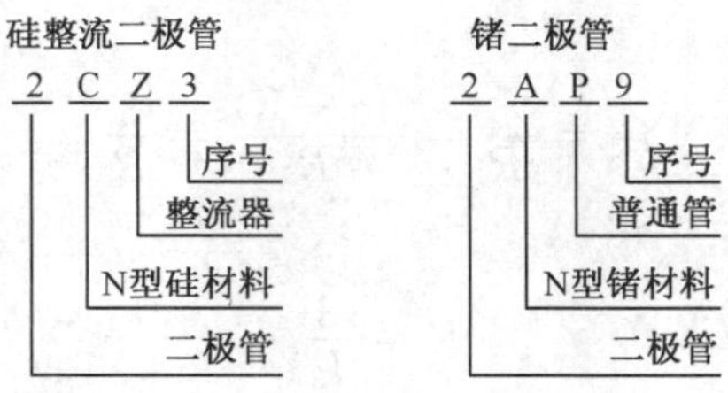

图 2.4 二极管的命名

更多的二极管命名可参阅晶体管手册，国外的二极管命名方法与我国国标不同，有兴趣的读者可参阅相关手册。

2.1.3 特殊二极管及应用

1. 稳压二极管

稳压二极管是一种硅材料制成的能稳定电压的二极管，简称稳压管。稳压管反向击穿时，在一定的电流范围内，两端的电压基本保持不变，因而广泛用于稳压电源等电路中。

（1）稳压管正常工作的条件

稳压二极管能够稳定工作，须满足以下两个基本条件。

1）稳压管两端必须加上一个大于其击穿电压的反向电压。

2）必须限制其反向电流，使稳压管工作在额定电流内，如加限流电阻。

（2）稳压管的主要参数

1）稳定电压 V_Z。指在规定电流下稳压管的击穿电压。值得注意的是，由于半导体器件的离散性，即使同一型号的稳压管，V_Z 也有一定的差异。

2）稳定电流 I_Z。指稳压管在稳压状态下的工作电流。根据稳压管的功耗不同，稳定电流有一定的允许变化范围，电流偏小，稳压效果变坏，在允许范围内，电流偏大，稳压效果较好。

3）额定功耗 P_{ZM}。稳压管的稳定电流与稳定电压的乘积为额定功耗，稳压管的实际功耗超过此值，稳压管会过热损坏。常用稳压管有0.5W、1W等。

【例2.2】 图2.5为典型稳压管应用电路，已知稳压管稳定电压为12V，最小稳定电流 $I_{Zmin}=5mA$，最大稳定电流为40mA，负载电阻 R_L 为1kΩ，求限流电阻 R 的取值范围。

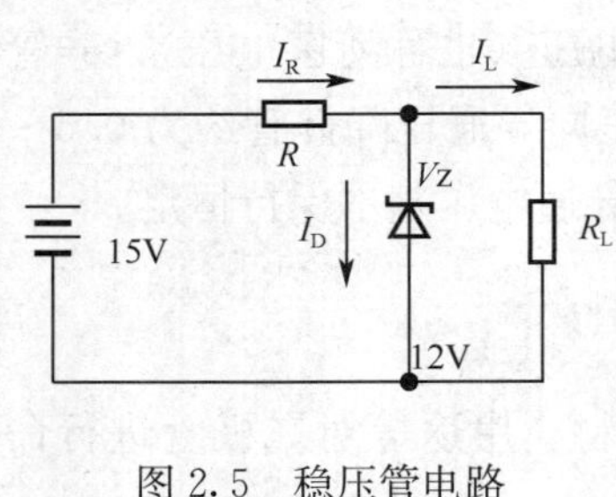

图2.5 稳压管电路

解 由图2.5可知，通过 R 的电流为

$$I_R = I_L + I_D$$

其中，

$$I_D = 5 \sim 40(mA)$$

$$I_R = \frac{V_Z}{R_L} = \frac{12}{1000} = 12(mA)$$

得

$$I_R = 17 \sim 52(mA)$$

又

$$I_R = \frac{V_R}{R} = \frac{15 - V_Z}{R} = \frac{3}{R}$$

可得

$$R = \frac{3}{I_R}$$

故

$$R_{max} = \frac{3}{17} = 176(\Omega)$$

$$R_{min} = \frac{3}{52} = 58(\Omega)$$

所以，限流电阻 R 的取值范围为58～176Ω。

2. 发光二极管

发光二极管（LED）根据所采用材料的不同，在加上正向电压时会发出各种颜色的光，如红、绿、黄、蓝，根据需要发光二极管外形可制成方形、圆形等。根据发光亮度可分为普通亮度、高亮度、超高亮度等，如电源指示灯一般采用普通型，而交通信号灯则采用超高亮度发光管。

(1) 发光二极管的特性

发光二极管加正向电压时导通并发光，但其门坎电压比整流二极管高，约为1.2～2.5V，反向击穿电压较低，约为5V；发光二极管的正向工作电流约为5～20mA，电流越大亮度越高，但不能超过极限电流。表2.1列出了几种发光二极管的参数。

(2) 发光二极管的基本应用

要使发光二极管正常工作，则必须加上正向电压、合适的工作电流，可以根据需要设计出不同的驱动电路。

表 2.1 常用发光二极管的主要参数

型号 \ 参数	正向电压/V	最大电流/mA	反向电压/V	反向电流/μA	波长/nm	颜色	最大功耗/W	备注
BT101	≤2	20	≥5	≤50	650	红	0.05	ϕ3
BT103	≤2.5	20	≥5	≤50	700	绿	0.05	
BT214	≤2.5	40	≥5	≤50	585	黄	0.09	
2EF102	2	50	≥5	≤50	700	红	—	
BT116-X	≤2.5	20	≥5	≤100	660	红	0.1	高亮
BT616-X	≤2.5	30	≥5	≤100	660	红	0.1	高亮
BT3143	≤2.5	30	≥5	≤100	565	绿	0.1	高亮

【例 2.3】 如图 2.6 所示，已知 LED 的工作电流为 10mA，正向导通电压为 1.5V，求限流电阻 R 的取值。

解 由欧姆定律得 $V_R = 6 - 1.5 = 4.5$（V），故

$$R = \frac{V_R}{I_R} = \frac{4.5}{10} = 450(\Omega)$$

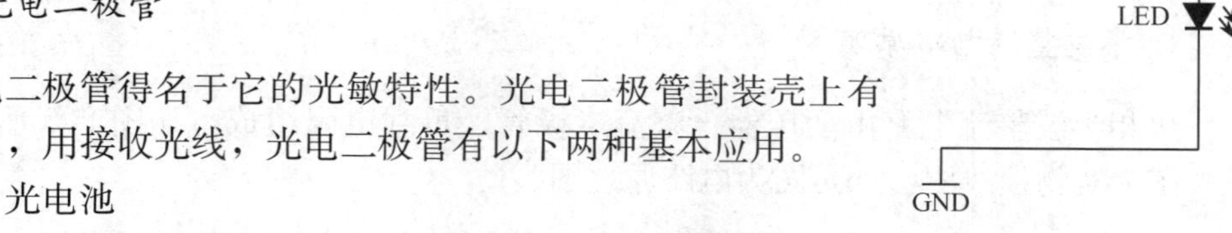

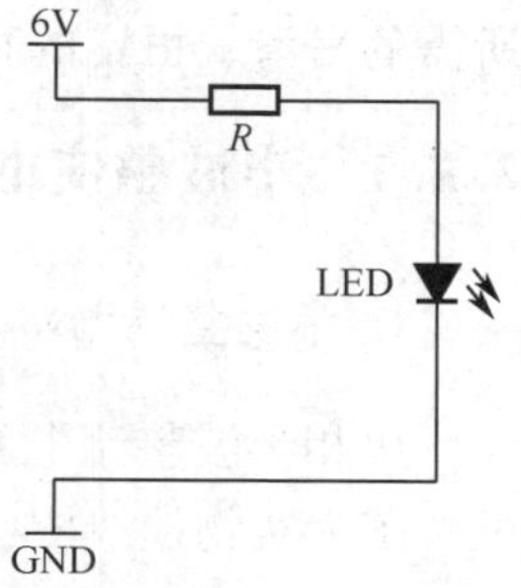

图 2.6 例 2.3 电路

3. 光电二极管

光电二极管得名于它的光敏特性。光电二极管封装壳上有一个窗口，用接收光线，光电二极管有以下两种基本应用。

（1）光电池

光电二极管可作为光电池。在有光照的情况下，将产生与太阳能电池相似的电压，输出电压约为 0.45V。电流很小，应用常只限于测光仪表等。用作光电池的光电二极管，其基本电路如图 2.7 所示。

（2）光导管

光电二极管工作于光导管方式时也称为光敏二极管。光电二极管须连接成反向偏置，如图 2.8 所示。无光照时，类似于加反向偏置的整流二极管，处截止状态，反向电流极小，可视为零。

有光照时，内部 PN 结受光子激发产生反向电流，最大可达数毫安，称为光电流。光电二极管最大的优点在于其较高的工作速度，可工作于非常高的频率。

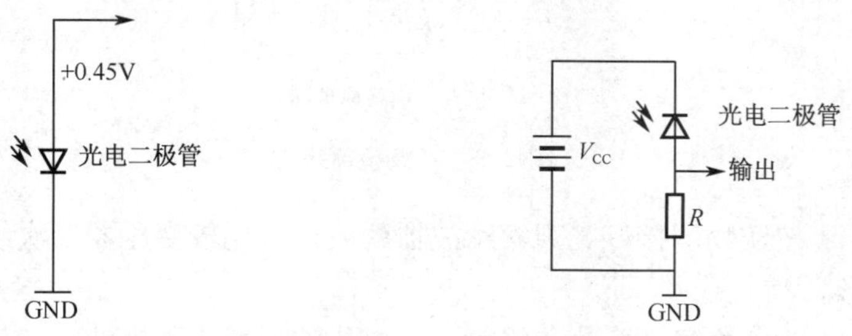

图 2.7 光电二极管用作光电池

图 2.8 光电二极管用作光敏管

■ 2.2 单相整流电路 ■

☞学习目标

1）了解整流的概念。
2）会画三种基本整流电路。
3）学会估算整流电路的输出电压。
4）会根据整流电路要求选择整流二极管。

将交流电转换成脉动直流电的过程称为整流。常见的单相整流电路分半波整流、桥式整流、全波整流三种。将交流电经过整流后，再经滤波、稳压就可得到各种电子设备所需的平滑、恒定的直流电压。

2.2.1 半波整流电路

1. 半波整流电路原理

单相半波整流电路由变压器、整流二极管、负载电阻组成，如图 2.9 所示，其中（a）图为实物接线图，（b）图为电路原理图。

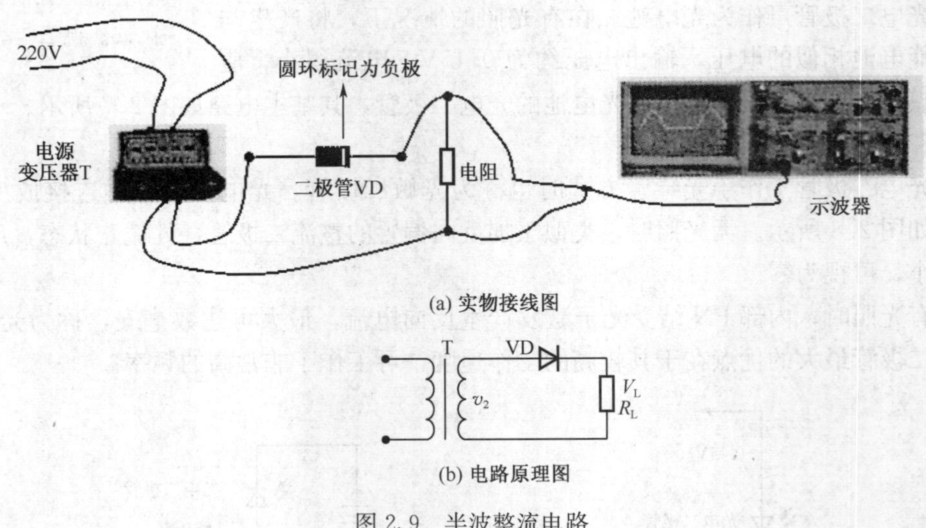

图 2.9 半波整流电路

【动动手】 按实物图接好，观察示波器的波形，比较变压器二次绕组 v_2 与负载电阻上 V_L 的波形。

【动动脑】 为什么经过整流二极管后，电压波形变成了半波？

在图 2.9(b)中，当 v_2 为正半周，即 v_2 电压为上正下负时，二极管正偏而导通，如

图 2.10 (a)所示。在 R_L 上得到上正下负的电压，此期间 $V_L=v_2$。

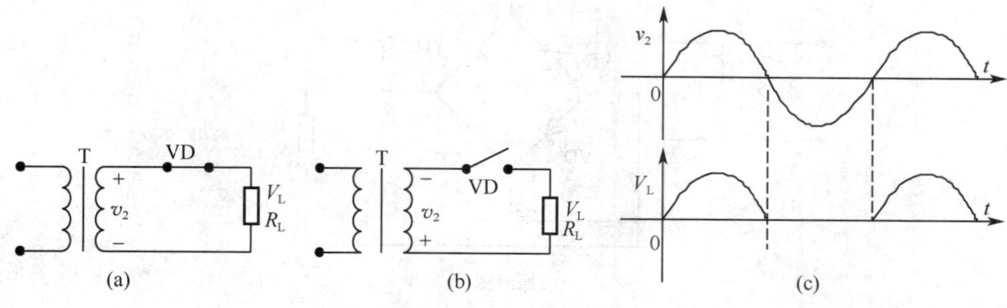

图 2.10 半波整流电路分析图

当v_2 变成负半周，即 v_2 电压为下正上负时，二极管因反偏而截止，负载没有电流流过，此期间 $V_L=0$，如图 2.10(b)所示。

由此可见，变压器次级电压（正弦波）经整流管 VD 整流后，负载只得到半个周期的电压波形（半波），它的大小在变化，但方向不变，即为脉动直流电，如图 2.10(c)所示。

2. 整流二极管的选择

1）负载电压 V_L 为脉动直流电，其方向不变，而大小在变化，用平均值表示其大小，可用下列式子进行估算。

$$V_L = 0.45v_2 \tag{2.1}$$

2）负载电流

$$I_L = 0.45\frac{V_L}{R_L} \tag{2.2}$$

3）整流二极管的选择。流过二极管的平均电流等于负载电流，而二极管承受的最大电流为

$$I_{VM} = \frac{\sqrt{2}\,v_2}{R_L} \tag{2.3}$$

二极管截止时承受的反向电压

$$I_{RM} = \sqrt{2}\,v_2 \tag{2.4}$$

实际选用的整流二极管，其最大整流电流与最高反向工作电压，要求大于 I_{VM} 与 I_{RM}。

3. 单相半波整流电路的特点

半波整流电路最大的优点是电路简单，但输出的电压脉动成分大，电源利用率低，仅利用了电源电压 v_2 的半个波形（故称半波整流）。

2.2.2 桥式整流电路

1. 桥式整流电路原理分析

桥式整流电路原理如图 2.11(a)所示，(b) 为实物接线图。

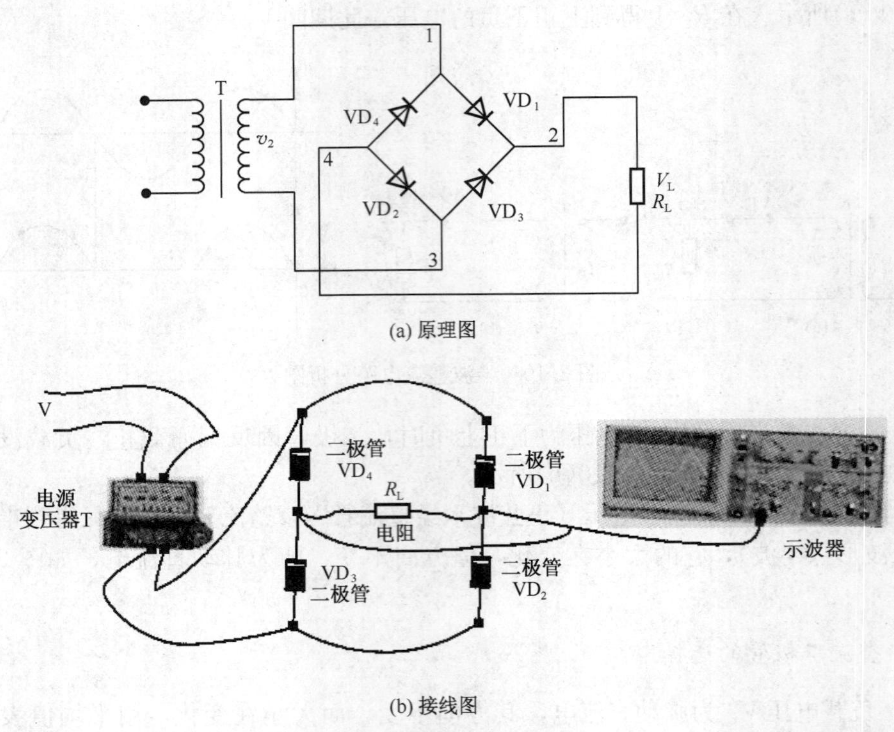

图 2.11　桥式整流电路

【动动手】　按图 2.11(b)连接电路，测试 v_2 与 R_L 的波形

【动动脑】　试比较变压器次级电压 v_2 与负载电阻 R_L 两端电压的波形有何特点？

R_L 两端波形与半波整流电路比较，有何异同？由图 2.11(b)观察到，R_L 两端电压波形为整个波形（负半周变成了正半周），如图 2.12(c)所示。下面给出电路工作原理。

当 v_2 为正半周时，VD_1、VD_2 导通，VD_3、VD_4 截止，等效电路如图 2.12(a)所示，电流流经路径为 $v_2 \oplus \to VD_1 \oplus \to R_L \to VD_2 \oplus \to VD_2 \ominus \to v_2 \ominus$，在负载 R_L 上形成上正下负的输出电压。

当 v_2 为负半周时，VD_3、VD_4 导通，VD_1、VD_2 截止，等效电路如图 2.12(b)所示，电流流向为 $v_2 \oplus \to VD_3 \oplus \to VD_3 \ominus \to R_L \to VD_4 \oplus \to VD_4 \ominus \to v_2 \ominus$。同样，在负载 R_L 上形成上正下负的电压。

综合上述分析，变压器二次电压 v_2（交流电压）经过整流以后，在负载 R_L 上得到上正下负的脉动直流电，v_2 的正、负半周均能得到利用，提高了电源使用效率，四只整流二极管对边两只轮流导通，形如“桥接”，桥式整流电路因此得名。

2. 整流二极管的选择

(1) 整流输出电压估算

桥式整流电路充分利用了交流电正负半波的电压，故整流输出电压比半波整流高一倍，即

$$V_L = 0.9 v_2$$

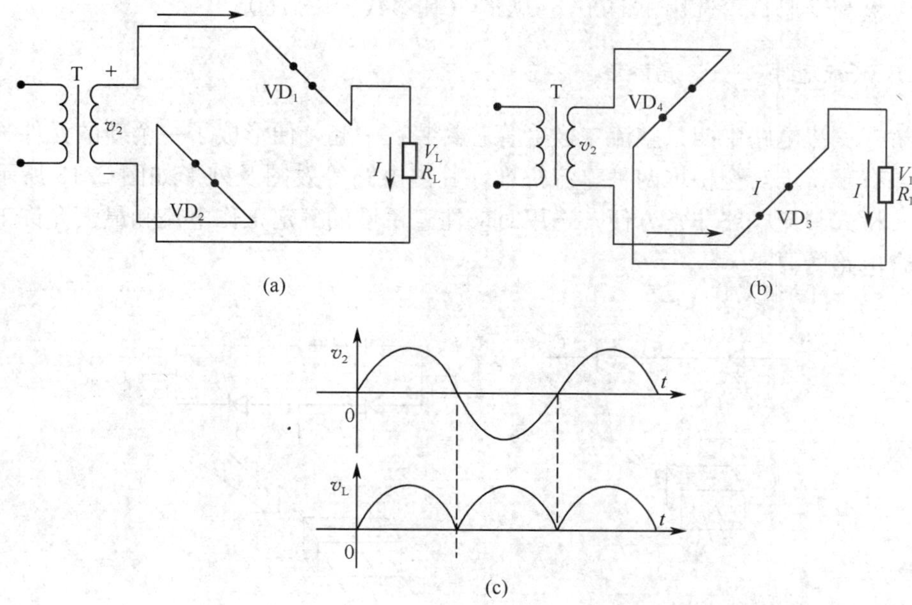

图 2.12 桥式整流电路分析

(2) 负载电流

$$I_L = 0.9\frac{v_2}{R_L}$$

(3) 整流二极管的额定电压 v_{RM} 与额定电流 I_{VM}

$$v_{RM} = \sqrt{2}\, v_2 \tag{2.7}$$

$$I_{VM} = 0.5 I_L \tag{2.8}$$

实际选用时整流二极管的参数应略大于 v_{RM} 与 I_{VM}。

3. 桥式整流电路的特点

桥式整流电路充分利用了交流输入电压的整个周期，故电源利用率高，输出电压比半波整流电路高一倍，脉动成分大大减小。因此，桥式整流电路广泛用于各类家电、仪器等电子设备。

【例 2.4】 如图 2.11(a)，已知变压器二次电压 v_2 为 10V，负载电阻 R_L 为 100Ω，试选择合适的整流二极管。

解 (1) 求出负载电压 V_L

$$V_L = 0.9 v_2 = 0.9 \times 10 = 9(\text{V})$$

(2) 整流二极管两端承受的反向电压

$$V_{RM} = \sqrt{2} \times 10 = 14(\text{V})$$

(3) 流过整流二极管的电流

$$I_{VM} = 0.5 I_L = 0.5\frac{V_L}{R_L} = 0.5 \times \frac{9}{100} = 0.045(\text{A})$$

查二极管手册，可选用1N4001二极管（其参数为1A/50V）。

4. 认识新元件——整流桥堆

将桥式整流电路中四只整流二极管管芯封装在一起，便形成了一个新的元件——整流桥堆。有半桥堆与全桥堆两种整流桥堆，其内电路等效图及外形如图2.13所示。用桥堆组成桥式整流电路非常方便，选用时应注意桥堆的额定工作电流和最大允许工作电压要符合电路的要求。

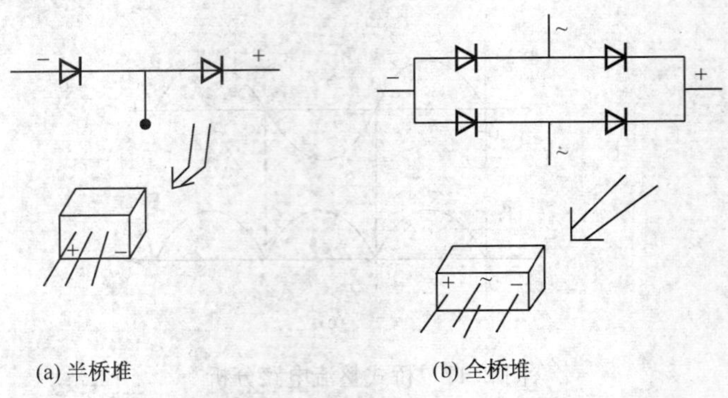

图2.13 整流桥堆

2.2.3 全波整流电路

桥式整流电路使用了四只整流管，而二极管导通时有0.6～0.7V的压降，由此增加了电源的内阻，为降低电源内阻，在要求较高的场合，可使用全波整流电路。

1. 全波整流电路结构

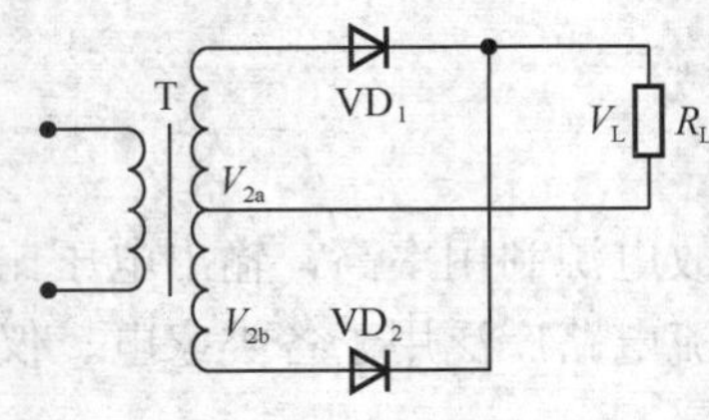

图2.14 全波整流电路

如图2.14所示，变压器二次绕组带中心抽头，即 $v_{2a}=v_{2b}$，当 v_{2a}、v_{2b} 分别为正、负半周时，二极管 VD_1、VD_2 轮流导通，在 R_L 上得到与桥式整流电路相同的电压波形。

【动动脑】 参照桥式整流电路的分析方法对图2.14进行分析，什么情况下 VD_1 导通？什么情况下 VD_2 导通？

2. 整流二极管的选择

1）负载电压

$$V_L = 0.9v_{2a} = 0.9v_{2b}$$

2）负载电流

$$I_L = 0.9\frac{v_{2a}}{R_L}$$

3）当一只二极管导通时，另一只截止的二极管将承受变压器二次绕组的全部电压

的峰值，即

$$V_{RM} = 2\sqrt{2}v_{2a}$$

由于两只二极管轮流导通，每只二极管通过的电流为负载电流的一半，即

$$I_{VM} = \frac{1}{2}I_L = 0.45\frac{v_{2a}}{R_L}$$

3. 全波整流电路特点

全波整流电路与桥式整流电路比较，少用了两只二极管，故电源内阻减小，但要求变压器具有中心抽头，且整流二极管要求的最高反向工作电压比桥式整流高一倍。

■ 2.3 滤波电路 ■

☞学习目标

1）了解滤波电路的作用。

2）会根据实际电路正确选择滤波电路类型。

3）学会估算滤波电容容量及耐压。

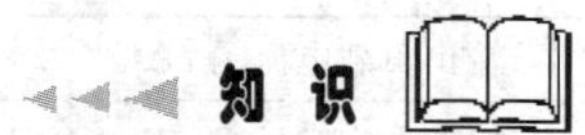

整流电路输出的电压，严格来说是脉动直流电，其交流成分很高，不能满足多数电子设备的要求。因此需加接滤波电路，滤除脉动直流电中的交流成分得到更平滑的直流电。

2.3.1 电容滤波电路

1. 电路的接法

【动动手】 按图 2.15 连接好电路，用示波器观察开关 K 闭合与断开时，输出电压 V_L 的变化。

【动动脑】 电容 C 在电路中起到了什么作用?

图 2.15 为电容滤波电路的典型接法，开关 K 闭合时，电容 C 称滤波电容，当 v_2 为正半波时，二极管 VD_1 导通，v_2 对电容 C 充电，并很快达到 v_2 的峰值，当 v_2 为负半波时，VD_1 截止，电容 C 转向对负载 R_L 放电。由于 R_L、C 均较大，故放电速度相对充电速度慢，放电持续到 v_2 正半波来临时，电容 C 又被重新充电。当电容充电上升时的电压等于放电下降的电压时，便进入相对稳定的状态，此时电容两端电压（即负载两端电压）保持相对稳定。

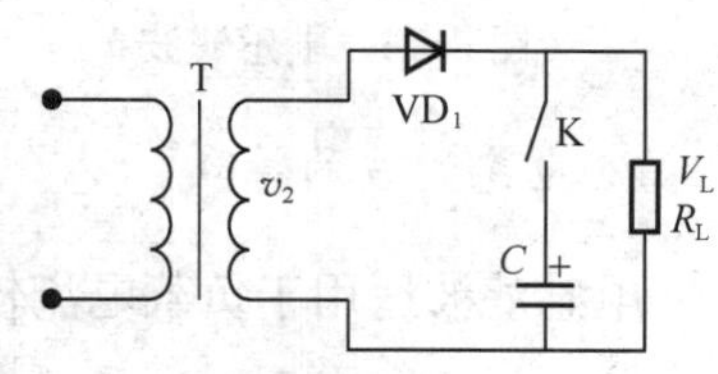

图 2.15 电容滤波电路

2. 整流滤波输出电压的估算

由于加入了滤波电容，输出电压不仅变得平滑，而且电压上升了，估算公式如表 2.2所示。

表 2.2 整流电路计算公式

参数 \ 电路		半波整流	全波整流	桥式整流
无滤波电容		$V_L=0.45v_2$	$V_L=0.9v_2$	$V_L=0.9v_2$
有滤波电容	开路	$V_L=v_2$	$V_L=1.4v_2$	$V_L=1.4v_2$
	负载	—	$V_L=1.2v_2$	$V_L=1.2v_2$

3. 电容滤波电路的特点

电容容量越大，滤波效果越好。但通电瞬间产生的浪涌电流也越大；另外，电容容量的选择还与负载电流有关，表 2.3 列出了滤波电容选用的参考值。

表 2.3 滤波电容选用

输出负载电流 I_L/A	2	1	0.5～1	0.1～0.5	0.05 以下
滤波电容容量 C/μF	3300	2200	1000	470	220～470

由于电容滤波电路结构简单，取材容易，因而广泛用于各种电子设备的电源。

2.3.2 电感滤波电路

1. 电路结构

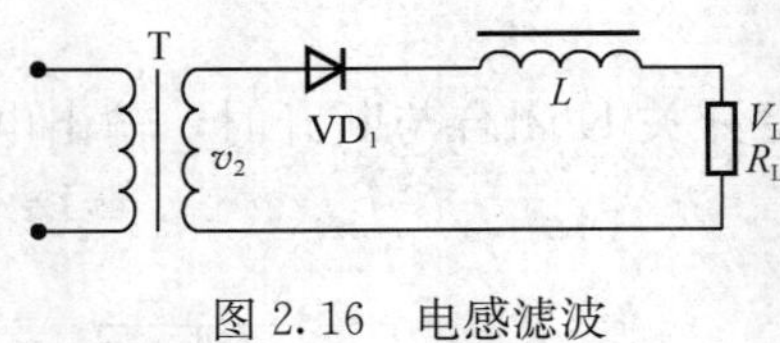

图 2.16 电感滤波

如图 2.16 所示，L 为一个电感量较大的线圈(也称阻流圈)。阻流圈的直流电阻较小，几乎没有压降，而其交流阻抗很大，起到阻碍交流成分通过的作用，使负载 R_L 得到较平滑的直流电压。

2. 电感滤波的特点

电感滤波适用于负载电流较大的场合，实际使用时常常与电容组成复式滤波电路。

2.3.3 复式滤波电路

1. RC 滤波电路

如图 2.17(a)所示，也称 π 形 RC 滤波电路，整流输出电压先经 C_1 滤波，再经 R、C_2 进一步平滑，使负载 R_L 上电压的交流成分进一步降低，滤波效果比单用滤波电容要

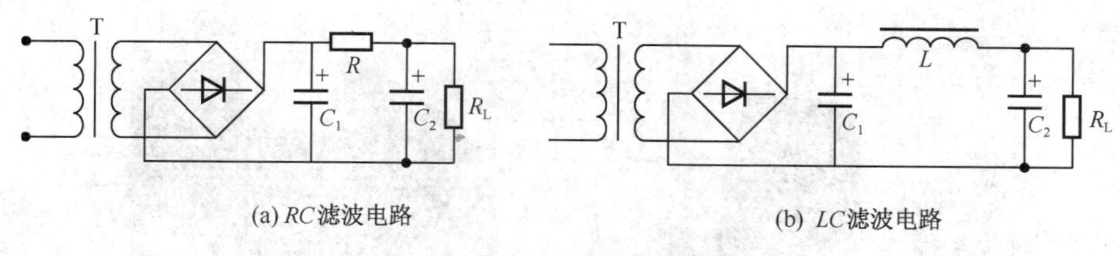

图 2.17 复式滤波电路

好得多，但由于电阻 R 会产生压降，降低了输出电压，故 RC 滤波电路适用于小电流的场合。

2. LC 滤波电路

如图 2.17(b)所示，也称 π 形 LC 滤波器，电感 L 不产生压降又阻碍交流成分通过，故 LC 滤波电路效果最好，适用于大电流、对纹波电压要求高的场合。

需要指出的是，由于电感 L 体积较大、笨重，成本相对较高，故在要求不高的场合使用不多。

■ 动手做 随身听电源适配器的剖析 ■

☞ **学习目标**

1）了解电源适配器的拆装方法。
2）学会按实物绘制电路原理图。
3）会测量电源适配器的关键点电压。
4）提出电源适配器性能改善的方法。

1. 准备工作

1）取一个常用的收录机电源适配器，最好有多挡电压可调的电源。

2）准备好常用的工具，如电烙铁、螺丝刀（中号、小号、十字、一字螺丝刀）、万用表等。

2. 拆装过程

1）卸下电源适配器背后的螺丝。

2）小心拉开电源前后盖，因电源适配器体积小，结构紧凑，内部连接线短，拆开电源前后盖时须仔细、用力不宜过猛，如图 2.19 所示。

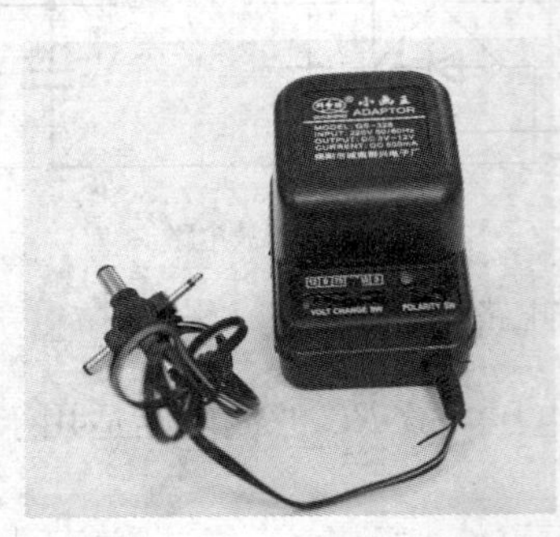

图 2.18　电源适配器外形

图 2.19　拆开电源前后盖

3）取出电源内部线路板，置于适当位置，以便于观察为原则。

3. 按实物画出电路图

电源适配器内部电路并不复杂，初次接触时可能不知从何处入手去分析电路，可参照全波整流电路原理图进行对比，先画出电源适配器的实物接线图，然后整理出原理图。参考某一型号电源适配器画出的电路原理图，如图 2.20 所示。

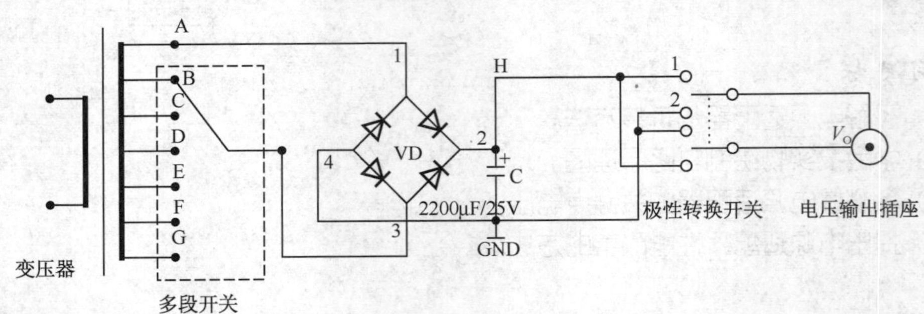

图 2.20　电源适配器原理参考图

对各种电子产品的原理剖析是学习电子技术的重要途径之一，可以吸取别人成功的经验，避免在实践中走许多弯路。剖析的基本要求，一是描图，分析电路工作的基本原理；二是元件的选用。成熟的电子产品必然要性能与成本兼顾。

4. 工作原理分析

电源适配器共有六挡直流电压可供选择输出，分别是 3V、4.5V、6V、7.5V、9V 和 12V，并且输出电压极性可通过选择开关转换，以适应不同的设备要求。整个电路由变压器、多段开关、整流滤波电路、极性转换开关等组成。输出不同直流电压由多段开关选通不同的变压器次级绕组来实现。电路的核心由桥式整流、电容滤波构成。工作原理较为简单，不再细述。

5. 测一测各点电压

按照实物绘出原理图后，测量各关键点电压，完成表 2.4。

表 2.4 电源适配器各点电压

测量点（交流）	实测值/V	测量点（直流）	实测值	理论计算值	分析
V_{AB}		V_H			
V_{AC}		V_H			
V_{AD}		V_H			
V_{AE}		V_H			
V_{AF}		V_H			
V_{AG}		V_H			

6. 思考

为什么用电源适配器供电，随身听有噪声，而用电池就没有？可以改进吗？如何改进？

■ 项目小结 ■

1）二极管最重要的特性是单向导电性，即正偏导通，反偏截止。选用二极管最基本的要求是满足两个参数：最大整流电流，最高反向工作电压。

2）整流电路是二极管最基础最重要的应用，对半波整流、桥式整流、全波整流电路应当熟记，会画、会选用。

3）电容滤波是应用最广泛的电路之一，选用电容的原则，一是容量，二是耐压，表 2.3 在实际应用中可作重要参考。

4）对各类整流滤波电路输出电压的估算是设计合适电源的基本知识，表 2.2 的计算公式应熟记，并能在实践中运用、验证。

形形色色的变压器

1. 变压器的用途

现代化的工业企业广泛采用电力作为能源，而发电厂发出的电力往往需经远距离传输才能到达用电地区。在传输的功率恒定时，传输电压越高，则所需的电流越小。因为电压降正比于电流，线损正比于电流的平方。所以，用较高的输电电压可以获得较低的线路压降和线路损耗。就目前的技术来说，要制造电压很高的发电机还很困难，所以要用专门的设备将发电机端的电压升高以后再输送出去，这种专门的设备就是变压器。另一方面，在受电端又必须用降压变压器将高压降低到配电系统所要求的电压，故要经过一系列配电变压器将高压降低到合适的电压以供使用。

由以上内容可知，变压器是一种通过改变电压而传输交流电能的静止感应电器。在电力系统中，变压器的地位十分重要，不仅所需数量多，而且性能要求良好，运行安全可靠。

变压器除了应用在电力系统中，还应用在需要特种电源的工矿企业中。例如，冶炼用的电炉变压器，电解或化工用的整流变压器，焊接用的电焊变压器，试验用的试验变压器，交通用的牵引变压器，以及补偿用的电抗器，保护用的消弧线圈，测量用的互感器等。图 2.21 为常见的部分变压器外形。

图 2.21　部分变压器

2. 变压器的分类

1）按用途分类。有电力变压器、特种变压器（电炉变压器、整流变压器、工频试验变压器、调压器、矿用变压器、冲击变压器、电抗器、互感器等。

2）按结构型式分类。有单相变压器、三相变压器及多相变压器。

3）按冷却介质分类。有干式电力变压器、液（油）浸变压器及充气变压器等。

4）按冷却方式分类。有自然冷式、风冷式、水冷式、强迫油循环风（水）冷方式、及水内冷式等变压器。

5）按线圈数量分类。有自耦变压器、双绕组及三绕组变压器等。

6）按导电材质分类。有铜线变压器、铝线变压器及半铜半铝、超导等变压器。

7）按调压方式分类。可分为无励磁调压变压器、有载调压变压器。

8）按中性点绝缘水平分类。有全绝缘变压器、半绝缘（分级绝缘）变压器。

9）按铁心型式分类。有心式变压器、壳式变压器及辐射式变压器等。

在电力网中，把水力、火力及其他形式电厂中发电机组能产生的交流电压升高后向电力网输出电能的变压器称为升压变压器，火力发电厂还要安装厂用电变压器，供起动机组之用，用于降低电压的变压器称为降压变压器，用于联络两种不同电压网络的变压器称为联络变压器。将电压降低到电气设备工作电压的变压器称为配电变压器。配电前用的各级变压器称为输电变压器。

知识巩固

一、是非题

1. 在半导体内部，只有电子是载流子。（　　）
2. 在N型半导体中，多数载流子是空穴，少数载流子是自由电子。（　　）
3. 少数载流子是自由电子的半导体称为P型半导体。（　　）
4. 在外电场作用下，半导体中同时出现电子电流和空穴电流。（　　）
5. 一般来说，硅晶体二极管的死区电压（门坎电压）小于锗晶体二极管的死区电压。（　　）
6. 用万用表欧姆档测某晶体二极管的正向电阻时，插在万用表标有“+”号插孔中的测试棒（通常是红色棒）所连接的二极管的管脚是二极管正极，另一电极是负极。（　　）
7. 晶体二极管击穿后立即烧毁。（　　）
8. 加在晶体二极管两端的反向电压小于反向击穿电压时，反向电流极小；当反向电压大于反向击穿电压后，反向电流会迅速增大。（　　）

二、选择题（将正确答案的序首字母填入空格内）

1. 当晶体二极管的PN结导通后，参加导电的是________。

A. 少数载流子

B. 多数载流子

C. 既有少数载流子又有多数载流子

2. 晶体二极管的正极电位是10V，负极电位是5V，则该晶体二极管处于________状态。

A. 零偏　　B. 反偏　　C. 正偏

3. 面接触型晶体二极管比较适用于________。

A. 小信号检波　　B. 大功率整流　　C. 大电流开关

4. 当环境温度升高时，晶体二极管的反向电流将________。

A. 减小　　B. 增大　　C. 不变

5. 用万用表欧姆挡测量小功率晶体二极管性能好坏时，应把欧姆挡拨到________。

A. R×100Ω或R×1kΩ挡　　B. R×1Ω挡　　C. R×10kΩ挡

6. 半导体中的空穴和自由电子数目相等，这样的半导体称为________。

A. P型半导体　　　　B. 本征半导体　　C. N型半导体

7. 当晶体二极管工作在伏安特性曲线的正向特性区，而且所受正向电压大于其门坎电压时，则晶体二极管相当于________。

A. 大电阻　　　　　B. 断开的开关　　C. 接通的开关

8. 当硅晶体二极管加上 0.3V 正向电压时，该晶体二极管相当于________。

A. 小阻值电阻　　　B. 阻值很大的电阻C. 内部短路

三、画出二极管的电路符号、写出二极管的文字符号，并说明二极管的主要特性。

四、说出下列二极管的类型：2AP9，2CZ12，2CW3，2CK84。

五、整流电路的作用是什么？整流输出电压与直流电有什么不同？

六、画出半波、全波和桥式整流电路图。若变压器次级电压为 10V，负载电阻 R_L 为 10Ω，在以上三种电路中，试分别计算：

1. 整流电路输出电压 V_L。
2. 流过负载 R_L 的电流 I_L。
3. 二极管通过的电流和承受的最大反向电压。

七、在如图 2.22 所示的电路中，试分析产生下列故障时的后果。

1. VD_1 极性接反。
2. VD_2 击穿。
3. VD_3 开路或脱焊。
4. 负载电阻 R_L 短路。

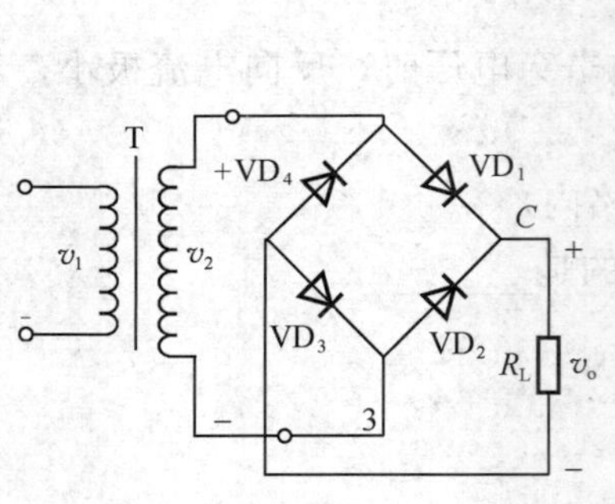

图 2.22　产生故障的电路

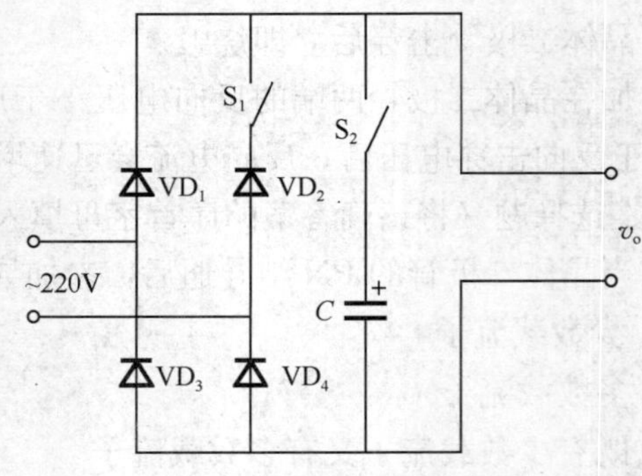

图 2.23　供电电路

八、在桥式整流电容滤波电路中，负载电阻为 180Ω，输出直流电压为 18V，试确定电源变压器次级电压，并选择整流二极管。

九、在图 2.23 所示的供电电路中，试分析以下几种情况下哪种输出电压最高？哪种输出电压最低？并简要说明。

1. S_1、S_2 都断开。
2. S_1 闭合、S_2 断开。
3. S_1 断开、S_2 闭合。
4. S_1、S_2 都闭合。

十、滤波电路的作用是什么？滤波输出电压与整流输出电压有什么不同？常用的滤波电路有哪些？

十一、试分别画出单相桥式整流加电容滤波、电感滤波和 RC-π 型滤波的电路。

十二、常用的特殊二极管有哪些？它们各有什么功能？

十三、试指出如图 2.24 所示电路中的错误，说明原因，并改正。

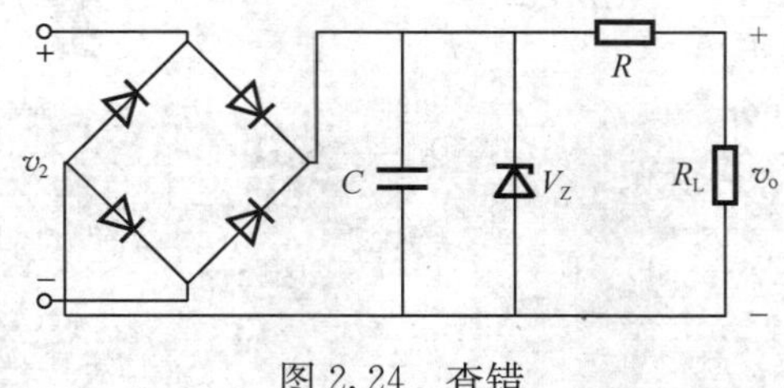

图 2.24 查错

十四、说明发光二极管和光敏二极管的工作条件有什么不同。

十五、现有两个发光二极管，想把它作为动物的两个眼睛，试设计一个电路。

项目三

扩 音 机

自19世纪爱迪生发明留声机之后的一个多世纪以来，收音机、录放机、扩音机、数字音响等产品相继成熟并走进千家万户，成为与人类息息相关的日常用品。

扩音机如今广泛应用于校园广播、会议中心、家庭音响、音乐会场等。可以毫不夸张地说，扩音机成了音乐的孪生兄弟。

所有扩音设备均与小信号放大器、功率放大器等密切相关，是组成扩音机设备的核心电路。

本项目的学习围绕各种类型的电压放大器、功率放大器的工作原理、电路结构展开，并动手参与实践体会功放电路带来的美妙感觉。

知识目标

- 掌握晶体管结构与符号、晶体管选用原则及电流放大基本原理。
- 知道固定偏置式电路和分压偏置式电路的结构，并能画出它们的交直流通路，能分析分压偏置式电路稳定工作点的原理，并学会静态工作点的估算。
- 了解功率放大器的性能及分类，掌握OTL功率放大器与OCL功率放大器的特点。
- 了解功放集成电路的种类及应用，并掌握一到两种功放IC的实际运用。

技能目标

- 熟练掌握晶体管等元件的测量、质量筛选方法。
- 掌握元件装配工艺。
- 能正确调试扩音机电路，学会排除功放电路简单故障。
- 学会器件手册的运用，能按要求查阅集成功放、三极管等元件的各类参数。

所谓扩音机就是把话筒、唱机、收音机或其他声源输出的微弱信号放大后，输送到扬声器中，使之发出更大声音的装置。扩音机电路以晶体三极管及集成电路为主，本项目着重介绍晶体管的基础知识。

■ 3.1 晶 体 管 ■

☞ **学习目标**

1）能画出晶体三极管的符号。
2）了解晶体三极管的分类、工作特性及参数。
3）掌握晶体三极管工作状态的判别。
4）熟练掌握晶体三极管的两种管型和三个电极（B、C、E）的判定。

晶体管是由两个背靠背的PN结构成的。在工作过程中，两种载流子（电子和空穴）都参与导电，故称为双极型晶体管或晶体三极管，简称晶体管或三极管，在电路中通常用字母V表示。其常见的外形如图3.1所示。晶体管是半导体基本元器件之一，它的主要功能是起到电流放大和开关作用。本节着重讨论三极管的构造、原理及其工作特性。

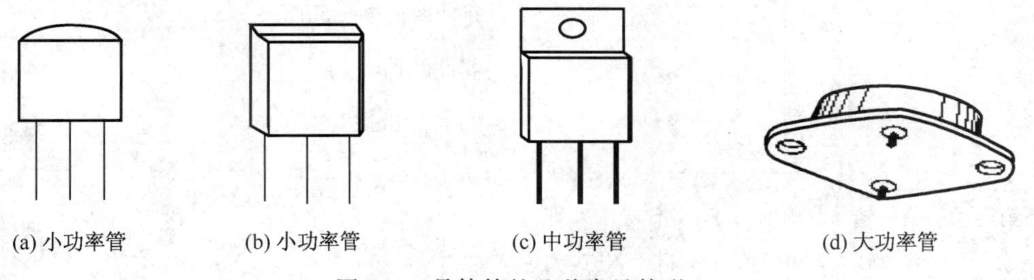

图3.1 晶体管的几种常见外形

3.1.1 晶体三极管的结构与符号

晶体三极管顾名思义有三个电极，二极管的核心部分是由一个单独PN结构成的，而三极管的核心部分是由两个联系着的PN结构成。两个PN结将整个硅片分成掺杂方式不同的三个区域，即集电区、基区和发射区，如图3.2所示。

从三个区域引出的电极分别称为集电极（用字母C表示）、基极（用字母B表示）和发射极（用字母E表示）。由于不同的组合方式，形成了一种箭头朝外的NPN型晶体管，另一种是箭头朝内的PNP型晶体管，箭头的方向表示晶体管发射极电流的流向。

晶体三极管的种类很多，并且不同型号各有不同的用途。晶体三极管主要有NPN型和PNP型两大类，一般可以从晶体管上标出的型号来识别。晶体管根据实际需要可分为下面几类。

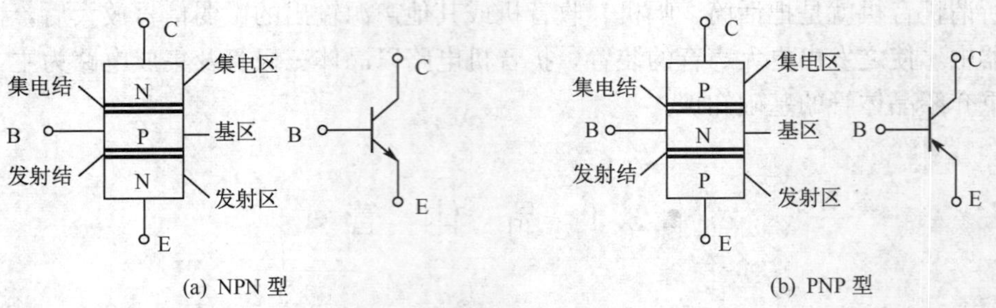

图 3.2 晶体三极管的内部结构及符号

1）按设计结构分为点接触型、面接触型。

2）按工作频率分为高频管、低频管。

3）按功率大小分为大功率、中功率、小功率。

4）按封装形式分为金属封装、塑料封装。

5）按用途分为放大管和开关管等。

6）按管芯所用的半导体材料分为硅管和锗管。

晶体管有一套命名规则，晶体管型号由五部分组成。第一部分用数字表示电极数目；第二部分用字母表示所选的材料和极性；第三部分用字母表示器件的类别；第四部分用数字表示分立器件的序号；第五部分用字母表示不同的规格。例如：

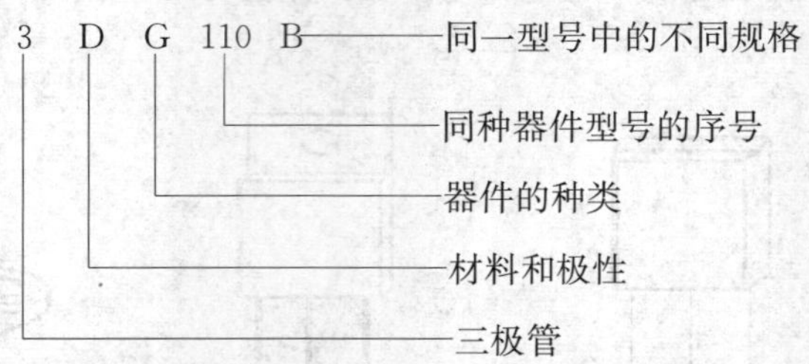

第二位：A—锗 PNP 管；B—锗 NPN 管
C—硅 PNP 管；D—硅 NPN 管

第三位：X—低频小功率管；D—低频大功率管；G—高频小功率管
A—高频大功率管；K—开关管

在电子制作中常用的三极管有 90××系列，包括低频小功率硅管 9012（PNP 管）、9013（NPN 管）、低噪声管 9014（NPN）、高频小功率管 9018（NPN）等。它们的型号一般都标在塑壳上，外形通常是 TO-92 标准封装。国产小功率三极管如 3DG6（高频小功率硅管）、3AX31（低频小功率锗管）等，它们的型号都印在金属的外壳上。

3.1.2 晶体三极管的主要特性

因晶体三极管内部的两个 PN 结是相互影响的，使三极管呈现出单个 PN 结所没有的电流放大的功能，开拓了 PN 结应用的新领域，促进了半导体电子技术的发展，三极管的主要特性是电流放大作用。

1. 三极管偏置电路

要使三极管具有电流放大能力，除了三极管内部结构特殊外，必须在三极管的三个电极上加上适当的偏置电压，使三极管发射结为正向偏置，集电结为反向偏置。现以图 3.3所示电路验证三极管的电流放大作用，图中 R_P 是可调电阻，R_C 为集电极偏置电阻，V_{BB}是基极电源、并加在基极与发射极之间（发射结），该电源通过 R_P 使三极管的发射结处在正向偏置的状态。V_{CC}是集电极电源，加在集电极与发射极之间，该电源通过 R_C 调压使三极管的集电结处在反向偏置的状态，电路中的三个电流表分别测量发射极电流 I_E、基极电流 I_B 和集电极电流 I_C。调节 R_P 的大小可改变电流 I_B、I_C、I_E 的数值，并将相应的数值记录在表 3.1 中。

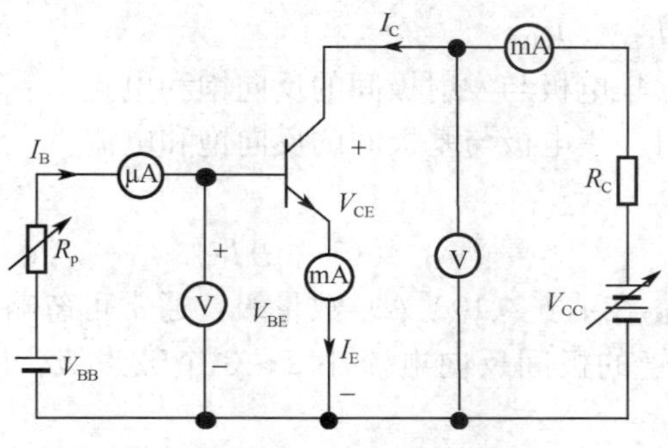

图 3.3　三极管偏置电路

表 3.1　三极管三个电极的电流大小关系

$I_B/\mu A$	0	10	20	30	40	50
I_C/mA	0.01	0.56	1.14	1.74	2.33	2.91
I_E/mA	0.01	0.57	1.16	1.77	2.37	2.96

2. 三极管电流放大原理

1）从表 3.1 中可看出，晶体三极管三个电极电流分配关系为

$$I_E = I_C + I_B \tag{3.1}$$

2）I_B 的大小是微安级的，而 I_C、I_E 的大小是毫安级的（1mA=1000μA），因此集电极电流与发射极电流近似相等，即

$$I_E \approx I_C \tag{3.2}$$

3）晶体管三极管的基极电流 I_B 变化，使集电极电流 I_C 发生更大的变化。即基极电流 I_B 的微小变化引起集电极电流 I_C 较大变化，俗称“以小控大”，这就是三极管的电流放大作用。设电流放大系数为 $\bar{\beta}$，则 I_C 与 I_B 的关系可表示为

$$I_C = \bar{\beta} I_B \tag{3.3}$$

联立式（3.1）可得

$$I_E = (1+\bar{\beta}) I_B \tag{3.4}$$

综上所述，三极管具有电流放大作用，其电流放大系数用$\bar{\beta}$表示（也可用交流放大系数β表示）。三极管处于放大状态的条件是发射结正偏、集电结反偏。

3.1.3 晶体三极管的参数

晶体三极管的参数是用来表征其性能和适用范围，是电路设计时选用三极管的重要依据，主要参数有如下几种。

1. 直流参数

(1) 共射直流放大系数$\bar{\beta}$

$$\bar{\beta}=\frac{I_C}{I_B} \tag{3.5}$$

(2) 极间反向电流I_{CEO}、I_{CBO}

I_{CEO}是基极开路时，集电极与发射极间的反向饱和电流。

I_{CBO}是发射极开路时，集电极与基极间的反向饱和电流。

它们的关系式为

$$I_{CEO}=(1+\bar{\beta})I_{CBO} \tag{3.6}$$

常温下，硅管的I_{CBO}在纳安（10^{-9} A）数量级，通常可忽略。反向电流愈小，管子性能愈稳定，硅管比锗管的极间反向电流小 2～3 个数量级，因此温度稳定性能比锗管好。

2. 交流参数

交流参数是描述晶体管对于动态信号的性能指标。

共射交流电流放大系数β

$$\beta=\frac{\Delta i_C}{\Delta i_B} \tag{3.7}$$

在近似分析时可以认为$\beta=\bar{\beta}$。

3. 极限参数

极限参数是指为使晶体三极管安全工作时所允许的电压、电流和功耗的最大值。

(1) 集电极最大允许电流I_{CM}

i_C在一定的范围内变化，β值保持基本不变，但当i_C数值大到一定程度时，β值将减小。β值减小到额定值的 2/3 时，所允许的电流称为集电极最大允许电流，表示为I_{CM}。

(2) 极间反向击穿电压

1) V_{CBO}——发射极开路时，集电极—基极间的反向击穿电压。

2) V_{CEO}——基极开路时，集电极—发射极间的反向击穿电压。

3) V_{EBO}——集电极开路时，发射极—基极间的反向击穿电压。

4. 集电极最大允许耗散功率P_{CM}

晶体管正常工作时，必须在集电极加上反向电压V_{CC}，并形成集电极电流I_C，在集电极上产生一定的功率消耗，这个功率会转换为热量，使集电结温度升高。P_{CM}就是表示集电结上允许消耗功率的最大值，超过此值就会使管子性能变坏或烧毁。通常，硅管允许温度约150℃，锗管约70℃。对于大功率晶体管，通常采用加散热装置的办法来提高P_{CM}。

【例3.1】 某电路流过三极管集电极电流为100mA，加在其集电极—发射极间的电压为20V，下列参数的三极管是否满足电路要求？

A管：$I_{CM}=150\text{mA}$，$V_{CEO}=30\text{V}$，$P_{CM}=1\text{W}$。

B管：$I_{CM}=200\text{mA}$，$V_{CEO}=50\text{V}$，$P_{CM}=3\text{W}$。

C管：$I_{CM}=50\text{mA}$，$V_{CEO}=100\text{V}$，$P_{CM}=2\text{W}$。

D管：$I_{CM}=180\text{mA}$，$V_{CEO}=15\text{V}$，$P_{CM}=1\text{W}$。

分析 按题目要求可知，所选用的三极管 $I_{CM}>100\text{mA}$，$V_{CEO}>20\text{V}$，$P_{CM}>100\text{mA}\times20\text{V}=2\text{W}$，所以，有如下结论。

A管P_{CM}太小，不符合。

B管三个参数均符合，可以选用。

C管I_{CM}太小，不符合。

D管V_{CEO}太小，不符合。

3.1.4 晶体管三极管的工作状态

分别给晶体三极管加上不同的偏置电压，三极管可工作于不同的三个区域，分别是截止区、放大区和饱和区。

1. 截止区

其特点是发射结电压小于导通压降V_{ON}且集电结反向偏置，对于共射极电路$V_{BE}\leqslant V_{ON}$（硅管$V_{ON}=0.6\sim0.7\text{V}$、锗管$V_{ON}=0.2\sim0.3\text{V}$），且$V_{CE}>V_{BE}$。即发射结反向偏置，集电结反向偏置。如图3.4(a)所示，在这个区域内无电流流过三极管，晶体管好像是一个断开的开关，特点为

$$I_B\approx0,\quad I_C\approx0,\quad V_{CE}\approx V_{CC}$$

实际的情况是，处于截止状态的三极管集电极有很小的电流I_{CEO}（通常可忽略），它不受i_B的控制，但受温度的影响。

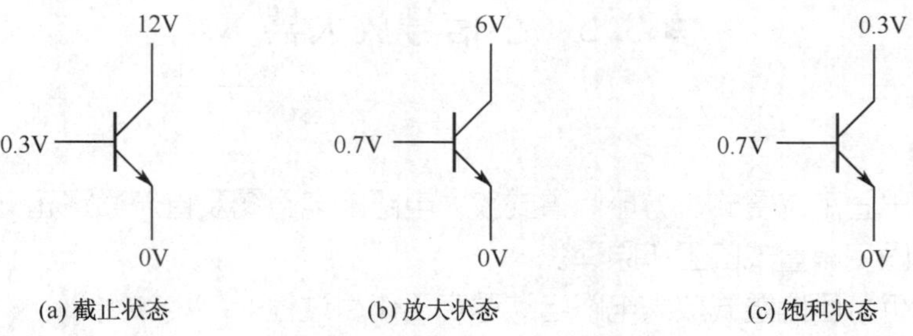

图3.4 三极管的三种工作状态

2. 放大区

其特点是发射结电压大于导通压降V_{ON}且集电结反向偏置，对于共射极电路$V_{BE} \geqslant V_{ON}$，且$V_{CE} > V_{BE}$。即发射结正向偏置，集电结反向偏置（如图 3.4(b)所示）时，三极管表现出I_B对I_C的控制，即三极管处于放大状态。当V_{CE}约大于1V时，无论V_{CE}怎么变化，I_C几乎不变，这就是三极管的恒流特性。处在这个区域内的晶体管，集电极与发射极之间可等效于一个受i_B控制的电流源，如图 3.5 所示，关系式可表达为

$$i_C = \beta i_B \quad (I_C = \beta I_B) \tag{3.8}$$

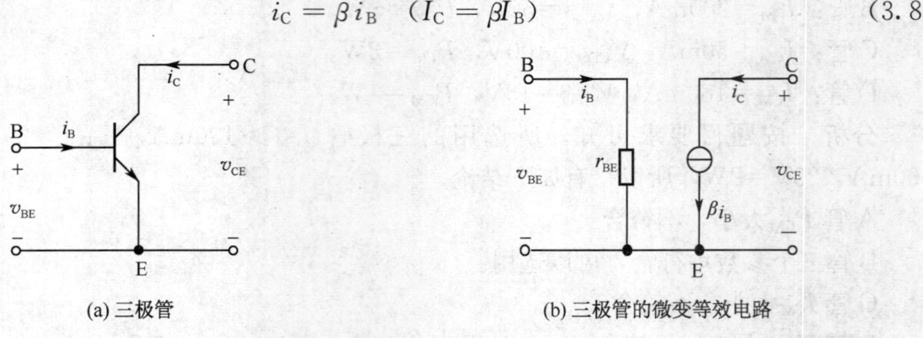

(a) 三极管　　(b) 三极管的微变等效电路

图 3.5　三极管的恒流特性

3. 饱和区

其特点是发射结与集电结均处于正向偏置。对于共射极电路来说$V_{BE} > V_{ON}$，且$V_{CE} < V_{BE}$。i_B再增大，i_C几乎就不再增大了，三极管失去了电流放大作用。处在这个区域内的晶体管$I_C \neq \beta I_B$，晶体管在电路中好像是一个闭合的开关。此时三极管集电极—发射极压降称为饱和压降，约为 0.1～0.3V，通常可近似认为是零伏，即

$$V_{CES} \approx 0\text{V} \tag{3.9}$$

对于小功率管，可以认为当$V_{CE} = V_{BE}$（即$V_{CB} = 0$时），晶体三极管处于临界状态，即处于饱和或临界放大状态。

在模拟电子线路中，大多数情况下晶体三极管工作在放大状态，所以晶体三极管偏置电压的正确设置至关重要。

■ 3.2　小信号放大器 ■

☞学习目标

1）能画出固定偏置式、分压偏置式放大电路的电路图及直流通路和交流通路。
2）了解固定偏置式的工作原理。
3）会分析分压偏置式放大电路自动稳定工作点过程。
4）了解射极输出器电路的特点。

放大器主要用于放大微弱信号，输出电压或电流在幅度上得到了放大，输出信号的能量得到了加强。放大器应具备的条件如下。

1）放大器中的放大管应该工作在放大区。

2）输入信号能输送至放大器的输入端。

3）有信号电压输出。

首先讨论最基本的放大器——固定偏置式放大电路。

3.2.1 固定偏置式放大电路的组成

1. 固定偏置式放大电路的组成

图3.6是双电源供电的固定偏置式电路，V_{BB}是基极电源，通过偏置电阻R_b供给晶体三极管发射结正向偏压；V_{CC}是集电极电源，通过集电极电阻R_C供给集电结的反向偏压，由V_{BB}和V_{CC}共同作用，使晶体三极管工作在放大状态。在实际应用中，通常采取单电源供电形式。

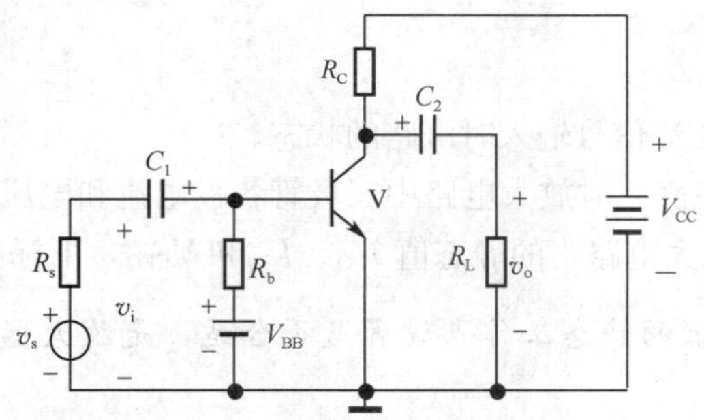

图3.6 双电源供电的固定偏置式放大电路

2. 固定偏置式放大电路各元件的作用

1）晶体管V是放大电路的核心元件，起电流放大作用。

2）电源V_{CC}和V_{BB}提供晶体三极管正确的工作电压，使晶体管处于放大状态。

3）偏置电阻R_b用来调节基极偏置电流I_B的大小，提供晶体管有一个合适的静态工作点，R_b一般为几十千欧到几百千欧。

4）集电极负载电阻R_C将集电极电流i_C的变化转换为电压的变化，以获得电压放大，R_C一般为几千欧。

5）电容器C_1、C_2是用来传递交流信号的，起到耦合的作用。使交流信号顺利地通过晶体管得到放大，同时，又使放大电路的信号源及负载间直流信号相隔离，起隔直作用。为了减小传递信号的电压损失，C_1、C_2应选得足够大，一般为几微法至几十微法，通常采用电解电容器，因此在使用时要注意电容的极性。

6）电路中⊤或⏚称为电路公共端，常称为接地。实际使用时，仅与设备的机壳相连，并不一定与大地相连。

7）电路图中 R_L 称为负载电阻。R_L 可以是扬声器等负载或下一级放大电路。

3. 放大器中电压和电流符号写法的规定

为了区别放大器电路中电流或电压的直流分量、交流分量和总量等概念，对符号写法特作如下规定。

1）直流分量。用大写字母带大写下标（称为“大大”）表示，如 V_{CC}、I_B 等。

2）交流分量。用小写字母带小写下标（称为“小小”）表示，如 v_c、i_b 等。

3）总量。用小写字母带大写下标（称为“小大”）表示，如 v_B、i_B 等。

总量是直流分量与交流分量叠加而成，例如电流总量是直流电流分量与交流电流分量之和，表达式为 $i_B=i_b+I_B$。

4）交流分量的有效值。用大写字母带小写下标（称为“大小”）表示，如 V_i、I_o 等。

3.2.2 固定偏置式放大电路的定性分析

在实际应用中，通常又将固定偏置式电路画成单电源供电的实用电路，如图 3.7 所示。

1. 静态分析

1）静态。是指无交流信号输入时电路的状态。

2）静态工作点。在静态时放大电路中三极管各极电流和电压值称为静态工作点 Q，静态分析主要是确定放大电路中的静态值 I_{BQ}、I_{CQ} 和 V_{CEQ}，下标中的 Q 表示静态。

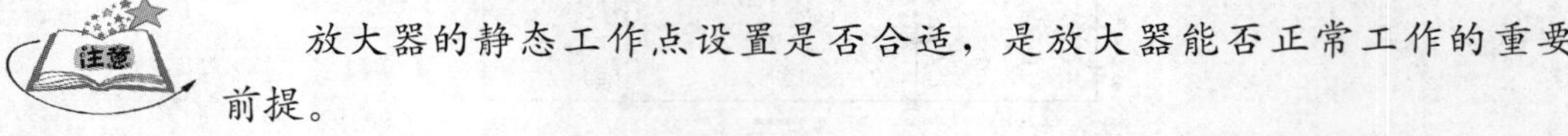

放大器的静态工作点设置是否合适，是放大器能否正常工作的重要前提。

3）直流通路。即放大器的直流等效电路，是放大器输入回路和输出回路直流电流流通的路径。因为电容具有隔直作用，所以画直流通路时将电容视为开路，其他不变。固定偏置式电路的直流通路画法就是将 C_1 和 C_2 视为开路，这时 R_s、v_s 和 R_L 均与电路断开，如图3.8所示。

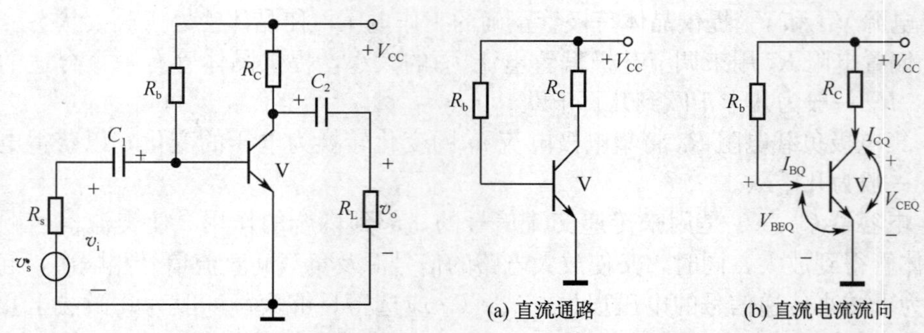

(a) 直流通路　(b) 直流电流流向

图 3.7 固定偏置式电路的实用电路　　图 3.8 固定偏置式电路的直流通路

直流通路主要用于分析放大器的静态工作点。由图 3.8(b)可知，电路中电流流通路径有如下两条。

第一条通路是 V_{CC}→R_b→V 的基极→V 的发射极→地。

第二条通路是 V_{CC}→R_C→V 的集电极→V 的发射极→地。

图 3.8 中，V_{BEQ}是一个常量，硅管为 0.6～0.7V，锗管为 0.2～0.3V。

【例 3.2】 如图 3.7 所示，已知 $R_b=300\text{k}\Omega$，$R_C=2\text{k}\Omega$，电源 V_{CC}为 12V，三极管放大系数为 50，求电路的静态工作点。

解 由电压回路定律可知，第一条通路（三极管基极回路）：

$$V_{CC}=R_b\cdot I_{BQ}+V_{BEQ} \tag{3.10}$$

其中，I_{BQ}为流过基极电阻的电流（基极电流），$V_{BEQ}\approx 0.7\text{V}$（硅管）。

得

$$I_{BQ}=\frac{V_{CC}-V_{CEQ}}{R_b}=\frac{12-0.7}{300}=38(\mu\text{A})$$

$$I_{CQ}=\beta\cdot I_{BQ}=50\times 38\times 10^{-3}=1.9(\text{mA})$$

第二条通路（三极管集电极回路）：

$$V_{CC}=R_C\cdot I_{CQ}+V_{CEQ} \tag{3.11}$$

得

$$V_{CEQ}=V_{CC}-R_C\cdot I_{CQ}=12-2\times 1.9=8.2(\text{V})$$

2. 动态分析

动态是指有交流信号输入时，电路中的电流、电压随输入信号发生相应变化的状态。由于动态时放大电路是在直流电源 V_{CC}和交流输入信号 v_i 共同作用下工作的，电路中的电压 v_{CE}、电流 i_B 和 i_C 均包含直流分量和交流分量。

交流通路即放大器的交流等效电路。在 v_i 单独作用下，由于电容 C_1、C_2 足够大，容抗近似为零（相当于短路），直流电源 V_{CC}交流内阻较小，可视为与地短接，如图3.9 所示。

当输入信号 v_s 为正向时（如图 3.9 标注），三极管基极产生电流 i_b，由于三极管集电极电流 $i_C=\beta\cdot i_b$，故基极电流越大，则三极管集电极电流 i_C 也越大，在集电极电阻 R_C 产生的压降即 $v_O=R_C\cdot i_C$，将三极管电流放大转换成电压信号输出。

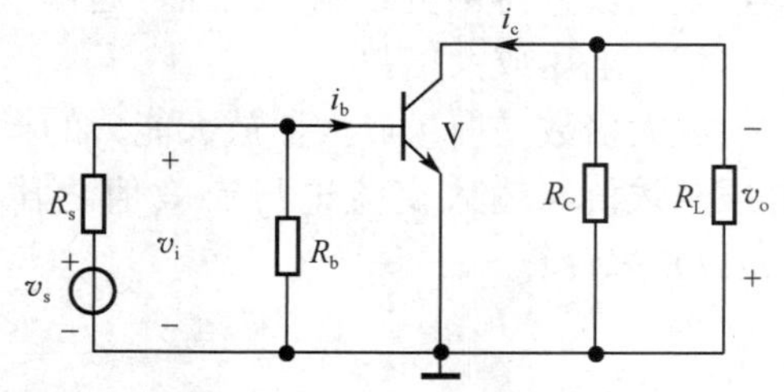

图 3.9 固定偏置式电路的交流通路

从图 3.9 可知，输入正向信号时，三极管集电极电流方向为电阻 R_C 的下端到上端，即为下正上负，故三极管集电极的输出电压为

$$v_C=-i_C\cdot R_C=-\beta\cdot i_b\cdot R_C \tag{3.12}$$

即 i_b 越大（v_b 越大），v_C 越小，这就是共射极放大器的重要特性，输出信号与输入信号呈现反相关系。

(1) 输入电阻 r_i 和输出电阻 r_o。

输入电阻与输出电阻是放大器的两个性能参数，在多级放大器的阻抗匹配中尤显重要。

1) 输入电阻 r_i。放大器的输入回路总电阻即为放大器的输入电阻，如图 3.10 中的 r_i。此时放大器的输入电阻是信号源 v_s 的负载。

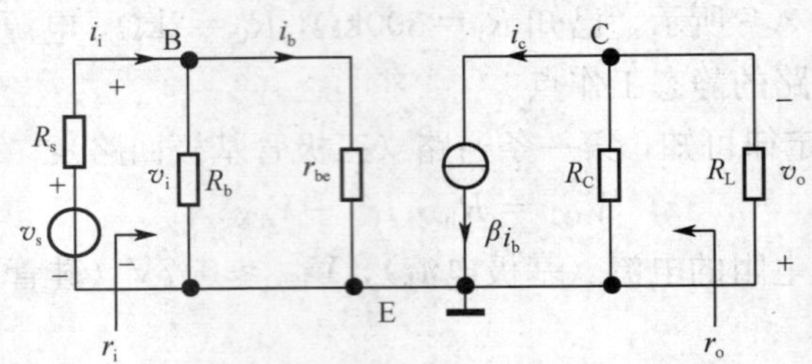

图 3.10 固定偏置式电路的交流等效通路

输入电阻表示为

$$r_i = \frac{v_i}{i_i} = R_b \,/\!/\, r_{be} \tag{3.13}$$

其中，r_{be}可用式（3.14）来计算。

$$r_{be} = 300 + (1+\beta)\frac{26}{I_{EQ}}(\Omega) \tag{3.14}$$

为了减轻信号源的负担，要求放大器的输入电阻越大越好。式（3.13）中，通常 R_b 远大于 r_{be}，因此输入电阻可以近似表示为

$$r_i \approx r_{be} \tag{3.15}$$

2) 输出电阻 r_o。输出电阻 r_o 是从放大器输出端（不包括负载 R_L）看进去的等效电阻，可用式（3.16）表达。

$$r_o = \frac{v_o}{i_c} \approx R_C \tag{3.16}$$

对于负载而言，放大器的输出电阻 r_o 越小，负载电阻 R_L 的变化对输出电压的影响就越小，表明放大器带负载能力越强，通常情况下放大器的 r_o 越小越好。

(2) 电压放大倍数

放大倍数是衡量放大器放大能力的指标，用 A_V 表示。电压放大倍数是指输出信号电压有效值与输入交流电压有效值之比，设 $R'_L = R_L /\!/ R_C$，则电压放大倍数可用式（3.17）来计算。

$$A_V = \frac{v_o}{v_i} = \frac{-i_c R'_L}{i_b r_{be}} = \frac{-\beta i_b R'_L}{i_b r_{be}} = -\frac{\beta R'_L}{r_{be}} \tag{3.17}$$

式（3.17）中“−”号表示共射极放大器输出电压信号与输入信号相位相反。当 $R_L = \infty$（R_L 开路）时，

$$A_V = -\frac{\beta R_C}{r_{be}} \tag{3.18}$$

(3) 频率特性

放大器对不同频率的信号，其放大倍数是不一样的。通常放大器放大能力在中频段

时最强且最稳定，在低频段和高频段放大倍数将明显下降。

3.2.3 分压偏置式放大电路的结构

温度变化会引起放大电路的静态工作点发生偏移，从而影响放大电路的正常工作。为了提高静态工作点的稳定性，在放大电路中通常采用分压偏置式放大电路来提高静态工作点的稳定性。

1. 电路结构

如图 3.11 所示。

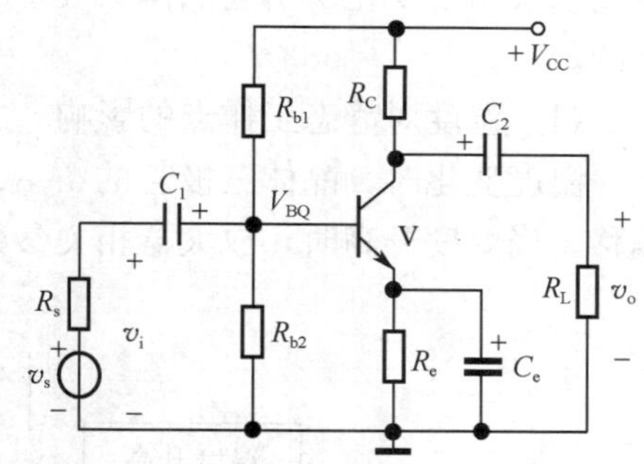

图 3.11 分压偏置式放大电路

2. 分压偏置式放大电路各元件的作用

1）R_{b1} 为上偏置电阻，R_{b2} 为下偏置电阻，R_{b1}、R_{b2} 的取值一般为几十千欧。电源电压 V_{CC} 经 R_{b1}、R_{b2} 分压后得到基极电压 V_{BQ}，给三极管 V 的发射结提供合适的正向偏置电压，同时给基极提供一个合适的基极电流。

2）R_e 为发射极电阻，也称发射极负反馈电阻，主要起到稳定工作点作用。

3）C_e 称为发射极交流旁路电容，作用是避免交流信号电压在发射极电阻 R_e 上产生压降，造成放大电路电压放大倍数下降。

4）R_C 为集电极电阻，电源通过 R_C 给集电结加上反向偏压，使三极管工作在放大区。

5）R_L 为负载电阻，V 为晶体三极管，是放大电路的核心元件。

3. 交/直流通路

将电路中的电容器 C_1、C_2、C_3 开路，其他不变，得到如图 3.12 所示的放大器直流通路。

将电路中的电容器 C_1、C_2、C_3 和 V_{CC} 短路，其他不变，得到如图 3.13 所示的放大器交流通路。

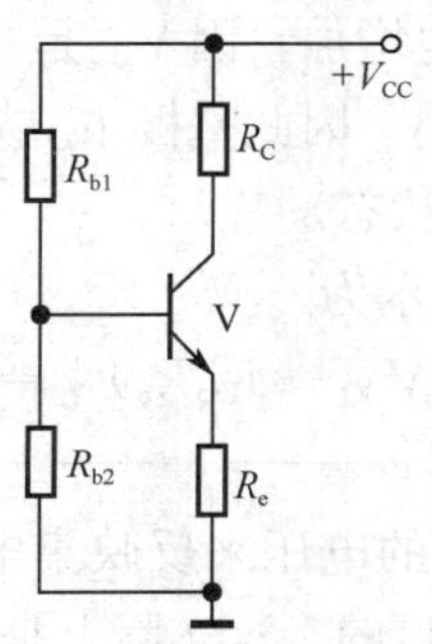

图 3.12 直流通路

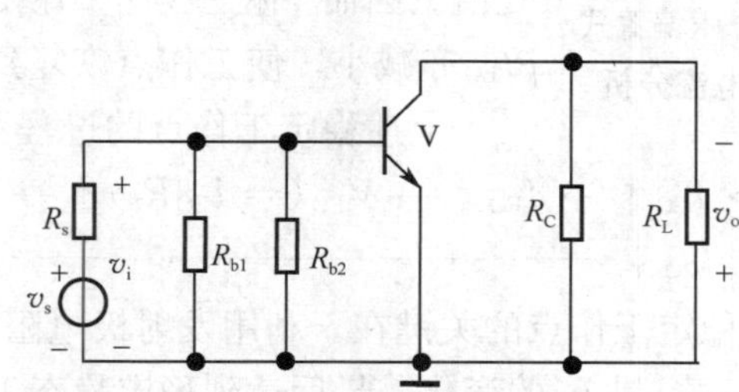

图 3.13 交流通路

3.2.4 分压偏置式放大电路分析

1. 自动稳定工作点原理

静态工作点不但决定电路的工作状态，而且还影响电路放大倍数，输入、输出电阻等动态参数。影响电路的静态工作点不稳定的因素很多，比如电源电压的波动、元件的老化以及温度变化所引起晶体三极管的参数变化等，其中温度变化对工作点影响是最主要的。

(1) 温度对静态工作点的影响

温度变化时，晶体三极管的 I_{CBO}、β、V_{BEQ} 等参数将会随之变化，导致静态工作点偏移。当温度升高时，放大器相关参数变化过程如下：

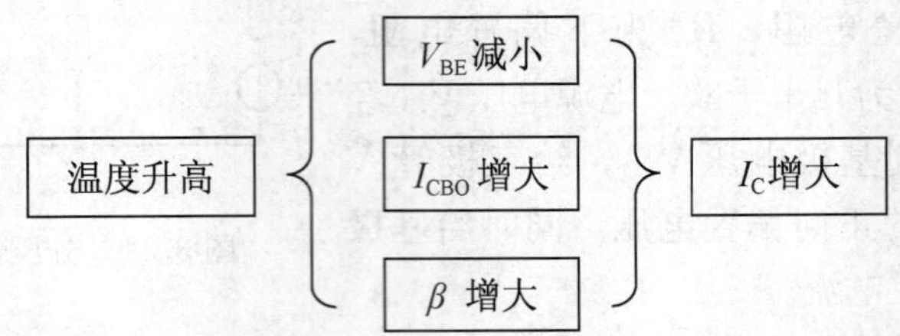

上述变化过程如不加以控制，最终将导致放大三极管温度不断上升，三极管性能劣化，甚至损坏。

温度降低时 I_{CBO}、β、V_{BEQ} 变化与上述情况相反。

(2) 稳定静态工作点原理

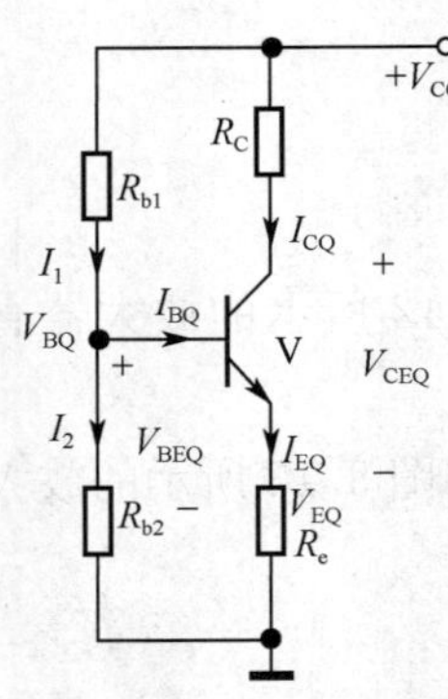

图 3.14 分压偏置式放大电路电流分析

分析图 3.14 可知，$I_1 = I_2 + I_{BQ}$，因 $I_2 \gg I_{BQ}$（设计放大器基极偏置电路时应满足这个条件），得 $I_1 \approx I_2$，此时三极管基极电压 V_{BQ} 可以用式（3.19）来表示。

$$V_{BQ} = \frac{R_{b2}}{R_{b1} + R_{b2}} V_{CC} \tag{3.19}$$

由式（3.19）可以看出，V_{BQ} 与温度基本无关，只由 R_{b1}、R_{b2}、V_{CC} 分压决定，从而保证了基极对地有一个稳定的电压。

当温度升高时，三极管集电极电路 I_{CQ} 将增大，则 I_{EQ} 也相应增大，这时在 R_e 上产生的电压 V_{EQ} 也增加，因 V_{BQ} 是一个基本不变值。因而 $V_{BEQ} = V_{BQ} - I_{EQ}R_e$ 将减小，因此基极 I_{BQ} 减小，$I_{CQ} = \beta I_{BQ}$ 亦减小，使工作点恢复到原有的状态。

上述稳定工作点的过程可简单表示为

$$\text{温度 } t\uparrow \to I_{CQ}\uparrow \to I_{EQ}\uparrow \to V_{EQ}(=I_{EQ}R_e)\uparrow \to V_{BEQ}(=V_{BQ}-I_{EQ}R_e)\downarrow \to I_{BQ}\downarrow \to I_{CQ}\downarrow$$

可见，稳定工作点的关键在于利用发射极电阻 R_e 两端的电压来反映集电极电流的变化情况，并控制 I_C 的变化，最后达到稳定静态工作点的目的。这实际上是通过 R_e 变化量来调节的，可从以下三点加深理解。

1）由于温度变化对 I_{CBO}、β 和 V_{BEQ} 等参数产生影响，将导致三极管集电极电流 I_{CQ} 变化，从而引起放大器工作点的偏移。因此，要稳定工作点，关键在于稳定三极管集电极电流 I_{CQ}。

2）放大器中三极管基极电压 V_{BQ} 由偏置电阻 R_{b1}、R_{b2} 分压得到（即分压式偏置电路），故三极管基极电压相对比较稳定，与温度无关。

3）由于三极管发射极电阻 R_e 的存在，与基极电压共同起作用，稳定了三极管集电极电流的变化，使放大器的静态工作点趋于稳定。

2. 分压式偏置式放大器分析

放大器的分析重点围绕其静态工作点、输入/输出电阻、电压放大倍数等参数的估算展开。

【例 3.3】 已知图 3.11 中 $R_{b1}=7.5\text{k}\Omega$，$R_{b2}=2.5\text{k}\Omega$，$R_e=1\text{k}\Omega$，$R_L=2\text{k}\Omega$，$V_{CC}=12\text{V}$，三极管电流放大倍数为 30，试计算放大电路的静态工作点、电压放大倍数及输入/输出电阻。

解 （1）静态工作点的计算

分压式偏置放大器静态工作点的计算步骤是，先求 I_{CQ}，再计算 I_{BQ}，最后得出 V_{CEQ}。

由式(3.19)得

$$V_{BQ}=\frac{R_{b2}}{R_{b1}+R_{b2}}V_{CC}=\frac{2.5}{7.5+2.5}\times 12=3(\text{V})$$

$$I_{CQ}\approx I_{EQ}=\frac{V_{BQ}-V_{BEQ}}{R_e}=\frac{3-0.7}{1}=2.3(\text{mA}) \tag{3.20}$$

$$I_{BQ}=\frac{I_{CQ}}{\beta}=\frac{2.3}{30}\text{mA}=77(\mu\text{A})$$

$$V_{CEQ}=V_{CC}-I_{CQ}\cdot(R_e+R_C)=12-2.3\times(1+2)=5.1(\text{V}) \tag{3.21}$$

（2）输入/输出电阻计算

由交流等效图 3.13 可得放大器输入电阻为

$$r_i=R_{b1}\mathbin{/\!/}R_{b2}\mathbin{/\!/}r_{be} \tag{3.22}$$

又

$$r_{be}=300+(1+\beta)\frac{26}{I_{EQ}}=300+31\times\frac{26}{2.3}=0.65(\text{k}\Omega)$$

代入式（3.22）得

$$r_i=484(\Omega)$$

放大器的输出电阻为

$$r_o=R_C \tag{3.23}$$

故得

$$r_o=2(\text{k}\Omega)$$

(3) 放大倍数的计算

$$A_V = -\beta\frac{R_L /\!/ R_C}{r_{be}} = -30 \times \frac{2 /\!/ 2}{0.65} = -46 \tag{3.24}$$

3.2.5 共集电极放大器

1. 晶体管在放大电路中的三种连接方式

根据放大电路中三极管的连接方式不同，可分为共射极放大器、共集电极放大器、共基极放大器三种基本组态，如图 3.15 所示。

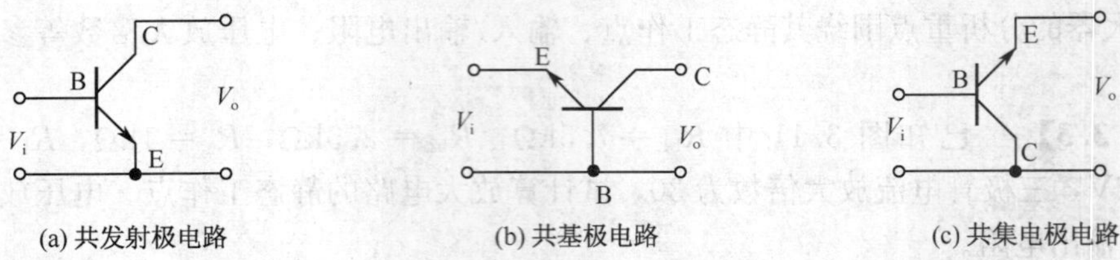

图 3.15　晶体管在电路中的三种连接方式

1）共发射极放大器。以基极为输入端，集电极为输出端，发射极为共同端，如图 3.15(a)所示。前面讨论的固定式偏置式放大器、分压偏置式放大器均属于共射极放大器。

2）共基极放大器。以发射极为输入端，集电极为输出端，基极为共同端，如图 3.15(b)所示。

3）共集电极放大器。以基极为输入端，发射极为输出端，集电极为共同端，如图 3.15(c)所示。

2. 共集电极放大器

共集电极放大器组成如图 3.16 所示，输出信号从三极管的发射极取出，故又称为射极输出器。

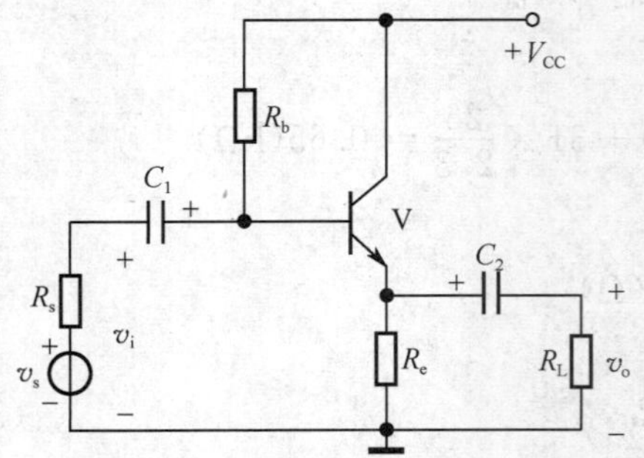

图 3.16　共集电极放大器

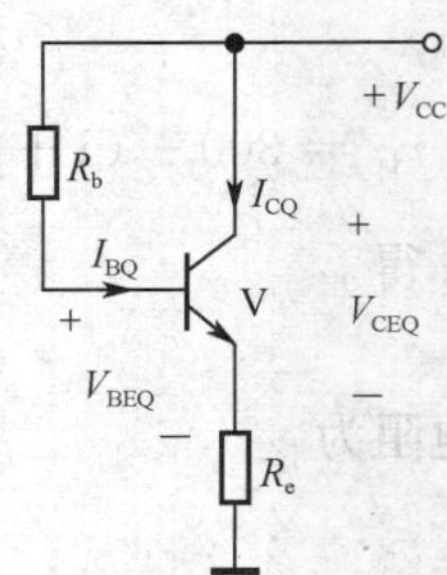

图 3.17　共集电极电路的直流通路

射极输出器的交、直流通路分别如图 3.17 及图 3.18 所示。

3. 射极输出器的特点

(1) 输出电压与输入电压相位相同且略小于输入电压

从图 3.18 所示的电路中可以看出，

$$v_i = v_{be} + v_o$$

因为 $v_i \gg v_{be}$，所以 $v_o \approx v_i$。表明输出电压总是跟随输入电压变化且同相，电压放大倍数略小于 1 且近似等于 1。因此共集电极电路又称射极跟随器。该电路虽然无电压放大能力，但是输出电流 i_e 仍为基极电流的 $(1+\beta)$ 倍，因此共集电极电路具有较强的电流放大能力和功率放大能力。

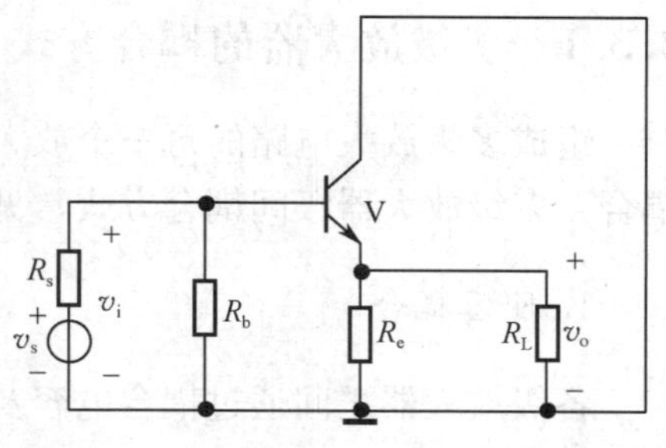

图 3.18 共集电极电路的交流通路

(2) 输入电阻大

发射极电阻 R_e 及负载电阻 R_L 折合到基极回路时，将增大为 $(1+\beta)$ 倍，所以共集电极电路的输入电阻为

$$r_i = r_{be} + (1+\beta)R'_L \tag{3.25}$$

其中，

$$R'_L = R_e \mathbin{/\!/} R_L$$

比共发射极放大器的输入电阻要大得多，一般可达几十千欧～几百千欧。

(3) 输出电阻小

基极回路电阻 $(R_b /\!/ r_{be})$ 折合到发射极回路时，应减小为原来的 $1/(1+\beta)$ 倍。通常情况下输出电阻 r_o 可小到几十欧。

4. 共集电极电路（射极输出器）的应用

射极跟随器具有输入电阻大和输出电阻小的特点。常用作多级放大器的第一级或最末级，也可用于中间隔离级。

3.3 多级放大器

☞学习目标

1) 知道多级放大器的耦合方式。
2) 了解三种耦合方式的优点与缺点。
3) 了解多级放大器的性能。

在电子技术应用过程中，被放大的信号往往是十分微弱的。单级放大器的放大能力有限，此时可以采用多个放大电路合理连接，从而构成多级放大电路。

3.3.1 多级放大器的耦合方式

组成多级放大电路的每一个放大电路称为“级”。级与级之间的连接方式称为级间耦合。多级放大器级间耦合方式常见的有阻容耦合、直接耦合和变压器耦合。

1. 阻容耦合

各级放大器之间通过耦合电容及后级放大器输入电阻进行连接的耦合方式称为阻容耦合，如图 3.19 中的 C_2。

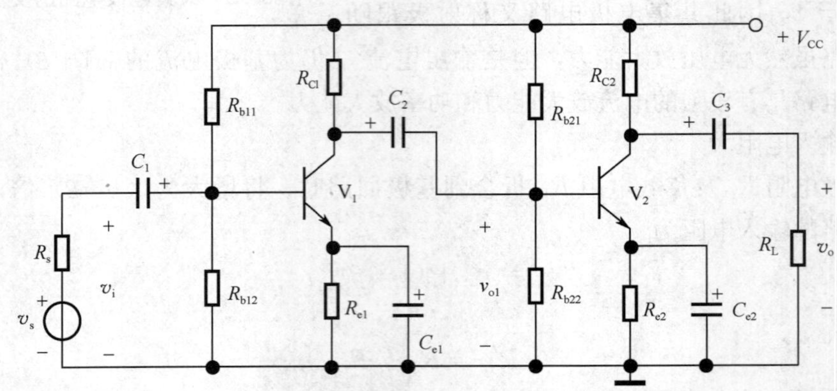

图 3.19 两级阻容耦合放大器

(1) 优点

由于电容 C_2 对直流具有阻碍作用，因而阻容耦合放大电路各级之间的直流通路相互隔离，因此各级的静态工作点互不影响。当输入信号频率较高时，耦合电容容量较大，前级的输出信号就可以几乎无衰减地传递到后级的输入端，所以在分立元件电路中，阻容耦合方式得到非常广泛的应用。

(2) 缺点

当输入信号频率较低或直流信号时，耦合电容上呈现较大的容抗，信号一部分甚至全部都衰减在耦合电容上，而不能很好地传递到后一级，产生频率失真。此外，在集成电路中制造大容量的电容是比较困难的。因此阻容耦合方式不利于集成化。

2. 直接耦合

将前一级的输出端直接连接到后一级的输入端，称为直接耦合，如图 3.20 所示。

(1) 优点

电路中只有晶体三极管和电阻，没有大的电容，低频交流信号与直流信号畅通无阻，失真小，广泛应用于直流放大器和集成电路中。

(2) 缺点

各级之间直接相连，因此各级静态工作点相互影响。另外易产生零点漂移，即放大器无输入信号时，却有缓慢的无规则信号输出。产生零点漂移的原因很多，其中温度变化及电源电压波动对零点漂移的影响最大，因此直接耦合放大器须采取措施（如第一级

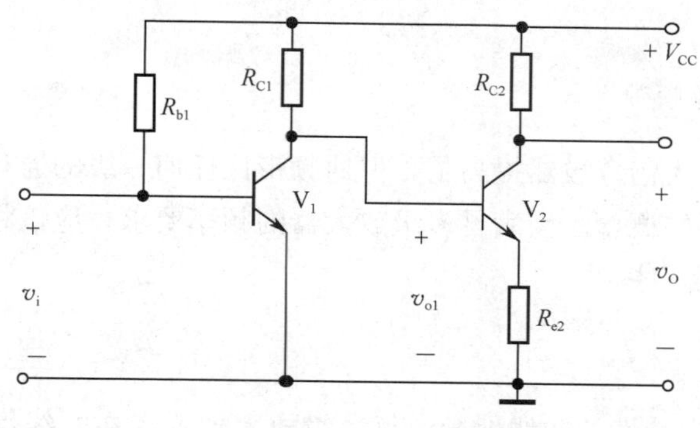

图 3.20 两级直接耦合放大器

放大器采用差动放大器)，以减少零点漂移现象。

3. 变压器耦合

图 3.21 所示为变压器耦合放大器电路，放大电路的输出端通过变压器耦合到后级的输入端或负载电阻上。

(1) 优点

变压器耦合放大器的前后级是靠磁路耦合的，所以与阻容耦合电路一样，它的各级放大电路的静态工作点互不影响，而且便于实现级间的阻抗变换。适当选择变压器的原、副边绕组的匝数比（变比），可以使副边折合到原边的负载等效电阻与前级电路输出电阻相等（或相近）、这种情况叫做阻抗匹配。

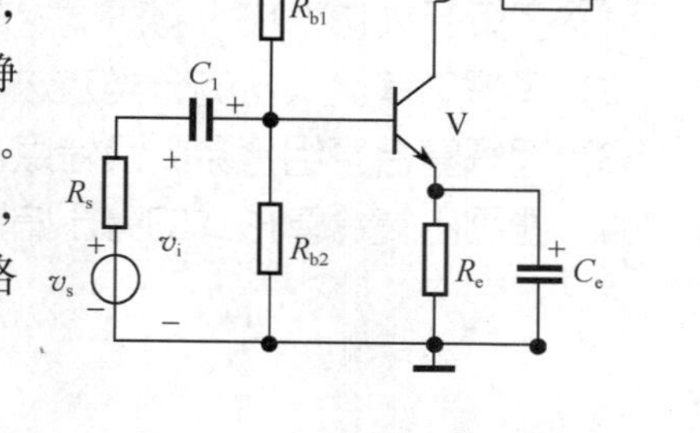

图 3.21 变压器耦合放大器

(2) 缺点

变压器存在体积大、重量重、频率失真较大、不利于集成化等缺点。这种耦合方式通常用于功放、中频调谐放大器以及多级放大器的输出级。

3.3.2 多级放大器的性能分析

对多级放大器的性能分析主要关注放大器的电压放大倍数、输入电阻和输出电阻、频率特性等参数。

1. 电压放大倍数

多级放大器对放大的信号而言，前级的输出信号就是后级输入信号，设各级放大器的放大倍数为 A_{V_1}，A_{V_2}，…，A_{V_n}。则总电压放大倍数是各级电压放大倍数之积：

$$A_V = A_{V_1} \cdot A_{V_2} \cdot \cdots \cdot A_{V_n} \tag{3.26}$$

2. 输入/输出电阻

多级放大器的输入电阻就是第一级放大器的输入电阻，输出电阻就是最后一级放大器的输出电阻。

3. 频率特性与通频带

多级放大器的放大倍数虽然提高了，但通频带比任何一级的通频带都要窄。这是多级放大器中一个重要的概念。为满足多级放大器的频率要求，应该将每一级放大电路的通频带都要设置得宽一些。

4. 非线性失真

三极管输入/输出特性的非线性导致每一级放大器均存在非线性失真，经多级放大器放大后，输出信号波形失真将更大，故要减少多级放大器的失真，就应尽量克服各单级放大器的失真。

■ 3.4 低频功率放大器 ■

☞**学习目标**

1）了解低频功率放大器应满足的要求。
2）了解功率放大器的分类方法。
3）理解复合管组合原则及特点。
4）能画出复合管形式的分压偏置式电路。

在实践中，常常要求放大器的末级有足够大的功率去推动或控制一些设备正常工作。例如使扬声器（喇叭）的音圈振动发出声音、控制电动机的旋转等。用于放大低频功率信号的放大器，称为低频功率放大器，简称功放。

3.4.1 功率放大器的性能与分类

放大电路实质上都是能量转换电路。电压放大器的主要任务是使负载得到不失真的电压信号，注重电压增益、输入/输出电阻等指标。而功率放大器的主要任务是使负载得到不失真（或失真较小）的输出功率，常工作于大电流、高电压的大信号状态下，故功率放大器的性能要求与小信号电压放大器有所不同。

1. 良好的功率放大器应满足的要求

1）输出功率 P_{om} 尽可能大。功率放大器提供给负载的信号功率称为输出功率，记为 P_{om}。为使功率放大器输出足够大的功率，功率放大器常工作于接近极限的工作状态。

2）转换效率高。功率放大器的最大输出功率与电源提供的直流功率之比称为转换效率。这个比值大，意味着转换效率高。

3）非线性失真要小。功率放大器往往在较大的动态范围内工作，要求功率放大管工作在放大区，若进入饱和区和截止区都会造成非线性失真。功率放大器的非线性失真必须在允许的范围内。

4）功率放大器要有良好的散热装置。在功率放大器中，有相当大的功率消耗在功率放大器的集电结上，使功率放大器温度升高，性能变差，严重时还会损坏，所以必须在功率放大器上加装良好的散热装置及各种保护措施。

2. 功率放大器的分类

按电路工作状态分类，常把功率放大器分为甲类、乙类、甲乙类三种。

（1）甲类功放

在输入信号的整个周期内都有电流流过晶体三极管，也就是说电源始终不断地输出功率。在无信号输入时，这些功率就损耗在放大器等元件上。在有信号输入时，一部分功率转化为有用的输出功率，因此甲类功放功率损耗较大，效率较低，转换效率最高只能达到50%。

（2）乙类功放

在输入信号的整个周期内，晶体三体管有半个周期工作在放大区，另半个周期工作在截止区。如果采用两只管子分别在正负半周轮流工作，则放大器可以输出一个完整的波形。乙类功放转换效率最高可达78.5%。缺点是输出信号在越过晶体管死区时得不到正常放大而产生交越失真。

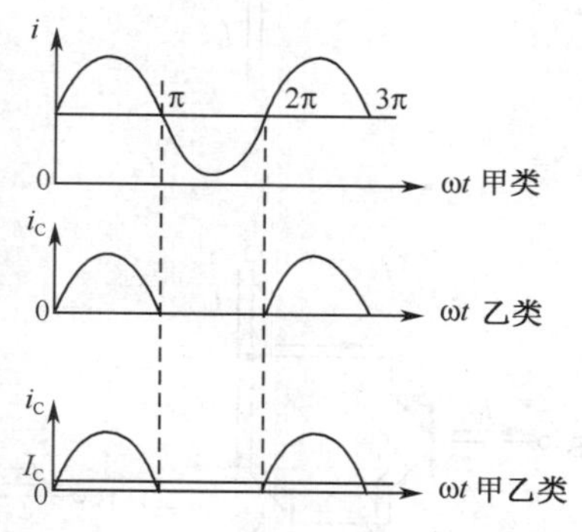

图 3.22 三种功放电路输出波形的比较

（3）甲乙类功放

晶体管导通时间大于信号的半个周期，即介于甲类和乙类中间，甲乙类功放转换率仍然较高。

3.4.2 复合管应用

在功率放大器的末级，通常要求有比较大的电流放大倍数和足够的功率输出。由于大功率三极管的电流放大倍数往往较小，在实际应用中，常采用放大倍数大的小功率晶体管和放大倍数低的大功率晶体管复合而成，这样的复合管具有较大的电流放大倍数和输出功率。

1. 复合管（又称达林顿管）

（1）定义

两只或两只以上的晶体管按一定规律组合等效于一只晶体管。

(2) 组合的原则

参与复合的晶体管各电极上电流都能按各自的正确方向流动，复合管的类型取决于参与复合的第一只晶体管的类型。

2. 复合管的四种组合方式及特点

(1) 四种组合方式

复合管的四种组合方式如图 3.23 所示。

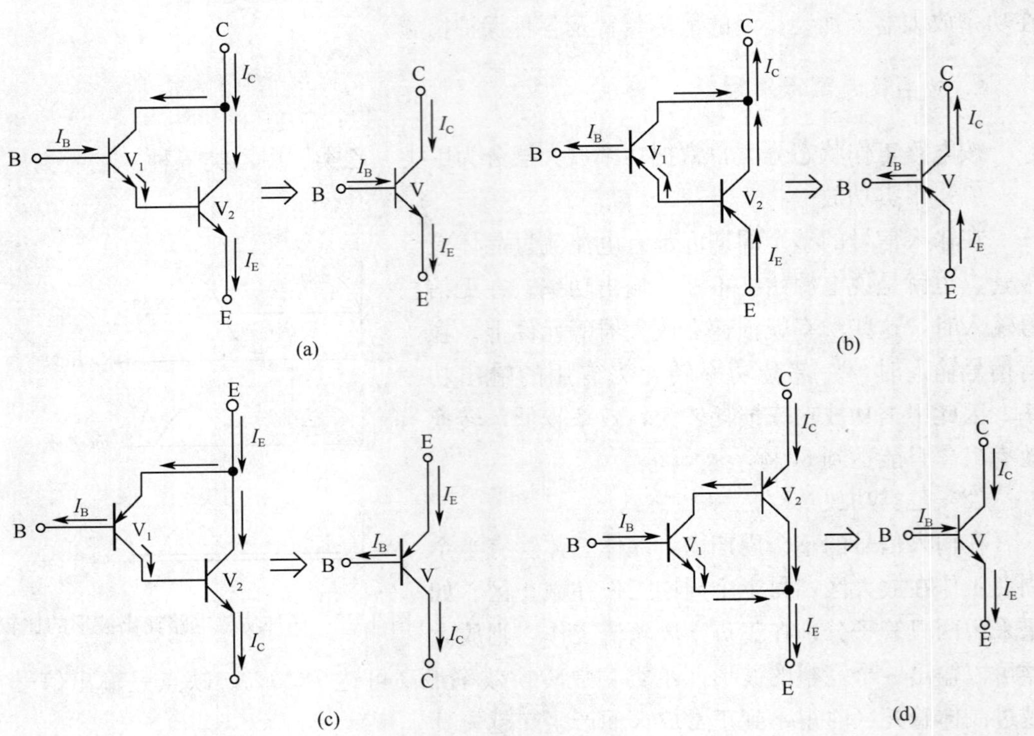

图 3.23 复合管四种组合方式

(2) 特点

1) 复合管的电流放大倍数等于两只参与复合的晶体管电流放大倍数之积。

若 V_1的电流放大倍数为 β_1，V_2的电流放大倍数为 β_2，复合管放大倍数为 β，则

$$\beta = \beta_1 \cdot \beta_2 \tag{3.27}$$

从式(3.27)可以看出，复合管大大地提高了电流放大倍数。

2) 穿透电流大。从图 3.23(a)图中看出，三极管 V_1 发射极电流全部注入 V_2 的基极，因此增大了 V_2 的穿透电流，使其热稳定性变差。在实际应用中又是怎样解决这个问题的呢?

如图 3.24 所示，在 V_1 发射极上接上分流电阻 R_E，这样 V_1 发射极电流一部分分流到 R_E，从而减小了 V_2 的穿透电流。一般 R_E 选取几十～几百欧。

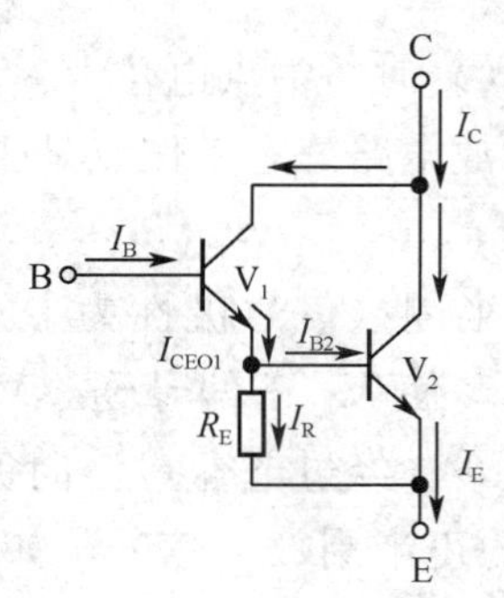

图 3.24 减小穿透电流的电路

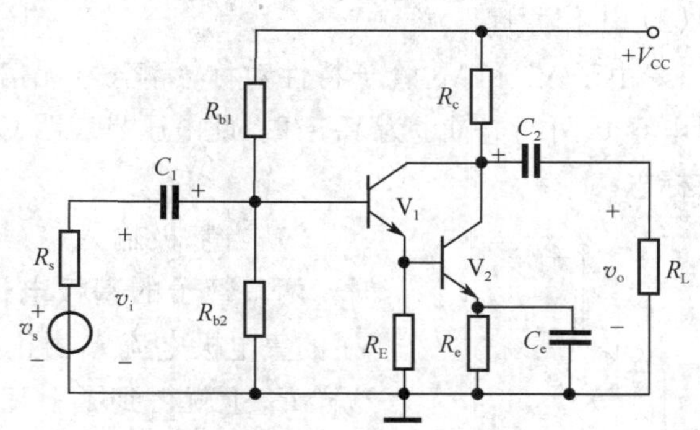

图 3.25 复合管形式的分压偏置式电路

3. 复合管的应用

将分压偏置式电路的放大管用复合管代替，如图 3.25 所示。

图 3.25 中，V_1 和 V_2 复合后，从工作原理上看，V_1 和 V_2 等效于一只 NPN 型三极管，但增大了输出电流及功率。

■ 3.5 互补对称功率放大器 ■

☞学习目标

1）能区别 OTL 功率放大器与 OCL 功率放大器的不同点。
2）能分析 OTL 功率放大器与 OCL 功率放大器的工作原理。
3）理解消除交越失真的方法。
4）掌握一至两种集成功放电路的应用。

变压器耦合功率放大器的优点是实现电路间的阻抗匹配，但是体积庞大、笨重，传输效率低。目前最广泛使用的是无输出变压器的功率放大器（OTL 电路）和无输出电容的功率放大器（OCL 电路）。

3.5.1 OTL 功率放大器

1. OTL 电路结构及工作原理

（1）电路结构

如图 3.26 所示的电路，V_1（NPN 管）和 V_2（PNP 管）是两只特性一致的互补晶体管，通常将其称为对管，采用单电源供电。输出电容 C 一般为大容量的电解电容器，其容量通常为几百～几千微法。信号从两管的基极输入，从两管的发射极输出，集电极是输入/输出信号的共同端，因此这两只管子组成了射极输出器。

(2) 工作原理

1) 由于 V_1 和 V_2 管子特性对称，静态（无信号输入）时，中点电位 $V_o = V_{CC}/2$，所以电容 C 两端电位也为 $V_{CC}/2$。此电压是表明 OTL 功放电路静态工作点是否正常的重要标志。

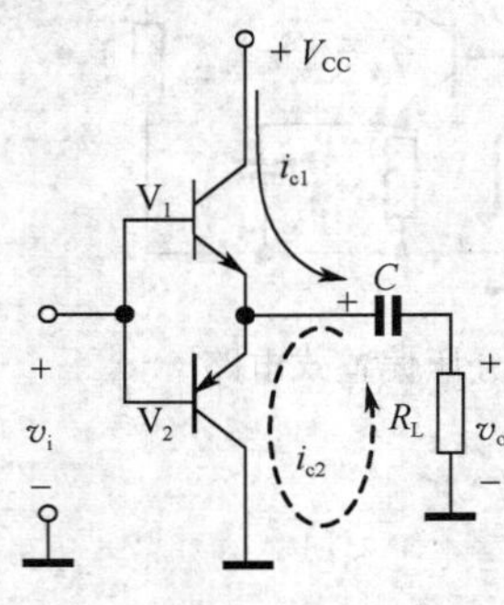

图 3.26　OTL 电路

2) 当基极输入信号 v_i 正半周（信号极性为上正下负）时，两只管子的基极电位升高，使 V_1 正偏导通，V_2 截止，V_1 的集电极电流 i_{c1} 由正向电源 V_{CC} 经过电容 C 流向负载 R_L，这样 R_L 上就得到了上正下负的正半周放大信号，如图 3.26 的 v_{o1} 波形；同时电容 C 充有左"+"右"−"的电压。

3) 当基极输入信号 v_i 负半周（信号极性为上负下正）时，两只管子的基极电位下降，使 V_2 正偏导通，V_1 截止，V_2 的集电极电流 i_{c2} 由电容 C 的正极经过 V_2 流向负载 R_L，最后回到电容 C 的负极，这样 R_L 上得到下正上负的负半周放大信号，如图 3.27 的 v_{o2} 波形。

在这个过程中电容 C 不仅起着耦合输出信号作用，还起到三极管 V_2 的供电作用。为了使输出波形对称，必须保持电容 C 上的电压基本维持在 $V_{CC}/2$ 不变，因此电容 C 的容量必须足够大。

由以上分析可知，在输入信号 v_i 的整个周期内，功率放大器 V_1、V_2 两管轮流交替工作、互相补充，使负载获得完整的信号波形，故称其为单电源互补对称电路。

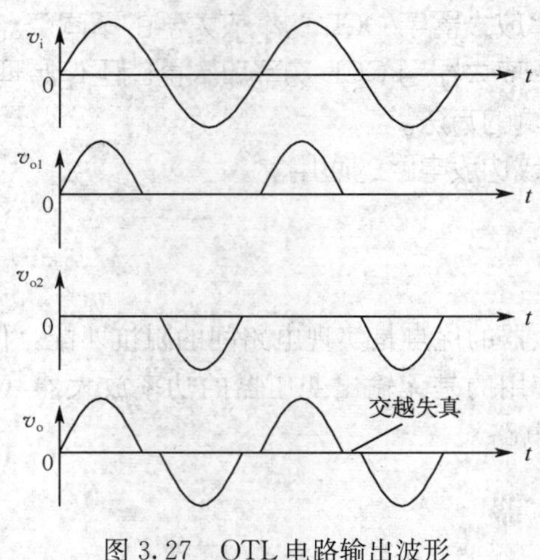

图 3.27　OTL 电路输出波形

2. OTL 电路存在的问题及解决办法

(1) 存在的问题分析

从原理上可以看出 OTL 电路工作在乙类状态，设输入信号 v_i 为正弦波，如图 3.27 所示。在正负半周 R_L 上得到的电压分别是 v_{o1} 和 v_{o2}，最后在 R_L 上得到的波形不是一个完整的正弦波，在波形上存在着一定的失真，把这种出现在输出波形正负半周交界处的失真，称为交越失真。

交越失真产生的原因是：由于三极管发射结死区电压的存在（硅管 0.5V，锗管约为 0.2V），输入信号电压小于功率放大器死区电压时，功率放大器处于截止状态，输出电流为零。只有在输入信号克服死区电压后才能导通，因此输出波形会产生交越失真。

（2）消除交越失真的办法

因为 OTL 电路工作在乙类工作状态，不可避免地存在着交越失真，要消除交越失真，应在电路的结构上采取措施。图 3.28 为改进后的 OTL 电路。

图 3.28 的电路中给 V_1、V_2 发射结加适当的正向偏压，提供一定的静态偏置电流，使 V_1、V_2 导通时间稍微超过半个周期，即工作在甲乙类状态。图中 R_2、VD_1、VD_2 起到提供偏置电压的作用。静态时三极管 V_1、V_2 处于微导通状态，这样就克服了三极管死区电压对输入信号的影响，从而消除了交越失真。

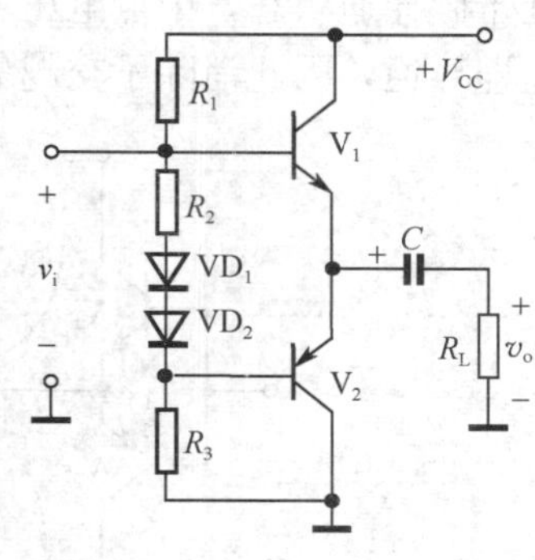

图 3.28 改进后的 OTL 电路

3.5.2 OCL 功率放大器

由于 OTL 电路需要大容量的输出电容并易带来低频失真，因此可采用正负电源的供电方式，从而取消输出电容，这种功放电路称为无输出电容功率放大器，简称 OCL 功率放大器。

1. OCL 功率放大器及工作原理

（1）电路结构

如图 3.29 所示，图中 $+V_{CC}$ 与 $-V_{CC}$ 为正负双电源（电压大小相等，极性相反），三极管 V_1、V_2 是互补对管，R_L 为负载。

（2）工作原理

因为 V_1、V_2 是互补对管，静态时中点（O 点）的电位 $V_O=0V$。当基极输入信号 v_i 在正半周时，两只功率放大器的基极电位升高，使 V_1 正偏导通，V_2 反偏截止，V_1 的集电极电流 i_{c1} 由正向电源 $+V_{CC}$ 经过 V_1 流向负载 R_L，这样 R_L 上得到被放大的正半周信号电流。

当基极输入信号 v_i 负半周时，两只功率放大器的基极电位下降，使 V_2 正偏导通，V_1 截止，电流 i_{c2} 由 R_L 流向 V_2 的发射极，最后回到 $-V_{CC}$，这样 R_L 上得到被放大的负半周信号电流。

可见，在输入信号 v_i 的整个周期内，V_1、V_2 两管轮流交替地工作，互相补充，使负载获得完整的信号波形，所以该电路又称为双电源互补对称电路。

2. 改进后的 OCL 电路

OCL 电路工作在乙类工作状态，也存在着交越失真，图 3.30 为改进后的 OCL 电路。

在 V_1、V_2基极之间串入二极管和电阻，以供给两管一定的正向偏置电压，使两管处于微导通状态，中点电压 V_O=0V。无论输入信号正半周还是负半周，总有一只管子立即导通，因此消除了交越失真。

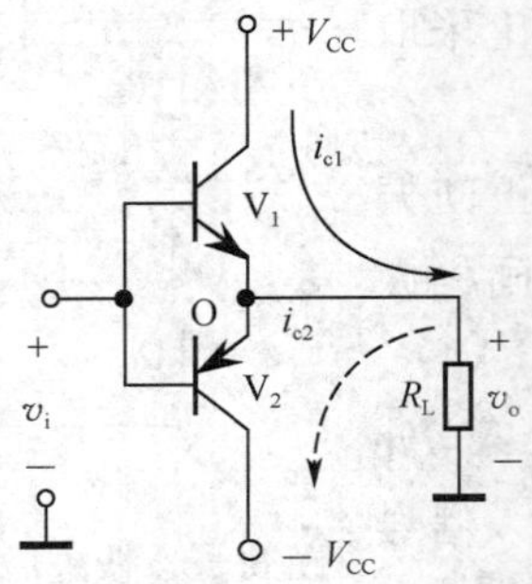

图 3.29 OCL 功率放大器

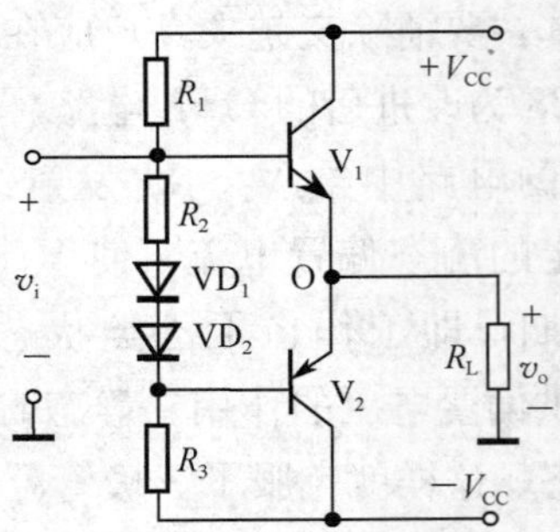

图 3.30 改进后的 OCL 电路

3.5.3 常用集成功放电路

目前市场上已有很多型号的集成功放电路，它们具有体积小、性能优良、价格便宜、易安装和调试等优点。现以 TDA2030 及 LM386 为例说明集成功放电路的使用方法。

1. TDA2030A 集成功放电路

TDA2030A 是单声道功放电路，如图 3.31 所示。采用 V 型五脚单列直插式 TO-220 封装结构。广泛应用于汽车立体声收录机、中功率音响设备中。具有体积小、输出功率大、静态电流小（50mA 以下）、动态范围大（能承受 3.5A 的电流）、负载能力强的特点，可带动 4～16Ω 的扬声器，音色无明显个性，特别适合制作输出功率中等的高保真功放。内部有短路保护、热保护、地线偶然开路保护、电源极性反接保护等。

（1）管脚功能

①脚为同相输入端；②脚为反相输入端；③脚为负电源输入端；④脚为信号输出端；⑤脚为正电源输入端。

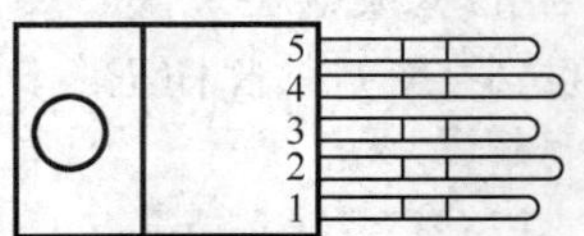

图 3.31 TDA2030A 外形图

(2) 应用电路

如图 3.32 所示为 TDA2030A 典型的两种应用电路。

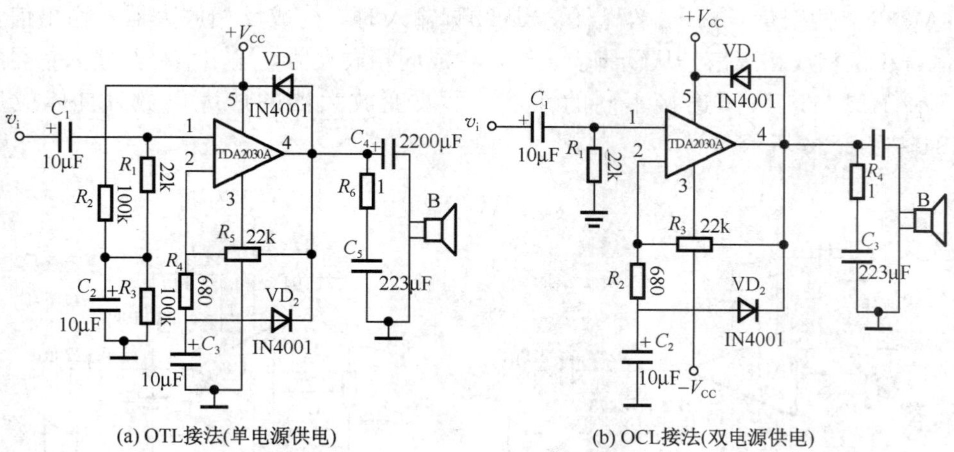

图 3.32 TDA2030 应用电路

图 3.32 中的二极管 VD_1、VD_2 为防止电源接反而损坏组件采取的防护措施。电源电压的极限为±20V，为留有工作余量，常取±15V。虽然 TDA2030A 组成的功放电路所需的元件很少，但所选元件必须是优质品，否则会影响音质效果。TDA2030A 可与 LM1875 直接代换。

2. LM386 集成功放电路

LM386 是美国国家半导体公司生产的音频功放集成电路，主要应用于低电压消费类产品。静态功耗低，约为 4mA，可用电池供电。工作电源电压范围 4～12V 或 5～18V (LM386-4)，具有外围元件少、失真度低，易安装和调试方便等优点。

LM386 的封装形式有塑封 DIP8 双列直插式和 SO-8 贴片式。图 3.33 为 LM386 引脚排列图。

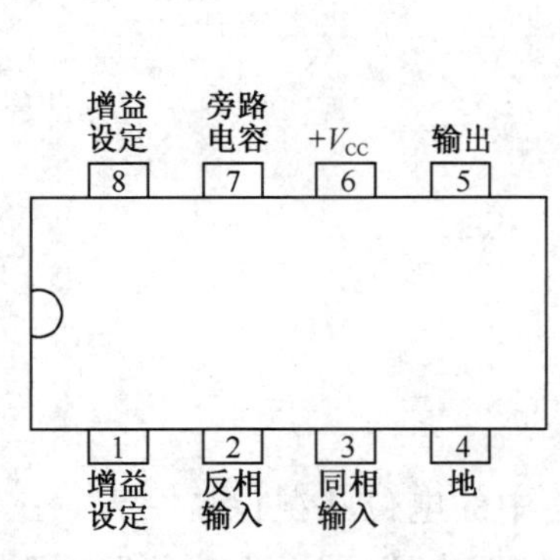

图 3.33 LM386 引脚排列

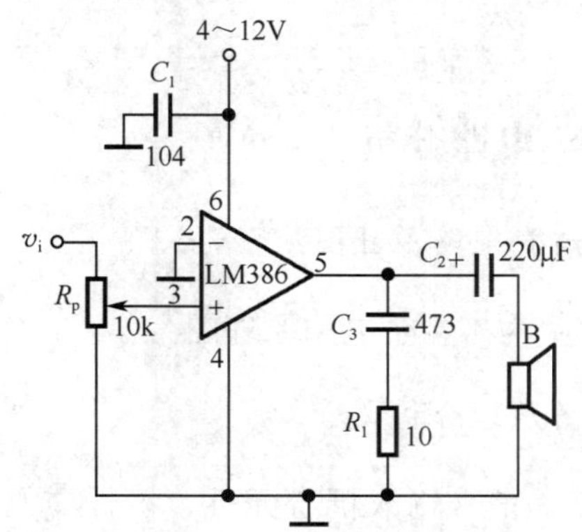

图 3.34 LM386 外接最少元件用法

3. LM386典型应用电路

LM386有两个信号输入端，当信号从②脚输入时，构成反相放大器，输出信号与输入信号相位相反，当信号从③脚输入时，构成同相放大器，输出信号与输入信号相位相同。在①脚与⑧脚间连接不同的元件，可改变放大器的放大倍数。具体应用如图3.34～图3.36所示。

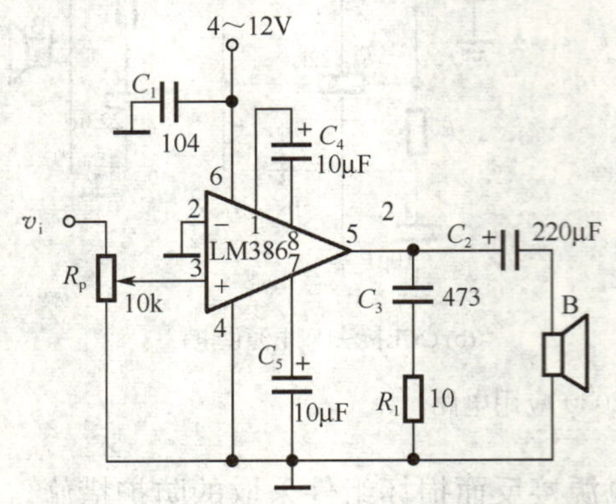

图3.35 LM386电压放大倍数最大的用法

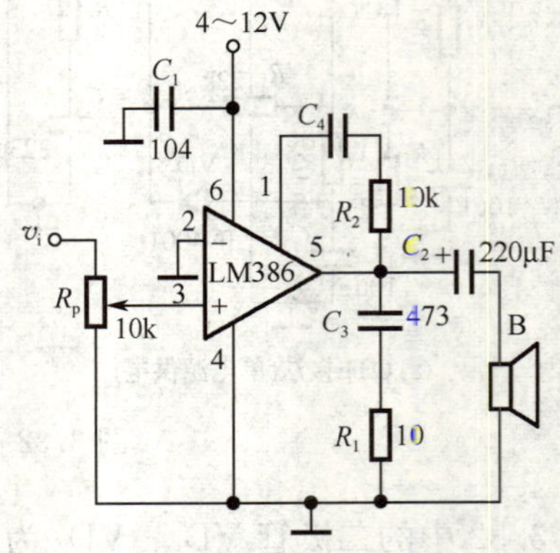

图3.36 LM386典型用法

■ 动手做 扩音机电路 ■

学习目标

1）通过对功放电路的组装，领会功放的安装技巧。
2）掌握OTL功放的基本调试方法、步骤。
3）学会元件质量筛选，培养一丝不苟的科学实践作风。

动手做1 电路分析

1. 扩音机电路原理图

图3.37为扩音机电路原理图。

2. 工作原理分析

1）C_1为信号输入耦合元件，极性应与实际电路中的电位状况保持一致。三极管V_1为前置放大管，采用能自动稳定工作点的分压式偏置电路，R_1为上偏置电阻，R_2为下偏置电阻。C_4、C_6为发射极旁路电容。通过限流降压电阻R_{18}提供V_1合适的静态

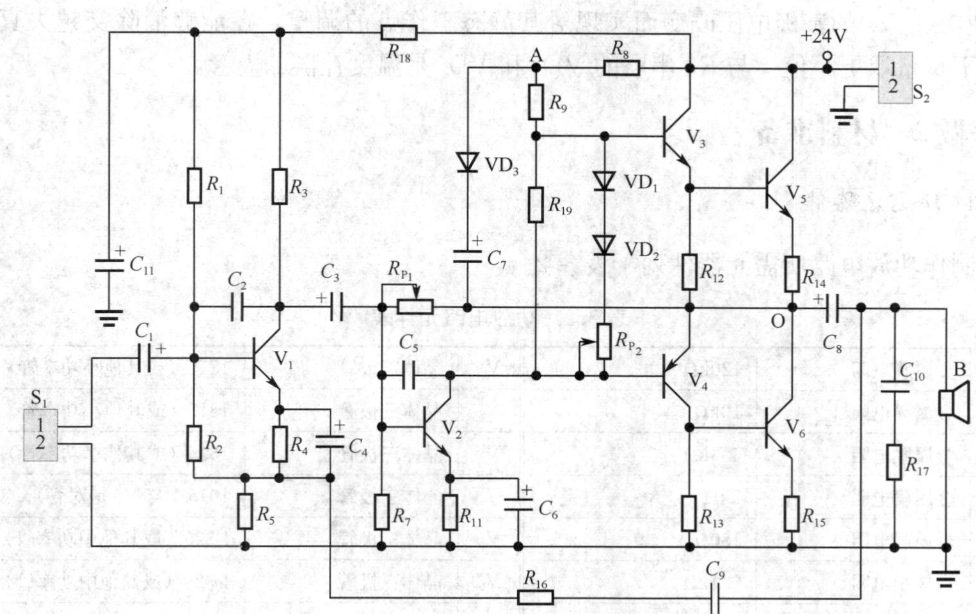

图 3.37 扩音机电路原理图

工作点，C_{11}为电源退藕电容。C_2、C_5 能起到抑制 V_1、V_2 高频自激作用，其容量为47～200pF。

2）三极管 V_2 为激励放大管，应选用小功率低噪声三极管，它能使功率放大器输出级有足够的推动信号。扩音机电路中点电压（+12V）通过 R_{P_1} 和 R_7 两个偏置电阻，提供 V_2 正常偏置电压，调节 R_{P_1} 可设置 V_2 合适的静态工作点。

3）V_3、V_4 是互补电流放大级，分别与 V_5、V_6 构成复合管对输出电流进行放大，其中 V_3、V_5 复合等效于一只 NPN 型三极管，V_4、V_6 复合成一只 PNP 型三极管。

4）R_{14}和 R_{15}是防止 V_5、V_6 过流的限流电阻，取值一般为 0.5～1Ω 之间。

5）当音频信号正半周输入 V_1 时，由晶体三极管的基极与集电极相位相反关系可知，V_1 集电极的输出信号电压为负，又经激励管 V_2 倒相，从 V_2 集电极输出音频信号为正，这时 V_3、V_5 导通，V_4、V_6 截止。同样道理，当输入的音频信号是负半周时，V_3、V_5 截止，V_4、V_6 导通。由上面分析可知，输入信号在整个周期内都得到放大，在负载 B（扬声器）便得到一个完整的音频信号。

6）C_7、VD_3、R_8 组成“自举升压电路”。在信号正半周时，信号越强，V_3、V_5 导通越充分，其内阻越小，以至中点电压 V_O 上升越多，使 V_3、V_5 动态范围变小。加入 C_7（其容量较大）后，电容两端电压基本不变，在中点电压升高的同时，A 点电压也随着升高，使 V_3 的基极电位升高而获得正常的偏压，保证了 V_5 大电流输出。R_8 为隔离电阻，将电源与 C_7 隔开，使 C_7 上举的电压不被 V_{CC}吸收，从而扩大功率放大器 V_3、V_5 的动态范围。

7）R_{12}、R_{13}为穿透电流的分流电阻，也是 V_5、V_6 的偏置电阻。其值不可过小，否则将使有用信号损失过大。VD_1、VD_2 和 R_{P_2} 是 V_3、V_4 互补管的偏置电路，调整

R_{P_2}使V_3、V_4的基极电压改变而实现对其静态工作点的调整，在能够消除交越失真的情况下尽量取更小值。与R_{P_2}串联的VD_1和VD_2是温度补偿二极管。

动手做 2 材料准备

1. 所需元器件

制作功放电路所需元器件列于表 3.2。

表 3.2 功放电路元件表

R_1	金属膜电阻	120kΩ	V_1	晶体三极管	1815（或其他小功率管）
R_2	金属膜电阻	10kΩ	V_2	晶体三极管	1815（或其他小功率管）
R_3	金属膜电阻	4.3kΩ	V_3	晶体三极管	1815（或其他小功率管）
R_4	金属膜电阻	2kΩ	V_4	晶体三极管	1015（与V_3是对管）
R_5	金属膜电阻	180Ω	V_5	晶体三极管	D325（或其他中功率管）
R_7	金属膜电阻	5.1kΩ	V_6	晶体三极管	D325（或其他中功率管）
R_8	金属膜电阻	1kΩ	D_1	晶体二极管	1N4148（开关管）
R_9	金属膜电阻	4.3kΩ	D_2	晶体二极管	1N4148（开关管）
R_{11}	金属膜电阻	200Ω	D_3	晶体二极管	1N4148（开关管）
R_{12}	金属膜电阻	200Ω	C_1	电解电容器	4.7μF/16V
R_{13}	金属膜电阻	200Ω	C_2	瓷片电容器	200pF
R_{14}	金属膜电阻	0.5Ω	C_3	电解电容器	1μF/16V
R_{15}	金属膜电阻	0.5Ω	C_4	电解电容器	100μF/16V
R_{16}	金属膜电阻	6.2kΩ	C_5	瓷片电容器	200pF
R_{17}	金属膜电阻	10Ω	C_6	电解电容器	100μF/16V
R_{18}	金属膜电阻	2kΩ	C_7	电解电容器	100μF/25V
R_{19}	金属膜电阻	4.7kΩ	C_8	电解电容器	1000μF/25V
R_{P_1}	微调电位器	100kΩ	C_9	瓷片电容器	0.047μF（473）
R_{P_2}	微调电位器	1kΩ	C_{10}	瓷片电容器	0.1μF（104）
B	扬声器	8Ω	C_{11}	电解电容器	100μF/25V
直流电源		24V/2A	焊接相关工具		
万能线路板（或印刷版）					

2. 元器件质量检测

在元件装接前应先检查元器件数量和规格，正确熟练使用万用表检测电阻、电位器、电容、晶体二极管、晶体三极管等元件质量。

（1）电阻阻值读数与测量训练

请将读数与测量结果填入表 3.3 中。

表 3.3 电阻阻值读数与测量结果

电阻编号	色　环	标称阻值	万用表挡位	测量值
R_1				
R_2				
R_3				
R_4				
R_5				
R_7				
R_8				
R_9				
R_{11}				
R_{12}				
R_{13}				
R_{14}				
R_{15}				
R_{16}				
R_{17}				
R_{18}				
R_{19}				
R_{P_1}	可调范围：		质量：	
R_{P_2}	可调范围：		质量：	

（2）电容器质量判断技能训练

请将电容器质量判断结果填入表 3.4 中电容器质量可填写为可用、漏电、失效三种。

表 3.4 电容器质量判断结果

电容编号	正向漏电阻	反向漏电阻	质　量
C_1			
C_2			
C_4			
C_8			
C_9			

（3）晶体二极管、三极管的检测

将晶体二极管的检测结果填入空格（可填写击穿、开路、可用）：

VD_1 ________________、VD_2 ________________、VD_3 ________________

将晶体三极管的管型及管脚排列填入空格：

V_1 ＿＿＿＿＿＿＿＿＿＿、V_4 ＿＿＿＿＿＿＿＿＿＿、V_5 ＿＿＿＿＿＿＿＿＿＿

动手做3　装调步骤

1. 扩音机装配工艺

1）电阻、二极管均采用卧式安装（水平安装），紧贴线路板。金属膜电阻的色环方向尽可能一致。

2）小功率三极管采用立式安装，底面离印刷版5mm左右。中功率三极管一般保持原元件管脚长度。

3）电解电容器、涤纶电容器尽量插到底，瓷片电容器底面离印刷版一般为3mm左右。

4）微调电位器尽量插到底，不要倾斜，三只脚都要焊接牢固。

5）整体元件应做到美观、均匀、端正、整齐、不倾斜、高矮有序。

6）所有的焊点应做到圆滑，防止虚焊、搭锡和散锡，元件引脚在焊面以上应留1mm左右（引脚略突出焊点面）。

7）电源线、引出线接头应用绝缘胶布包妥，绝不允许露出线头，做到安全第一。

2. 安装扩音机电路

（1）图3.38为扩音机电路元件布局图。

（2）图3.39为扩音机印刷版布线图。

（3）图3.40为扩音机元件装配图。

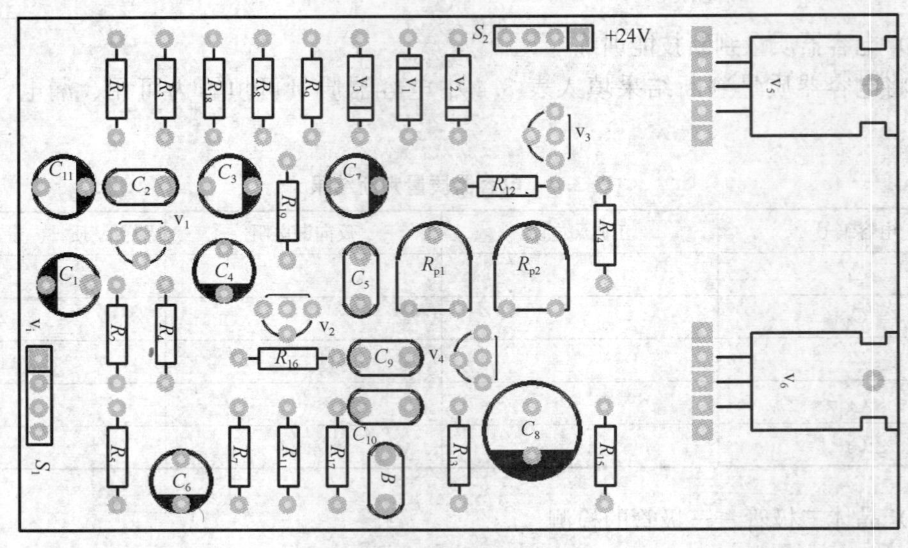

图3.38　扩音机电路元件布局图

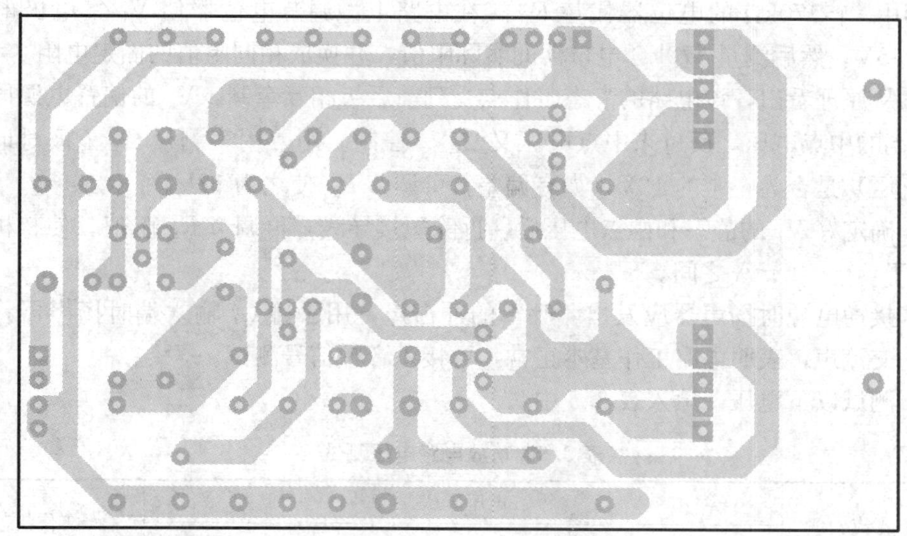

图 3.39 扩音机印刷版布线图

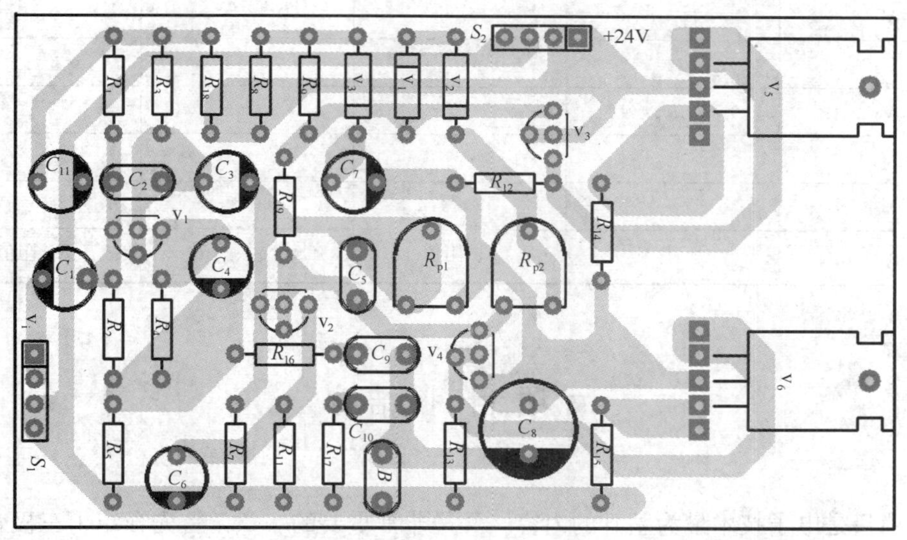

图 3.40 扩音机元件装配图

3. 调试与检测

1）扩音机功放电路按图 3.40 正确安装、焊接元件后，先检查元器件的安装和焊接是否正确可靠。特别要注意二极管、三极管、电解电容极性有无装反，大功率管与散热支架间绝缘是否良好等。

2）用导线短路元件 VD_1、VD_2、RP_2，即将功放复合管 V_3、V_4 基极短接。目的是防止因功放电路前级错装元件引起功率放大器集电极电流过大而损坏。

3）调试 V_1 的静态工作点时，用导线将输入端的电容 C_1 与地短接，接上＋24V 电源，可用一个 470kΩ 的电位器代替 R_1 接在电路上，调节电位器使 V_1 集电极电位为 20V±0.5V。然后测量 470kΩ 电位器的实际阻值，并换成相同阻值的固定电阻。

4）从原理看出，该电路的静态工作点受到前后级相互牵制，V_2 的偏置电源取自最后输出端的中点电压，反过来中点电压又受 V_2 控制。用万用表测量 C_8 正极对地电压（中点电压）是否为正常的 12V，如有偏差，可调节 R_{P_1} 使之为 12V。

5）确定好 V_1 的静态和中点电压后，拆除短接导线，再调节 R_{P_2} 阻值，使整机静态电流处于 50～100mA 之间。

6）接通电源时扬声器应发出“呼”的冲击声，用手碰 C_1 输入端时扬声器将发出“呜”的交流声，表明电路工作基本正常，可接入音频信号测试。

7）测试以下电压，填入表 3.5 中

表 3.5 功放电路电压测试

测量点	电压值/V			工作状态
	e	b	c	
V_1				
V_2				
V_3				
V_4				
V_5				
V_6				
整机电流/mA		R_{P_1} 阻值		R_{P_2} 阻值

■项目小结■

本项目是电子技术最为基础的内容，又是非常重要的一章，首先介绍了三极管的基础知识，然后阐述了放大器的基本概念及 OCL 电路及 OTL 电路，最后，利用扩音机电路又将本章知识点连在一起。现将各部分小结如下：

（1）晶体管

晶体管又称三极管，是半导体的核心元件。着重掌握以下内容。

1）三极管的三个电极（B、C、E），两个 PN 结（集电结、发射结），两种管型（NPN 和 PNP）。

2）三个电极上电流关系为 $i_E = i_C + i_B$。

3）三极管的电流放大原理是基极电流的微小变化控制集电极电流的较大变化，实质上是指以小电流控制大电流。发射极上的箭头方向是发射极正向电流的方向。

(2) 三极管工作的三个区域及特点

1) 放大区域。发射结正偏，集电结反偏，在这个区域内集电极电流受基极电流控制，满足 $i_C=\beta i_B$。

2) 截止区域。发射结和集电结均反偏。基极电流与集电极电流均接近于零。

3) 饱和区域。发射结和集电结均为正偏。在这个区域内集电极电流不受基极电流控制，三极管饱和压降 $V_{CEO}\approx 0.2V$。

(3) 三极管的主要参数

1) 电流放大系数 β: $i_C=\beta i_B$。

2) 极间反向电流 i_{CBO}、i_{CEO}：$i_{CEO}=(1+\beta)\ i_{CBO}$。

3) 极限参数。集电极最大允许电流 I_{CM}：β 下降到额定值的 2/3 时所允许的最大集电极电流。极间反向击穿电压 V_{CBO}、V_{CEO} 和 V_{EBO}，集电极最大允许功耗 P_{CM}。在选用三极管时，极限参数为重要依据之一。学习时应注意灵活运用。

(4) 小信号放大器

1) 三极管放大电路有共发射极、共集电极、共基极三种接法。固定偏置式电路和分压偏置式是共发射极电路。

2) 信号放大器电路在工作时，电路中既有直流成分、又有交流成分，瞬间的总量是直流量与交流量之和。

3) 直流电源利用基极偏置电阻、集电极偏置电阻提供给晶体三极管偏置电压，使放大器有一个合适的静态工作点。利用直流电流驮载交流信号一起放大，再经过耦合电容的隔直作用，分离出放大后的交流信号输出。

4) 固定偏置式放大电路静态工作点易受外界温度影响。分压偏置式电路具有稳定静态工作点的特性，利用 R_{b1}、R_{b2} 串联分压提供基极电压，并通过 R_e 将电流 I_C 变化量反馈到输入端，从而使工作点稳定。

(5) 多级放大器

多级放大器的耦合方式有三种，即阻容耦合、直接耦合、变压器耦合。阻容耦合方式的放大器各级静态工作点互不影响。直接耦合放大器利于集成化，但存在两个问题：①前后级静态工作点相互影响；②零点漂移。变压器耦合方式可实现阻抗匹配。

(6) 低频功率放大器

1) 低频功率放大器按工作状态不同可分为甲类功放、乙类功放、甲乙类功放。

2) 复合管复合的原则：①保证参与复合的每一只三极管的三个电极上电流都能按各自的正确方向流动；②复合管的类型取决于参与复合的第一只管子。复合后的电流放大倍数为两只管子电流放大倍数之积。

(7) 互补对称功率放大器

1) OCL 功率放大器是直接耦合功率放大电路，采用双电源供电。为了消除交越失真，静态时应使功率放大器微导通；因而 OCL 电路中功率放大器常工作在甲乙类状态。

2) OTL 功率放大器采用单电源供电，输出电容器容量一般较大，一方面起到信号耦合作用，另一方面充当负半周电源使用。

3) 集成功率放大器具有体积小、重量轻、工作可靠、调试方便等优点，是今后功率放大电路发展的方向。

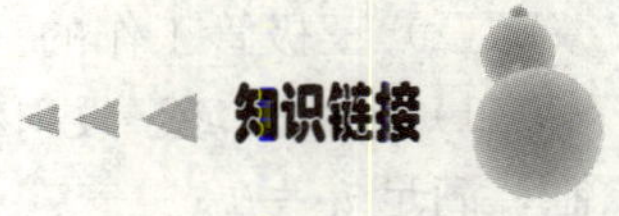

Hi-Fi 高保真音响

Hi-Fi 是英文 High-Fidelity 的缩写，即高保真的意思，是指逼真地还原音源信息，即原汁原味，实际上就是对高保真音响系统其重放声保真度的形容。

1. Hi-Fi 高保真音响概述

随着人们的生活水平不断提高，国内外音响技术的迅猛发展，高保真音响设备逐渐开始兴起，高保真音响真实动人的音乐给许多音乐爱好者悠然的旋律享受，解除身心疲劳。使人们真正地了解到音乐的内涵。近年来高保真音响是广大音响爱好者追求的热点。通常用“发烧友”来形容不遗余力追求音乐和音响的人。

2. Hi-Fi 高保真音响的设计要点

1）电路尽可能简单、功率放大器对称性好，信噪比高，音频动态范围宽，对大的信号不产生瞬时失真。

2）音响的前级放大器一般采用场效应管和晶体管，很多的高保真音响采用场效应管，可使音响的音色更加独特。

3）电源功率应足够，能承受瞬时大功率输出，有源直流伺服电源给前级放大器供电效果较好，大大提高了信噪比。

4）印刷电路板是制作高保真音响的关键材料，铜箔越厚，线路的阻值越小，通常在铜箔上镀上一层焊锡以提高厚度。也可在铜箔上镀铜，在条件许可的情况下，也可在铜箔上镀上银（银的电阻率比铜小得多）。

5）前级放大部分与后级放大部分相互隔离、采用线路板中的“地”将小信号放大电路进行屏蔽隔离，将同一功能部分地连在一起，然后将各部分的都连到一点上，这就是平常我们所说的“一点接地”。

6）除电路简洁外，选材是制作高保真音响的关键，如三极管应选用低噪声，高频响应好的三极管。电容选用 MKP 音频专用电容、电位器和电源开关均选用发烧级产品，末级采用较著名的专用音响对管等。

3. Hi-Fi 高保真音响特点

1）高保真音响非常讲究音乐的内涵和音乐的美感。高保真音响能够表现出音乐所要表达的深刻含义，与欣赏者产生情感上的交流，让听者聆听到真实的声音，让听者感到舒服。高保真又是无止境的，追求尽善尽美。

2）信号线是高保真音响的神经，插孔采用了镀金无磁插孔，信号的输出线采用单晶铜高保真音响线等。一条发烧级的信号线少则上千元，贵的上万元。

3）喇叭的品质比较好，用来聆听音乐的 Hi-Fi 喇叭每只几百元甚至上万元，而普通喇叭只有几元至几十元。

4）Hi-Fi音箱内部有设计制作严谨、高品质的分频器，能保证音域的平衡，Hi-Fi音箱的中低音单元口径至少在5英寸（1英寸＝2.54厘米）以上，且配有较大容积的音箱。

5）从其制作工艺上来看，高保真音响系统非常讲究内部元件的排布、走向及焊接质量。

6）Hi-Fi高保真音响制作方面工艺要求极高，因此价格超级昂贵，很多消费者被其美妙的声音所吸引，却被其高昂的价格吓唬住了。

音乐只能用耳朵去体验，还不能用仪表来测定，因此高保真音响的设计要以人为本，从人听音乐的本质出发，要寻找尽善尽美的音响效果，这是一个相当复杂的过程，音响效果做的只有更好，没有最好。正因如此音响科技才会不断地进步，音响商家才有了各施拳脚的机会，纷纷尽一切可能推出自己最好的音响产品，同时也积极地推动了音响事业发展。

知识巩固

一、填空题

1. 三极管三个电极电流 I_C、I_B、I_E 之间的关系式为__________；其中 I_B 与 I_C 之间关系式为__________。

2. 三极管工作状态有三种，即__________状态，__________状态和__________状态。三极管工作在放大状态时发射结必须加__________电压，集电结加__________电压，要使信号不失真地放大，三极管应工作于__________状态。

3. 三极管的放大原理是基极电流的__________变化控制了集电极电流的__________变化。

4. 三极管的三种组合状态是__________电路、__________电路、__________电路。

5. 多级放大器有三种耦合方式，即__________耦合，__________耦合、__________耦合。

6. 画直流通路时将电容视为__________，主要用于分析放大器的__________、画交流通路时，将__________和__________视为短路、其余不变。

7. 某固定偏置式放大电路中，实测得三极管集电极电位 $V_C \approx V_{CC}$，则该放大器的三极管处于__________工作状态。

8. 对于三极管放大器来说，希望其输入电阻要__________一些，以减轻信号源的负担，输出电阻要__________些，以增强带负载的能力。

9. 射极输出器作为第一级，主要是利用它的__________大的特点；放在末级是利用它的__________小的特点；放在中间级是兼用它的__________大和__________小的特点。

10. 直接耦合放大器的两个特殊问题是__________和__________。

11. OCL电路采用__________电源供电，存在着__________失真，OTL电路采用__________电源供电，输出电容有__________和__________作用。

12. 复合管组合的原则是____________________。

二、已知两只晶体管的电流放大系数β分别为100和50。现测得放大电路中这两只管子两个电极的电流如图3.41所示，分别求另一电极的电流，标出其实际方向，并在圆圈中画出管子。

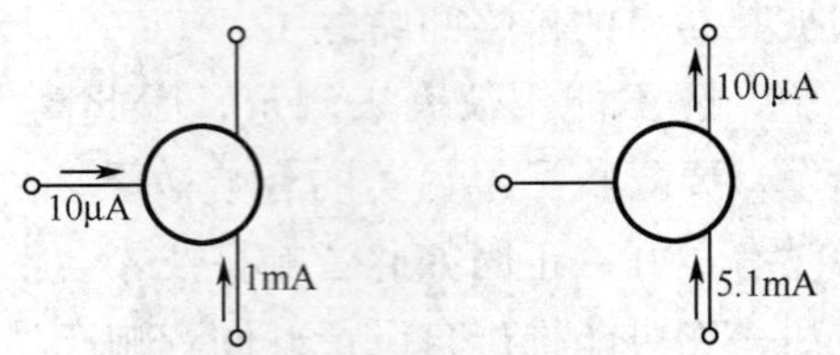

图3.41 题二图示

三、有两只晶体管，一只的$\beta=200$，$I_{CEO}=200\mu A$；另一只的$\beta=100$，$I_{CEO}=10\mu A$，其他参数大致相同。你认为应选用哪只管子？为什么？

四、一只三极管$I_{B1}=20\mu A$时$I_{C1}=2mA$，$I_{B2}=40\mu A$时，$I_{C2}=4mA$，求β值。

五、测得放大电路中六只晶体管的直流电位如图3.42所示。在圆圈中画出三极管，并分别说明它们是硅管还是锗管。

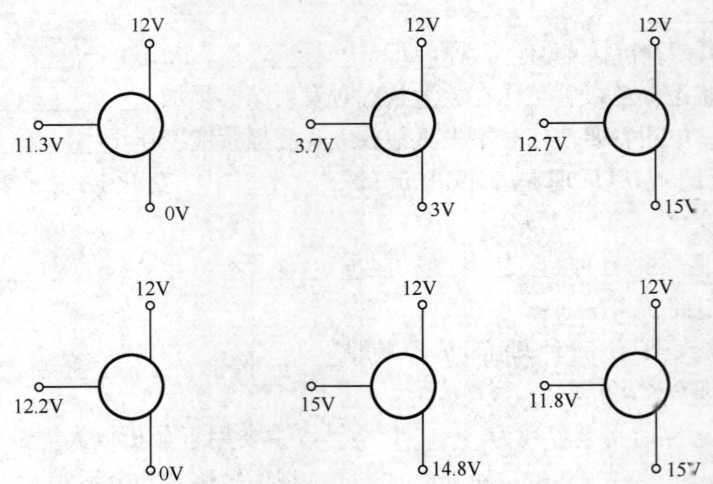

图3.42 题五图示

六、分别判断如图3.43所示各电路中晶体管是否有可能工作在放大状态。

七、请说出下列字符的含义：I_B、i_B、v_i、V_i。

八、有三级阻容耦合放大器，各级电压放大倍数分别为10、40、20倍，求这个放大器总的电压放大倍数。

九、简述复合管组合的原则，画出由NPN型和PNP型三极管组合成的NPN型三极管的组合图。

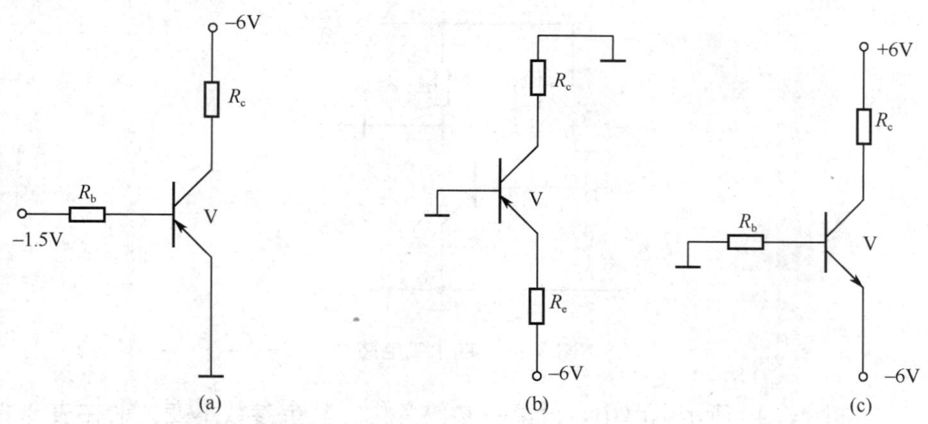

图 3.43 题六图示

十、图 3.44 中的哪些接法可以构成复合管？标出它们等效管的类型及管脚。

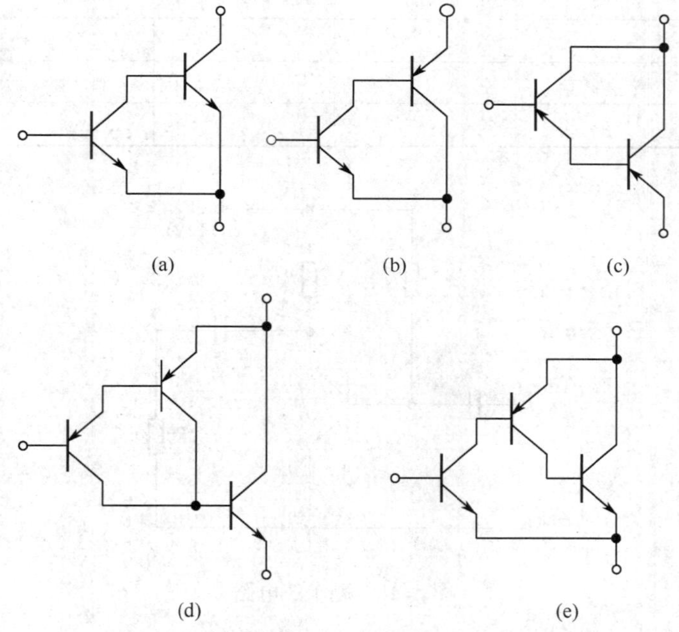

图 3.44 题十图示

十一、画出固定偏置式放大电路图及它的直流通路与交流通路。

十二、如图 3.45 所示的电路，已知 $R_C=4\text{k}\Omega$，电源电压为 $V_{CC}=12\text{V}$，$\beta=40$，将可变电阻 R_P 的阻值调到 $400\text{k}\Omega$，求：

1. 静态工作点 I_{BQ}、I_{CQ}、V_{CEQ}的值（设 $V_{BEQ}=0$）。

2. 输入电阻 r_i 和输出电阻 r_o。

3. 电压放大倍数 A_V。

4. 在调整静态工作点时，如果将 R_P 调至零，三极管是否会损坏？为什么？如果会损坏，在电路中可以采取什么措施？

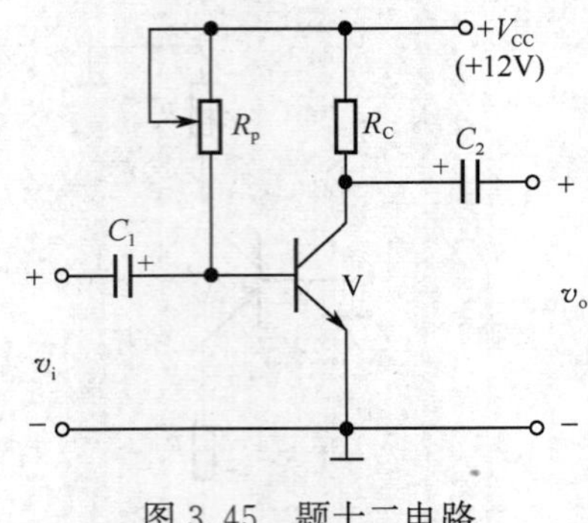

图 3.45　题十二电路

十三、如图 3.46 所示电路中，设某一参数变化时其余参数不变。请在表 3.6 中填入①增大；②减小；③基本不变。

表 3.6　题十三用表

参数变化	I_{BQ}	V_{CEQ}	$\|A_V\|$	r_i	r_o
R_b 增大					
R_c 增大					
R_L 增大					

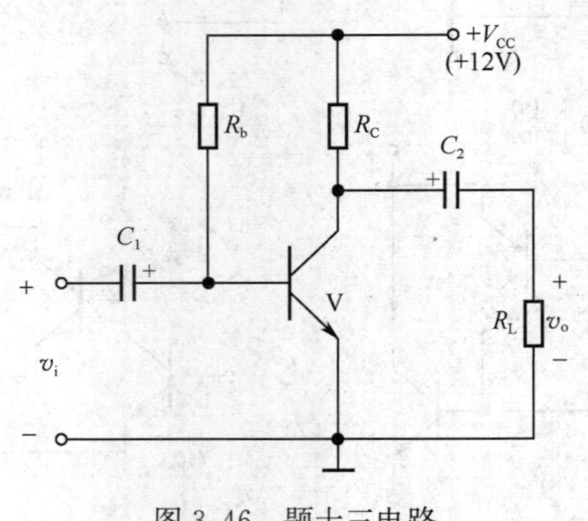

图 3.46　题十三电路

十四、如图 3.47 所示，在放大电路实验中，常用测量的方法来获得放大电路的参数，现画出放大电路的实验方框图，根据测量的数据填空。

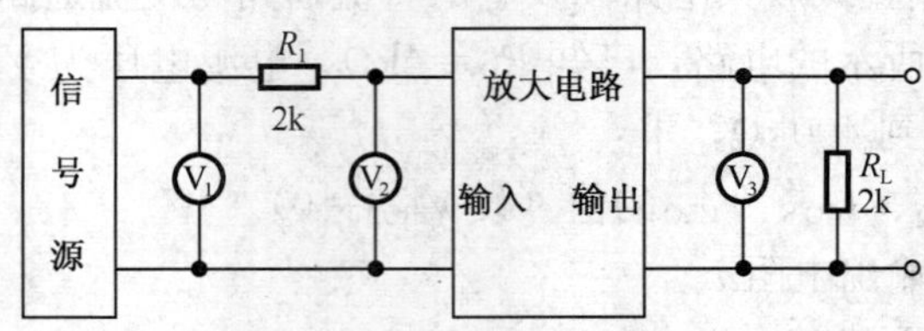

图 3.47　题十四电路

1. 测得 $V_1=10\text{mV}$，$V_2=8\text{mV}$，则输入电阻 $r_i=$____________。

2. 断开 R_L，测得 $V_3=3.5\text{V}$，接上 R_L，测得 $V_3=3.0\text{V}$，则输出电阻 $r_o=$____________。

3. R_L 不接时，电压放大倍数 $A_V=$____________。

4. R_L 接上时，电压放大倍数 $A_V=$____________。

十五、画出分压偏置式放大电路图。分析温度降低时，它稳定工作点的原理。

十六、如图 3.48 所示电路，已知 $V_{CC}=12\text{V}$，$R_{b1}=20\text{k}\Omega$，$R_{b2}=10\text{k}\Omega$，$R_C=3\text{k}\Omega$，$R_e=2\text{k}\Omega$，$R_L=3\text{k}\Omega$，$\beta=50$。试估算静态工作点，并求电压放大倍数、输入电阻和输出电阻。

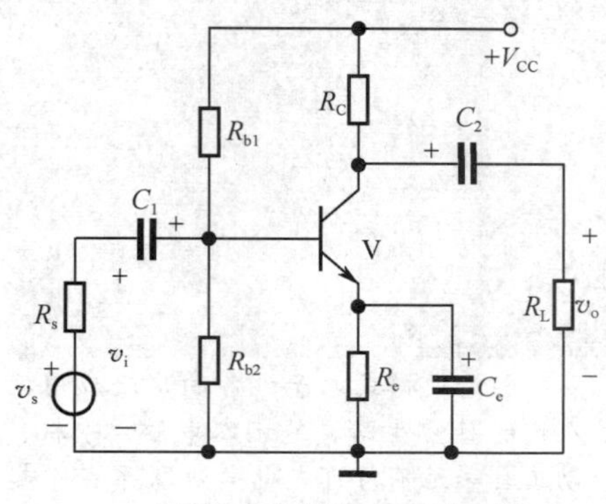

图 3.48　题十六电路

十七、分析射极输出器电路的特点，并简述它的应用。

十八、什么是直接耦合放大器？与阻容耦合放大器相比有哪些优点？

十九、功率放大器的作用是什么？对它有哪些要求？它与电压放大器有哪些区别？

二十、试简述甲类、乙类、甲乙类功率放大器的区别。

二十一、简述 OCL 功放电路存在的问题及其产生原因，该如何解决？

二十二、图 3.49 为某 OTL 电路的一部分，图中的 R_3 与 C_1 组成什么电路？如何理解它的工作原理？

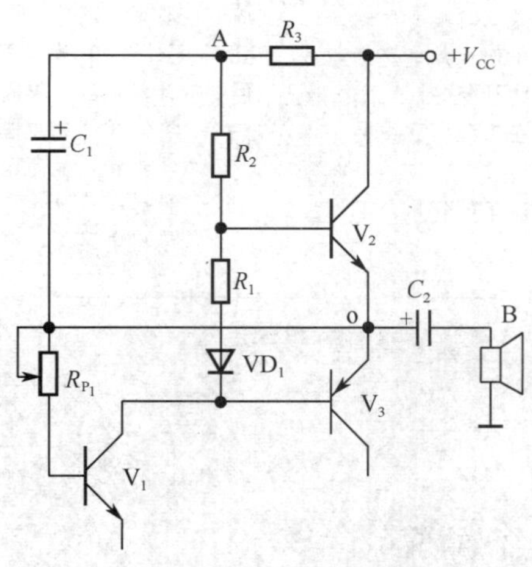

图 3.49　题二十二电路

项目四

电池充电器

随着便携式电子设备的广泛应用，各类可充电电池进入了人们的日常生活，笔记本电脑、手机、MP3、电动车、各类电动工具等无不与可充电电池联系在一起，随之而来的各种充电器成为必备电器之一。

充电器的电路结构千差万别，但离不开几个基本组成部分：充电电源、控制部分、电池电压（电流）指示等。

本项目的学习始终围绕充电器的电压指示、基本充电控制部分展开，利用最常见的运算放大器来实现电压指示，学习重点是运算放大器的几种最典型的应用。

知识目标

- 明确运算放大器基本特性与原理。
- 掌握同相、反相比例运放电路的组成结构、放大倍数的计算等。
- 掌握运算放大器在工程实践中的基本应用。
- 了解反馈在放大器中的作用。

技能目标

- 了解各种可充电电池对充电的不同要求。
- 会用运算放大器组成电压比较器，能计算电压比较阈值。
- 学会调试充电器，进一步熟悉电路装调步骤，提高电路组装技巧。
- 解剖一个市场上常见的手机充电器，绘出电路图，分辨其优劣。

■ 4.1 集成运算放大器 ■

☞学习目标

1）了解运算放大器的概念。
2）会画运算放大器的电路符号。
3）熟记理想运放的两个重要结论。
4）知道常用运算放大器的几种型号。

4.1.1 认识集成运算放大器

集成运算放大器是一种集成化的半导体器件，即在一小片硅片上制成许多半导体三极管、二极管、电阻、电容等元件，组成具有很高放大倍数的直接耦合多级放大电路的组件。它首先运用于模拟计算机中，能对信号进行加减、乘除、微积分等各种数学运算，故名运算放大器（简称运放）。随着现代电子技术的发展，其应用范围也大大扩展，在信号收集、处理、波形的发生与整形等方面得到了广泛的应用。

1. 集成运算放大器的电路结构与电路符号

集成运放的内部电路由输入级、中间级、输出级组成，如图 4.1 所示。

图 4.1 集成运放内部框图

集成运放的电路符号如图 4.2 所示，其中 V_+ 端称为同相输入端，V_- 端称为反相输入端，V_O 为运算放大器输出端。

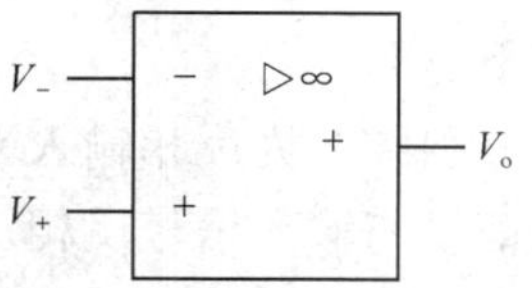

图 4.2 集成运放电路符号

运放的差模输入信号为

$$V_{id}=V_+-V_-$$

运放的输出电压为

$$V_o=A_{VO}\cdot V_{id}=A_{VO}(V_+-V_-)$$

其中，A_{VO}为集成运放的放大倍数。

2. 理想运放的特征

集成运放具有较高的电压增益，较大的输入电阻，极小的输出电阻，而理想运放具有下列特点。

1）开环电压放大倍数 $A_{VO}=\infty$。
2）输入电阻 $r_i=\infty$。

3）输出电阻 $r_o=0$。

4）共模抑制比 $K_{CMRR}=\infty$。

根据上述理想条件，可得以下两个理想运放重要结论：

1）理想运放的两输入端电位差等于零（即 $V_+=V_-$）。

2）理想运放的输入电流为零。

上述理想运放的两个重要结论可以使电路分析简化。虽然实际运放达不到理想运放的性能参数，但在分析电路时常常把运放看作理想运放。

3. 集成运放使用时的注意事项

（1）输入端保护

图 4.3 所示的二极管 VD_1、VD_2 起到限制输入电压（0.6～0.7V），防止输入电压过高，起到输入端保护作用。

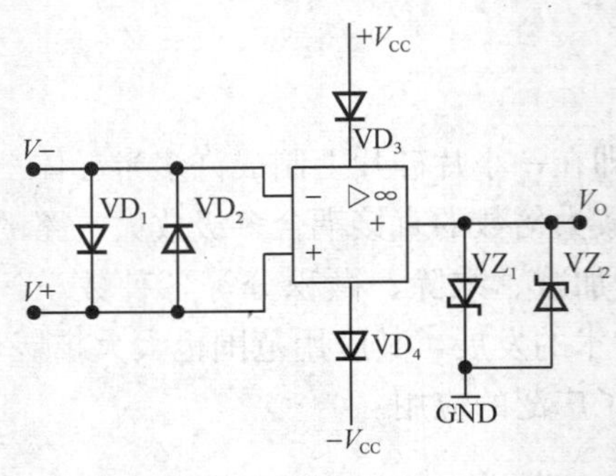

图 4.3 运放保护电路

（2）输出保护

图 4.3 中稳压二极管 VZ_1、VZ_2 为输出过压保护电路，它将输出电压限制在稳压管稳定电压范围内。

（3）电源极性保护

图 4.3 中二极管 VD_3、VD_4 起到电源极性错接保护电路，一旦电源极性接反，VD_3、VD_4 即反向截止，保护了集成运放不致损坏。

4.1.2 常用运算放大器

1. 单运放 LM741

图 4.4 所示为 LM741 引脚功能，实物外形与 LM358 类似。LM741 运放共有八只引脚，简要说明如下。

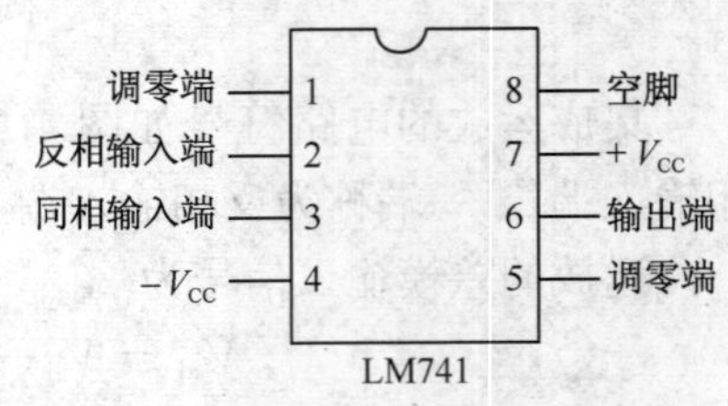

图 4.4 LM741 引脚功能

引脚 2 为反相输入端，如果信号加在此端，则输出信号与输入信号反相。如反相输入端加正电压，则输出端产生负电压，如图 4.5(a)所示。

引脚 3 为正相输入端，信号电压加在此端，输出信号与输入信号同相。如同相输入端接入正电压，则输出端就产生正电压，如图 4.5(b)所示。

引脚 4 与 7 为电源端，使用双电源时，7 端加正电源，4 端加负电源。电源电压范围±12～±15V。

引脚 1 与 5 为调零端，由于制造工艺等原因造成运算放大器内电路不完全对称，当输入信号（V_+-V_-）为零时，输出端不等于零（称为零漂）。故在实际运用时，需接入调零电路进行补偿，使运放在输入信号为零时输出电位也等于零，调零电路如图 4.6 所示。

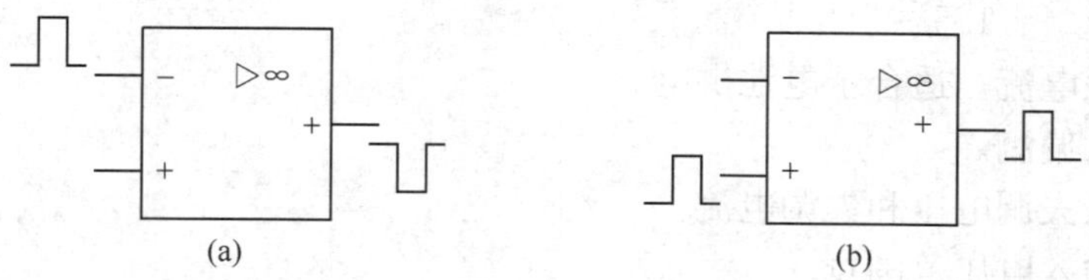

图 4.5 输入/输出信号关系

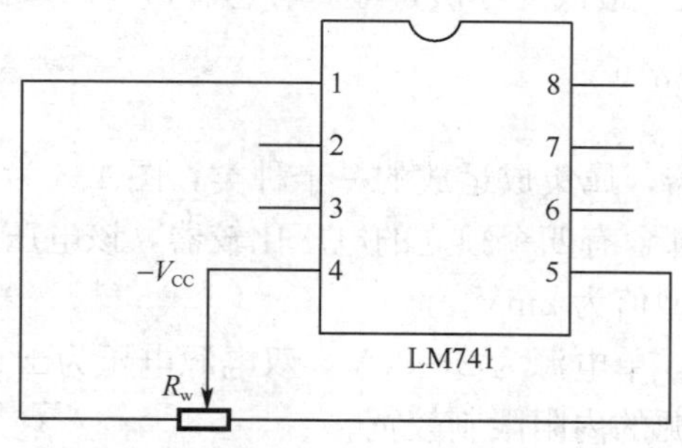

图 4.6 LM741 调零电路

2. 双运放 LM358

图 4.7(a)所示为 LM358 内部框图，属双运放电路，(b) 为其实物图，共有八个引脚。与 LM741 的最大区别是取消了调零端。

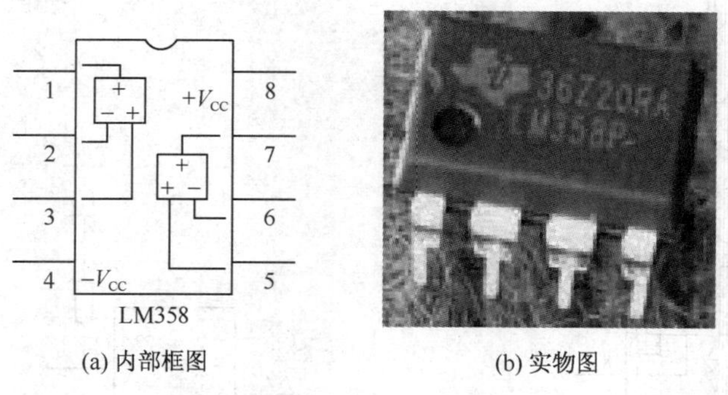

(a) 内部框图　　(b) 实物图

图 4.7 LM358

LM358 内部包括有两个独立的、高增益、内部频率补偿的双运算放大器，适合于电源电压范围很宽的单电源使用，也适用于双电源工作模式。在推荐的工作条件下，电源电流与电源电压无关。它的使用范围包括传感放大器、直流增益模块和其他所有可用单电源供电的使用运算放大器的场合。

LM358 的封装形式有塑封八引线双列直插式和贴片式。其工作特性如下。

1）内部频率补偿 。

2）直流电压增益高（约 100dB）。

3）单位增益频带宽（约 1MHz）。

4）电源电压范围宽：单电源（3～30V）。

5）双电源（±1.5～±15V）。

6）低功耗电流，适合于电池供电。

7）低输入偏流。

8）低输入失调电压和失调电流。

9）共模输入电压范围宽。

10）差模输入电压范围宽，等于电源电压范围 。

11）输出电压摆幅大，最低为零伏，最高可达（V_{CC}－1.5）V 。

3. 电压比较器 LM339

LM339 为电压比较器，属集成运放的一个种类，图 4.8 为其内部框图。

LM339 集成电路内部含有四个独立的电压比较器，该电压比较器的特点如下。

1）失调电压小，典型值为 2mV。

2）电源电压范围宽，单电源为 2～36V，双电源电压为±1～±18V。

3）对比较电压信号源的内阻限制较宽。

4）共模范围很大，为 0～（V_{CC}－1.5）V。

5）差动输入电压范围较大，最高可达电源电压。

6）输出端电位可灵活方便地选用。如图 4.9 所示，改变 V_{CC}电压可灵活改变输出电压 V_o 的大小。

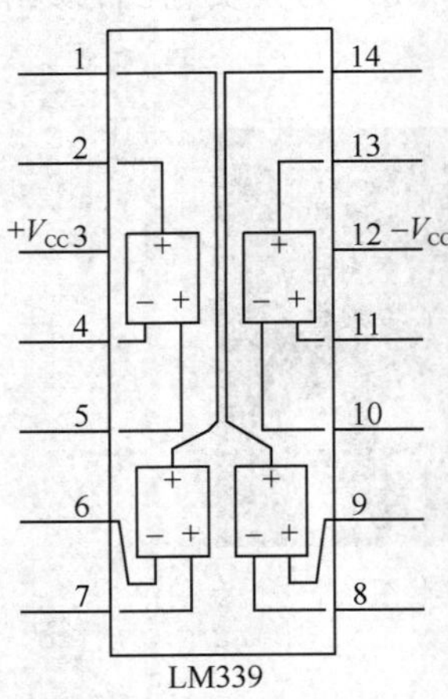

图 4.8 LM339 内部框图及实物

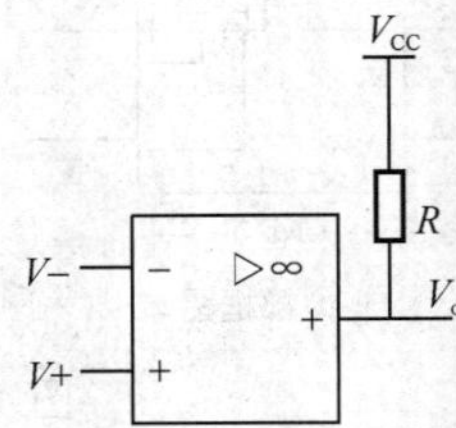

图 4.9 LM339 输出电压选择

■ 4.2 反馈的概念 ■

☞**学习目标**

1）了解放大器中反馈的概念。

2）能判断正、负反馈。

3）学会定性分析放大器中的负反馈。

4.2.1　什么是反馈

反馈就是把放大器输出信号（电压或电流）的一部分或全部通过一定的电路送回到输入端。从输出端反馈到输入端的信号称反馈信号，传递反馈信号的电路称为反馈电路，如图 4.10 所示。

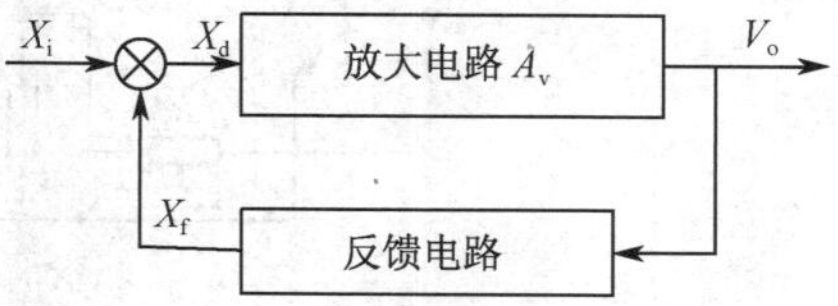

图 4.10　反馈放大器组成

1. 正反馈

如果反馈信号加到放大器输入端，使输入端信号得到加强，这种反馈称为正反馈。正反馈会使放大电路信号越来越强，最后形成自激振荡，如话筒啸叫现象。

2. 负反馈

如果反馈信号加到放大器输入端，使输入端信号减弱，这种反馈类型则称为负反馈。负反馈能增强放大器的稳定性，故广泛应用于各类放大电路中。

4.2.2　负反馈及其在放大电路中的应用

1. 负反馈的四种类型

根据反馈信号与输出信号的关系，可分为电压反馈与电流反馈。反馈信号为电压信号则称为电压反馈，如反馈信号为电流信号则称为电流反馈。

根据反馈信号与输入信号的关系，可分为并联反馈与串联反馈。如反馈信号输入与放大器输入端呈并联关系，则称为并联反馈；如与放大器输入端呈串联关系，则称为串联反馈。

由以上反馈组合，可得出放大器中负反馈共有以下四种类型。

1）电流串联负反馈，如图 4.11（b）所示。

2）电流并联负反馈，如图 4.11（a）所示。

3）电压串联负反馈，如图 4.11（c）所示。

4）电压并联负反馈，如图 4.11（d）所示。

2. 负反馈类型的判别

现以图 4.11（c）为例，来说明负反馈类型的判别方法。

（1）运用瞬时相位极性法判别是正反馈还是负反馈

根据共射极放大器集电极电位与基极电位反相的特性，标出某一瞬时的信号极性，如图 4.11（c）所示，反馈信号削弱了放大器输入信号（V_{be1}减小），故为负反馈。

(2) 判别是电压反馈还是电流反馈

图 4.11（c）反馈信号取自放大器的输出端，反馈信号大小与放大器输出电压成正

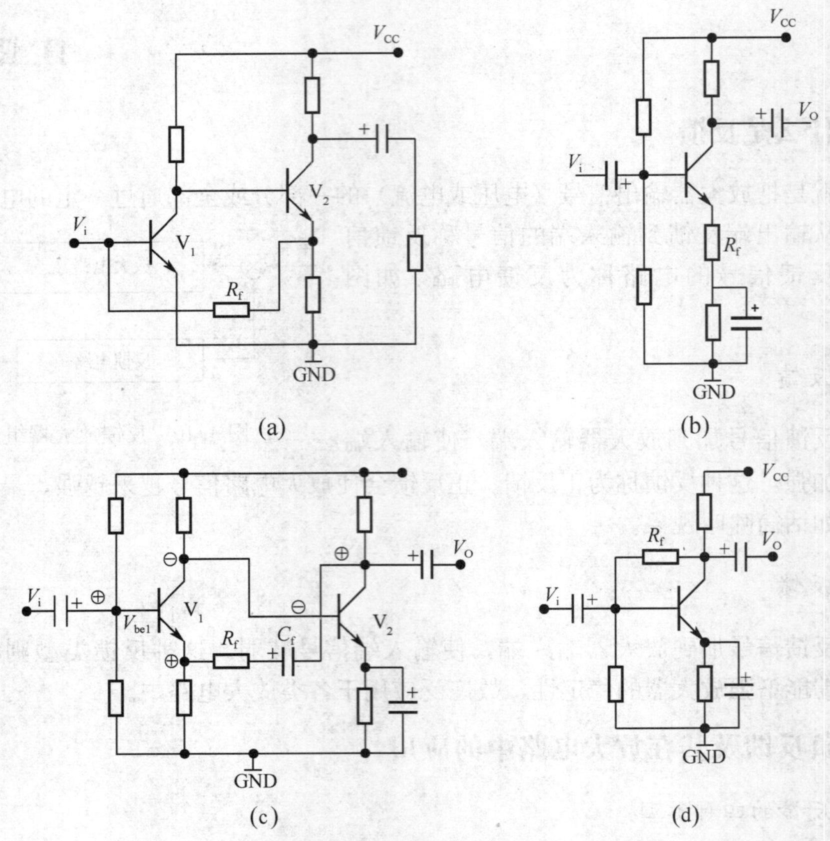

图 4.11 四种类型负反馈

比，故为电压反馈。

(3) 判别是串联反馈还是并联反馈

图 4.11 (c) 中反馈信号通过 C_f、R_f 馈入第一级放大器 V_1 的发射极，与放大器输入信号呈串联关系，故判为串联反馈。

综上分析，图 4.11 (c) 中元件 C_f、R_f 构成电压串联负反馈。现将判别负反馈类型的方法总结列于表 4.1。

表 4.1 负反馈类型判别

电路结构	反馈类型	电路结构	反馈类型
反馈信号直接取自放大器输出端	电压反馈	反馈信号直接馈入放大器输入端	并联反馈
反馈信号不直接取自放大器输出端	电流反馈	反馈信号间接馈入放大器输入端	串联反馈

3. 负反馈对放大电路的影响

(1) 提高了放大倍数的稳定性

引入负反馈后，放大器的放大倍数 A_{VF} 可由下式计算：

$$A_{VF}=\frac{A_V}{1+A_V\cdot F} \tag{4.1}$$

其中，A_V 为开环放大倍数，F 为反馈系数

式（4.1）表明，引入负反馈后，放大器放大倍数降低了。

将式（4.1）变换后可得 $A_{VF}\approx\frac{1}{F}$，表明，引入负反馈后，放大器放大倍数只取决于反馈电路，而与放大电路几乎无关，而反馈电路大多是由阻容元件构成的，故放大倍数比较稳定。

（2）减小非线性失真

由于晶体管是非线性器件，当输入信号较大时，晶体三极管易进入非线性区（饱和、截止状态），导致输出信号出现非线性失真，引入负反馈电路后，能显著减小非线性失真，改善输出波形，且反馈愈深，波形失真愈小。

（3）改变了输入/输出电阻

放大器引入不同类型的负反馈后，能相应改变放大器的输入/输出电阻，以满足放大器在各种场合的使用。四种负反馈类型对输入/输出电阻的影响如表 4.2 所示。

表 4.2　负反馈对放大器输入/输出电阻的影响

反馈类型	r_i 变化	r_o 变化	效　果
电压负反馈	—	变小	稳定输出电压
电流负反馈	—	变大	稳定输出电流
并联负反馈	变小	—	—
串联负反馈	变大	—	减轻前级放大器负担

（4）扩展放大器的通频带

引入负反馈后，放大器的通频带（也称带宽）增大，使放大器在较大的信号频率范围内放大倍数几乎不变。

■ 4.3 基本运算放大电路 ■

☞**学习目标**

1）熟悉运放的基本运用电路（同相、反相、加减法运算电路）。

2）能运用理想运放的两个重要结论，推导、计算比例运放电路的放大倍数。

3）了解叠加法在运放电路分析中的运用。

4.3.1 反相比例运算放大器

反相比例运算放大器是将输入信号电压加在运放的反相输入端，如图 4.12 所示，

这是集成运放一种典型的应用电路。

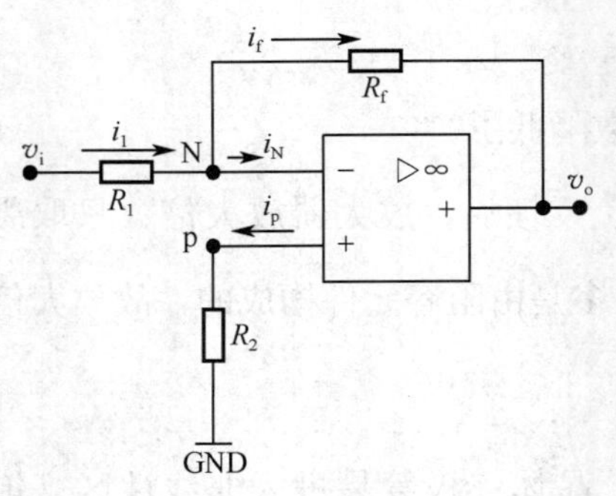

图 4.12　反相比例放大器

图 4.12 中，R_1 为输入电阻，R_f 为负反馈电阻，根据第 4.2 节知识，可判断 R_f 为电压并联负反馈，R_2 为平衡电阻。

由理想运放的两个重要结论可知：

$$i_N = i_p = 0$$

$$V_p = V_N$$

得

$$i_1 = i_f \tag{4.2}$$

$$V_p = V_N = 0 \tag{4.3}$$

式（4.3）表明，集成运放两个输入端电位相等，但又没有直接相连，故称两个输入端为"虚短"，又因输入端电位为零，但没有直接接地，称之为"虚地"。

由图 4.12 列出点 N 节点电流方程为

$$i_1 = \frac{v_i - v_N}{R_1}$$

$$i_f = \frac{v_N - v_o}{R_f}$$

所以，

$$\frac{v_i - v_N}{R_1} = \frac{v_N - v_o}{R_f}$$

整理得出

$$v_o = -\frac{R_f}{R_1} v_i$$

该电路的闭环放大倍数为

$$A_{VF} = -\frac{R_f}{R_1} \tag{4.4}$$

可见，反相比例运算放大器的放大倍数由 R_f 与 R_1 的比例决定，式（4.4）中负号表示输出信号与输入信号反相。

【例 4.1】　如图 4.12 所示电路，设 $R_1=10\text{k}\Omega$，$R_f=100\text{k}\Omega$，求 A_{VF} 与 R_2。

解　由式（4.4）得

$$A_{VF} = -\frac{R_f}{R_1} = -10$$

$$R_2 = R_1 // R_2 = 9.1(\text{k}\Omega)$$

此为平衡电阻的取值原则。

4.3.2　同相比例运算放大器

同相比例运算放大器将输入信号电压加到运放的同相输入端，如图 4.13 所示。电阻 R_f 引入了电压串联负反馈。故可认为同相比例放大器的输入电阻无穷大，输出电阻近似为零。

根据理想运放的特点可知：

$$i_f = i_{R_2}$$
$$v_p = v_N = v_i \qquad (4.5)$$

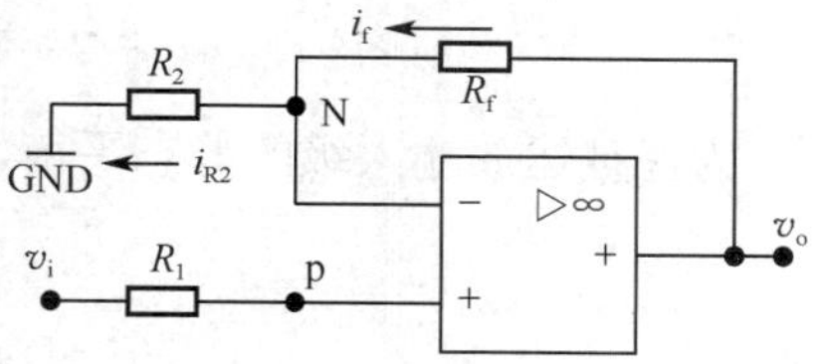

即

$$\frac{v_o - v_N}{R_f} = \frac{v_N - 0}{R_2}$$

图 4.13　同相比例放大器

将式（4.5）代入，得

$$v_o = \left(1 + \frac{R_f}{R_2}\right) v_i \qquad (4.6)$$

式（4.6）表明，同相比例放大器输入信号与输出信号同相。

4.3.3　加减运算电路

1. 加法运算电路

在反相比例放大器的基础上，增加几个输入端，即成为如图 4.14 所示的加法运算电路。

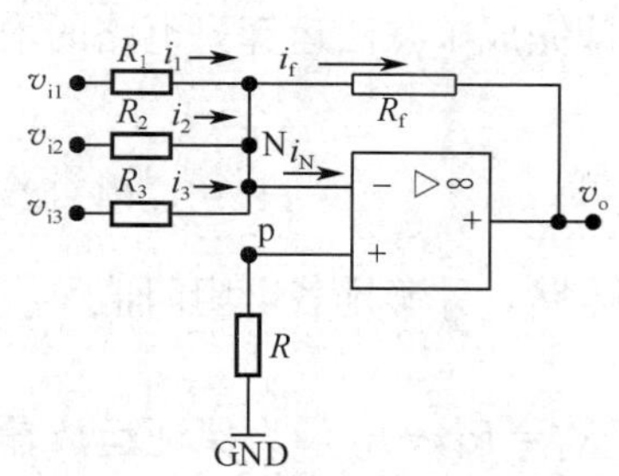

图 4.14　加法运算电路

由理想运放的条件可知，$i_N=0$，$v_N=v_p=0$，则 $i_f=i_1+i_2+i_3$。即

$$\frac{0 - v_o}{R_f} = \frac{v_{i1} - 0}{R_1} + \frac{v_{i2} - 0}{R_2} + \frac{v_{i3} - 0}{R_3}$$

如果设 $R_f=R_1=R_2=R_3$，则

$$v_o = -(v_{i1} + v_{i2} + v_{i3}) \qquad (4.7)$$

由式（4.7）可看出，输出信号电压等于输入信号电压之和，完成了对输入信号的加法运算，负号表示输入信号与输出信号相位相反。

2. 减法运算电路

两个信号分别输入运放的同相、反相输入端，即可实现代数相减，如图 4.15 所示。利用叠加法分析，有以下结论。

1）设 $v_{i2}=0$ 时，等效图如图 4.16(a)所示，可以看出其属于反相比例运算放大器，故

$$v_{o1} = -\frac{R_f}{R_1} v_{i1} \qquad (4.8)$$

2）设 $v_{i1}=0$ 时，等效图如图 4.16(b)所示，属同相比例运算放大器，故

$$v_{o2} = \left(1 + \frac{R_f}{R_1}\right) \frac{R_3}{R_2 + R_3} \cdot v_{i2} \qquad (4.9)$$

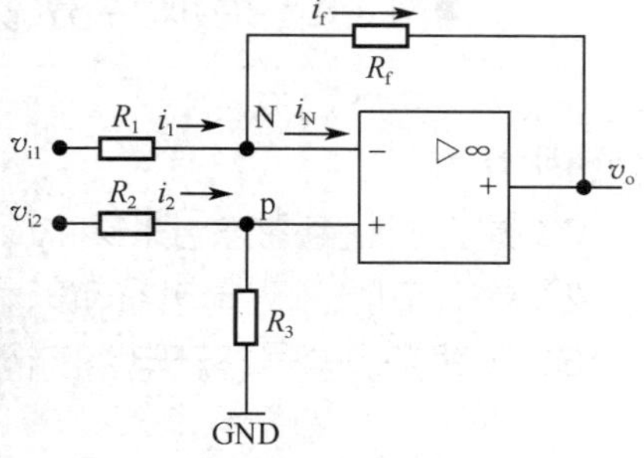

图 4.15　减法运算电路

叠加式（4.8）与式（4.9），可得

$$v_o = v_{o2} + v_{o1} = \left(1+\frac{R_f}{R_1}\right)\frac{R_3}{R_2+R_3}\cdot v_{i2} - \frac{R_f}{R_1}v_{i1} \tag{4.10}$$

为保证运放输入级的静态平衡，应满足条件 $R_1 /\!/ R_f = R_2 /\!/ R_3$，则上式变换成

$$v_o = \frac{R_f}{R_2}v_{i2} - \frac{R_f}{R_1}v_{i1}$$

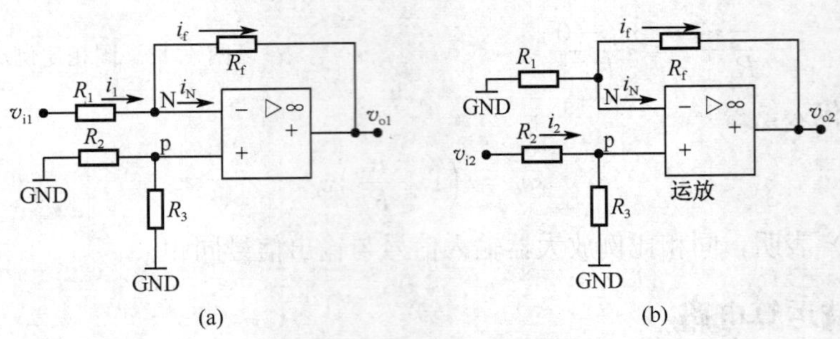

图 4.16 减法运放电路等效图

取 $R_1 = R_2$ 时，则为

$$v_o = \frac{R_f}{R_2}(v_{i2} - v_{i1}) \tag{4.11}$$

这表明，电路的输出电压与两个输入端电压差成正比例，即完成了减法运算，电路的增益只与外接电阻有关，即

$$A_{VF} = \frac{R_f}{R_1} \tag{4.12}$$

【例 4.2】 试画出能实现关系式 $v_o = 2v_{i2} - v_{i1}$ 的运算电路，并确定各电阻阻值。

解 运算放大器电路采用如图 4.15 所示电路。

题中要求的关系式与式（4.10）对比可知，$R_1 = R_f$，$R_3 = R_2 + R_3$，为保证运放输入端的静态平衡，R_2 不能为零，故选 R_3 为无穷大（开路），可取 $R_f = 10\text{k}\Omega$，则 $R_1 = 10\text{k}\Omega$，$R_2 = R_2 // R_f = 5\text{k}\Omega$。

减法运算放大器能放大差模信号、抑制共模信号，不仅可作为减法运算，且可广泛应用于信号的测量、自控等系统中。

■ 4.4 集成运算放大电路在实际工程中的运用 ■

☞学习目标

1）建立控制电路信号采集、放大的概念。
2）学会电压比较器电路的设计。
3）了解微弱信号整流电路的构成原理。

在工业控制、遥控、遥测、生物医学等领域中，运放常被用于模拟信号的转换比

较、微弱信号的放大等。本节内容列举了几种电路在工程方面的实际应用。

4.4.1 仪表用放大器

在测量系统中，通常都用传感器获取信号，如用热敏、光敏、气敏等传感器取得与温度、光照、气味成比例的电信号。此电信号的特点是微弱且含有较大共模信号，有时共模信号还会大于差模信号，因此要求放大器有足够大的放大倍数、较高的输入电阻、较强的共模抑制能力。

本小节介绍的仪表用放大器，也称为精密放大器，就能满足上述要求。

1. 基本电路

图 4.17 是最为典型的仪表用放大器的电路结构。由三个运放构成，运放 A_1、A_2 构成同相比例放大器，A_3 为减法运算电路。

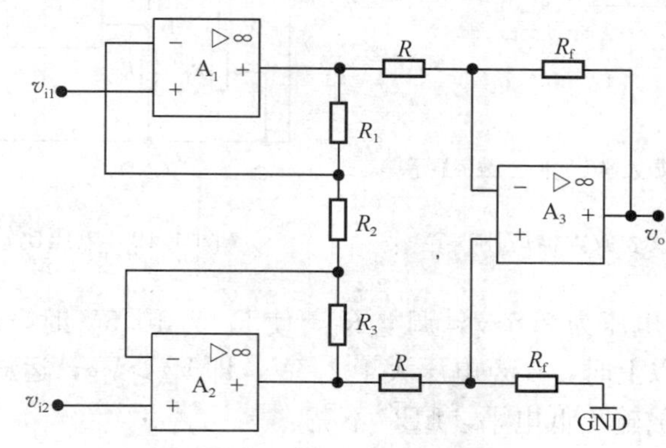

图 4.17 仪表用放大器

根据理想运放的条件，可以得出

$$v_o = -\frac{R_f}{R}\left(1+\frac{2R_1}{R_2}\right)(v_{i2}-v_{i1}) \tag{4.13}$$

式（4.13）表明，当 $v_{i1}=v_{i2}$ 时，输出电压为零，可见电路放大差模信号，抑制共模信号，当输入信号含有共模噪声时，也被抑制。此外，图 4.17 中对运放外围电阻精度、对称性要求较高。故在精度要求较高的场合，应使用集成仪表放大器如 AD8221，在要求不高的场合，也可用通用运放按图 4.17 电路实现。

2. 应用举例

图 4.18 所示为采用二极管 PN 结作为温度传感器的数字式温度计电路，分辨率为 0.1℃，电路由三部分构成，电桥中二极管 VD 为温度传感器，R_w 为调零电位器。二极管 VD 的 PN 结随温度变化其压降产生毫伏级的微小变化，经仪表放大器放大后，在数字表上显示。

4.4.2 电压比较器

当运放不引入负反馈（即处于开环状态或引入正反馈）时，工作于非线性区，可构成电压比较器，典型的电压比较器如图 4.19 所示。

图 4.19 为监控蓄电池电压的电压比较器应用电路，使用蓄电池的设备如电动车等为防止蓄电池过度使用造成损坏，要求 12V 蓄电池电压下降到 10.5V 时即停止使用并充电。

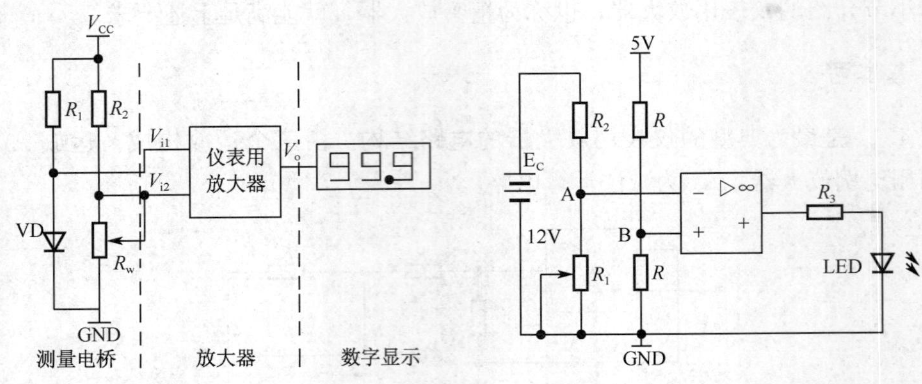

图 4.18 仪表放大器应用

图 4.19 电压比较器应用

图 4.19 中，B 点电压为 2.5 V，调整 R_1，使 E_C 为 10.5V 时，A 点电位为 2.5V。

当 E_C 在 10.5V 以上时，A 点电压大于 2.5V，即 $V_A > V_B$，运放的反相输入电压高于同相输入电压，运放输出低电平，LED 不亮。

当 E_C 处于 10.5V 以下时，A 点电压小于 2.5V，即 $V_A < V_B$，运放的同相端电压高于反相端电压，运放输出高电平，LED 亮，表明 12V 蓄电池已放完电，需要重新充电才能使用。

图 4.19 的电压比较器适当改变 R_1、R_2 比例，即可用于各种电压的比较，可广泛应用于电动车、应急灯，UPS 电源等使用蓄电池的设备上，避免蓄电池过度放电，提醒用户及时充电，延长蓄电池使用寿命。

4.4.3 微弱信号的精密整流电路

将交流电转换成直流电，称为整流，利用二极管的单向导电性即可实现整流，如半波整流等，但当被整流交流信号很微弱（如小于 0.6V）时，由于二极管死区电压的存在，单纯用二极管进行整流便无能为力了。

图 4.20 为半波精密整流电路。当 $v_i > 0$ 时，集成运放的输出端 $v'_o < 0$，从而二极管 VD_2 导通，VD_1 截止，电路构成反相比例运算电路，输出电压为

$$v_o = -\frac{R_f}{R} \cdot v_i \tag{4.14}$$

当 $v_i < 0$，运放输出端 $v'_o > 0$，从而使二极管 VD_1 导通，VD_2 截止，R_f 上电流为零，因此 $v_o = 0$。

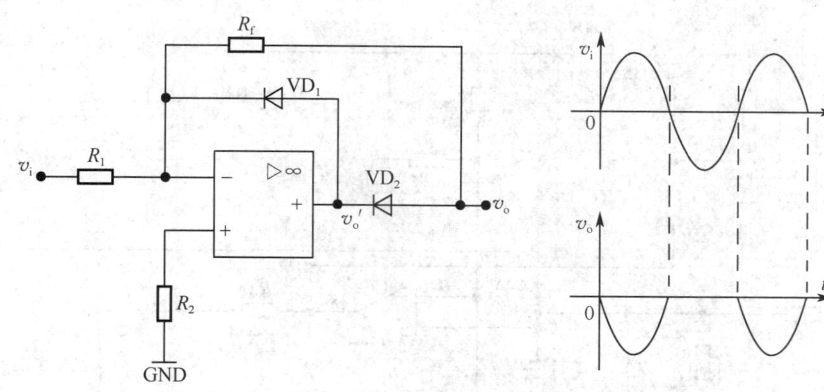

图 4.20 半波精密整流电路

图 4.20 精密整流电路的实质是利用了集成运放的开环放大倍数较大的特点，被整流信号经放大后克服了整流二极管的死区电压，从而实现整流。值得一提的是，整流后的信号电压大小取决于集成运放的闭环放大倍数，即式（4.14）。

精密整流电路可完成半波整流，也可完成全波整流，这里不再一一介绍。

■ 动手做 带电压指示的电池充电器 ■

☞**学习目标**

1）了解可充电电池的基本特性（镍氢电池、锂电池）。
2）学会电压比较器的正确使用。
3）进一步提高识图、读图能力。
4）熟练掌握充电器的制作、调试过程。
5）举一反三，选择一例市售电池充电器进行分析。

动手做 1 电路剖析

本项目动手制作的电池充电器为市面上常见手机充电器电路改进而来，具有电路结构典型、简洁、成本低、应用广泛的特点，适合对单体锂电池（通常手机用的电池即为单体锂电池，其标称电压为 3.6V）充电。

电池充电器电路如图 4.21 所示，充电器电路中，CA324 四运放组成电压比较器，驱动四只发光二极管（LED_1～LED_4）指示当前电池充电电压状况，当电池电压达到 4.2V 时，关断充电回路（三极管 V_1 完成）。TL431 为精密电压源，提供稳定、精确的基准电压，供运放作为电压比较参考电源。

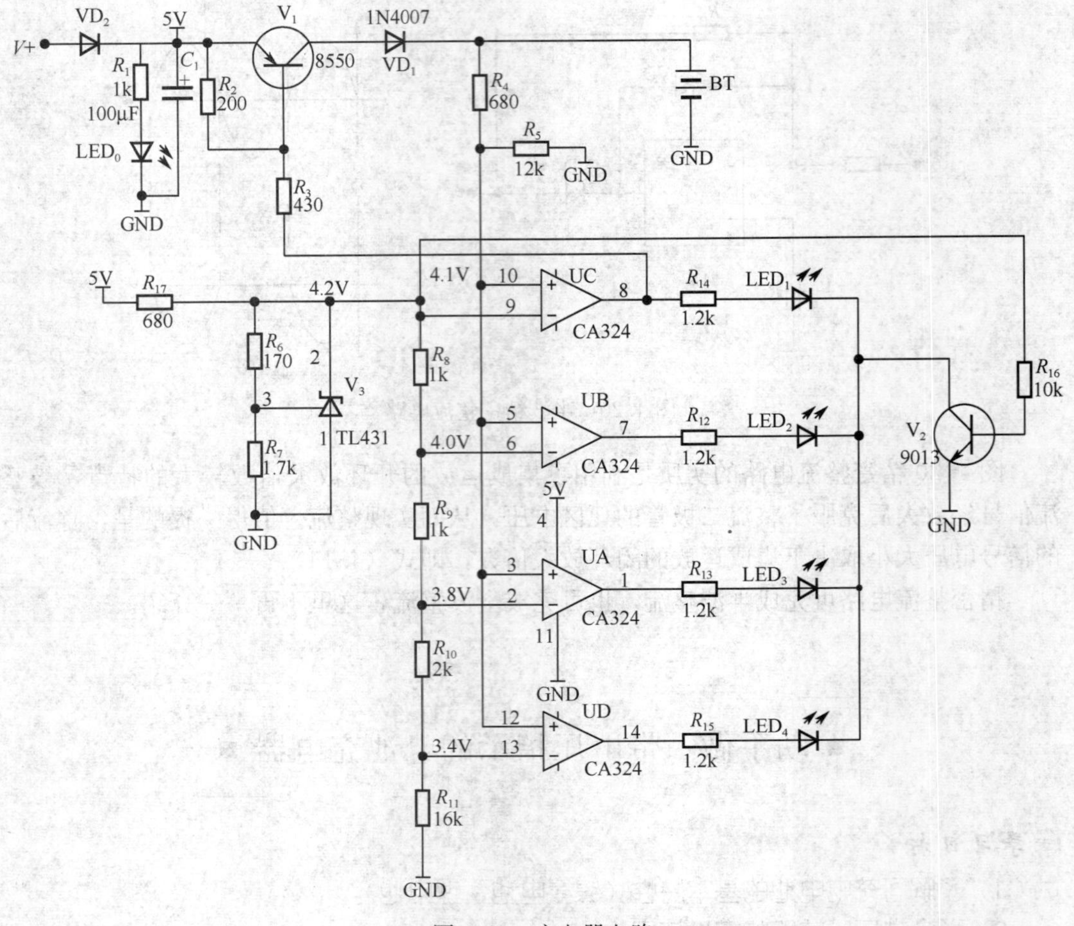

图 4.21 充电器电路

(1) 充电过程

电路通电，同时接上待充电池，此时电池电压较低，运放 9 脚电压高于 10 脚电压，由电压比较器原理可知，运放 8 脚出低电平，三极管 V_1 饱和导通，约 4.5V 的电压对电池充电。二极管 VD_1 起隔离作用，防止电池电压倒灌。

(2) 电压显示

接上电源，运放 CA324 中四个独立运算放大器组成的比较器，根据其同相、反相输入的电压大小，分别驱动四只发光二极管显示充电电压状态，四种电压显示状况如表 4.3 所示。

表 4.3 充电器指示电压状态

运放引脚电压	待充电池电压	输出	LED 状态
$V_{13}=3.4V$	>3.4V	14 脚高电平	LED_4 亮，其余灭
$V_2=3.8V$	>3.8V	1、14 脚高电平	LED_4/LED_3 亮
$V_6=4V$	>4V	1、7、14 脚高电平	$LED_4/LED_3/LED_2$ 亮
$V_9=4.2V$	>4.2V	1、7、8、14 脚高电平	全亮（充电完毕）

动手做 2 材料准备

充电器元件材料列表 4.4 所示。

表 4.4 充电器材料清单

元件编号	规 格	元件编号	规 格	元件编号	规 格
R_1	1kΩ	R_{10}	2kΩ	VD_1	1N4007
R_2	200Ω	R_{11}	16kΩ	VD_2	1N4007
R_3	430Ω	R_{12}	1.2kΩ	LED_0～LED_4	红发光管
R_4	680Ω	R_{13}	1.2kΩ	V_1	S8550
R_5	12kΩ	R_{14}	1.2kΩ	V_2	C9013
R_6	170Ω	R_{15}	1.2kΩ	V_3	TL431
R_7	1.7kΩ	R_{16}	10kΩ	运放	CA324
R_8	1kΩ	R_{17}	680Ω	PCB 板或万能实验板	
R_9	1kΩ	C_1	100uF		

表中元件无特殊要求，按清单备好元件后进行质量检查，然后编号备用。

动手做 3 装调步骤

1）按图 4.21 安装好元件。如用万能实验板组装，须注意电路布局、布线的合理性，避免引入电气干扰。

2）检查安装是否正确，特别注意晶体管的引脚、集成运放、TL431 极性是否无误。

3）接上 6V 直流电源，通电，LED_0 应发光。目测电路板是否有异常现象如冒烟、过热等。如发现不正常现象应立即断电检查。

4）检测 TL431 2 脚电压是否等于 4.2～4.25V，误差太大时，可微调 R_7，也可用 5k 微调电位器直接代替 R_7，使 TL431 2 脚电压符合要求。此电压非常重要，务必调准确。

5）断开二极管 VD_1，测集成运放 CA324 引脚 9、6、2、13 电压应符合图中标注电压，如有偏差，可微调 R_8、R_9、R_{10}、R_{11}。

6）断开二极管 VD_1，在电池（BT）位置接入可调稳压电源，稳压电源调到 3.5V，此时 LED_4 亮，其他发光二极管不亮，测三极管 V_1 集电极电压，应有 4.8V 左右电压输出。

7）继续调整稳压电源电压，分别调到 3.9V、4.1V、4.3V，发光二极管状态应符合表 4.5 充电器指示电压状态。如不正常，检查三极管 V_2、运放、发光二极管有无焊错、元件损坏等。

8）当稳压电源调到 4.3V 或以上时，测试三极管 VD_1 集电极电压应为零伏，表明此时的状态是充电已结束。

9）此时充电器电路已工作正常，可接入锂电池充电，并注意观察记录电路工作情况。

10）装好充电器外壳，电池接线夹子等，充电器便大功告成，可投入使用。

■项目小结■

1）理想运放的两个重要结论：两输入端电位相等，输入电流为零，是分析运放电路的重要依据。

2）放大器引入负反馈后，改善了放大器的性能，但以牺牲放大倍数为条件，负反馈对放大器性能的改变应熟记，尤其是对输入/输出电阻的影响，应加以理解，学会运用。

3）反馈方式的判别，应“找出规律、熟能生巧”。

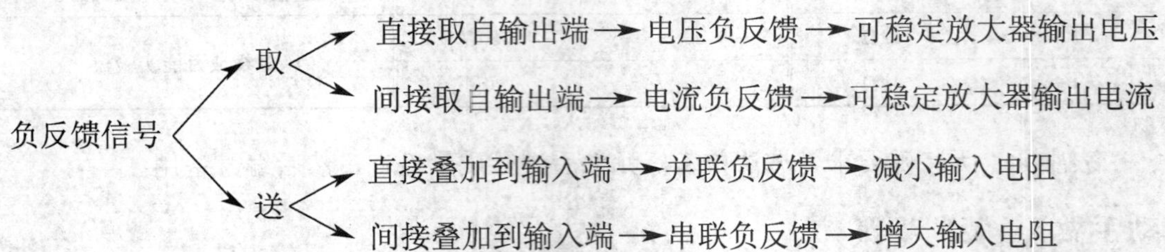

4）比例运放电路可实现运算功能，此时运放工作于线性区，电路必须引入深度负反馈。对于计算公式，切忌死记硬背，学会灵活运用理想运放的条件去理解、推导。当作为电压比较器电路使用时，运放工作于非线性区，运放输出端电压最高可接近于运放正电源，输出低电压接近于运放负电源。驱动功率器件时，运放输出端须加合适的限流电阻。

5）学习运放目的在于应用，现代电子技术的飞速发展，使得集成运放的型号、参数千差万别，应学会查阅集成运放的手册，一般可通过查阅手册明确运放以下几个要点：正电源端、负电源端、同相输入端、反相输入端、调零端等。

智能测控系统的“眼”——传感器

生活中到处存在着非电信号，如人的血压、体温、光照度、各种气味等，由于工业控制上的需要，必须将这类非电信号转换成电信号进行测量、控制。如电子体温计需要将人的体温转换成电信号然后用数字的形式显示出来，血压计需要将人的血压转换成电信号等。

给传感器下个定义：能把被测物理量或化学量转换成与之有确定对应关系的电信号输出的装置称为传感器。根据传感器输出的信号不同，传感器有不同类型，如电阻式、电容式、开关量等。

传感器几乎与人的感官一一对应，能将自然界中各种非电量转换成精确的电信号，实现智能控制。见表 4.5。

表 4.5 传感器与人的感官对应

人的感官	传感器名称	传感器种类
视觉	光敏传感器	半导体光敏传感器、光敏电阻、CCD 传感器
听觉	力敏传感器	电容式话筒、陶瓷传感器
触觉	温敏传感器	热敏电阻、热电偶
嗅觉	气敏传感器	半导体传感器、燃烧式传感器
味觉	味觉传感器	离子传感器

此外，还有检测位移量、速度、流量、磁场及射线的传感器。

1. 最简单的传感器

图 4.22 示出了最简单、容易理解的水银式温度传感器，通常用于常温区的温度测量或温度控制系统中。传感器上设有一个温度选择游标，可设定待控温度值。如图设定于 50℃，当温度低于 50℃时，游标的金属片与水银没有接触，即 A、B 两点断开；当温度达到 50℃时，A、B 两点接通，起到温度监控的作用。

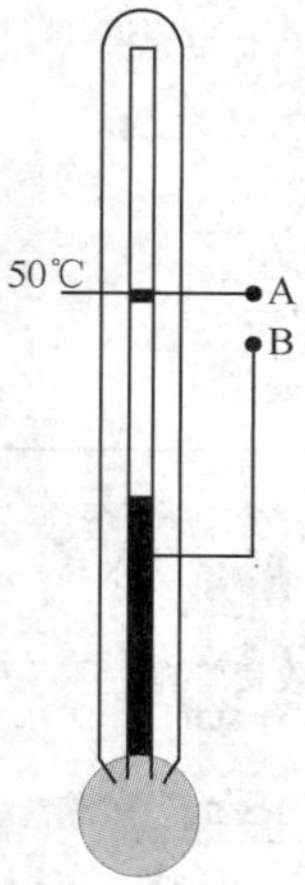

图 4.22 水银温控器

2. 压力传感器

压力传感器是使用最广泛的传感器之一，它是检测气体、液体及固体等特质作用力能量的总称，如气压、质量等。

压力传感器的种类很多，传统的测量方法是利用弹性元件的形变和位移来表示，但其体积大、笨重、输出线性差。随着微电子的发展，利用半导体材料的压电阻效应和良好的弹性，研制出了半导体压力传感器，主要有硅压式和电容式两种，它们具有体积小、重量轻、灵敏度高等优点，因此半导体压力传感器得到了广泛的应用。

图 4.23 为气体压力传感器的一种，基本特性是，整块单件为不锈钢结构，全密封外壳 ，在较宽的温度范围下运作，700×10^5 Pa 压力范围内的测量，坚固的设计适用于

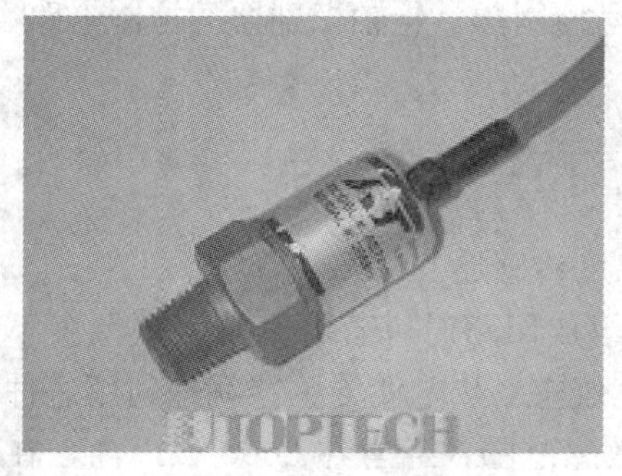

图 4.23 气体压力传感器

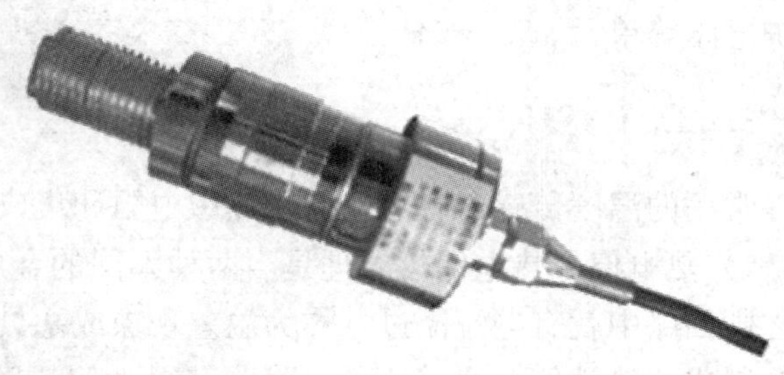

图 4.24 称重传感器

恶劣环境，与多种气体和液体相容，适合高震动和冲击的应用 。

图 4.24 为称重传感器，下面通过一个例子来说明称重传感器的应用，图 4.25 是一个公路计重收费系统，该系统可用于动态轴重称量和整车重量称量，适用于公路超限控制、计重收费。还可用于其他需要进行动态车轴重量称量和整车称量的场所。

公路车辆计重收费系统由动态衡器、车辆分离器、轮轴识别器、称重控制器、称重管理计算机系统等构成。

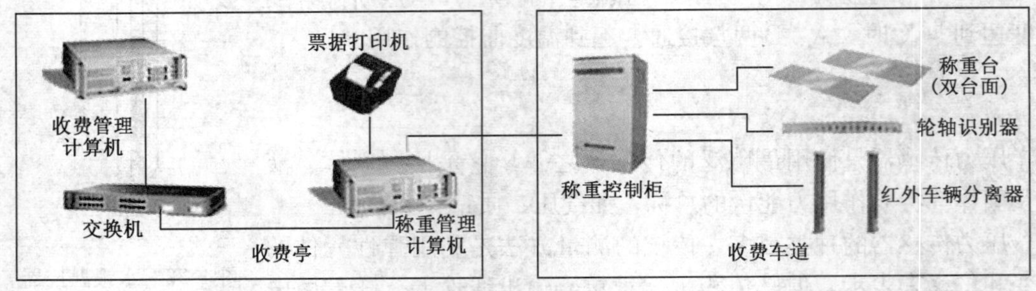

图 4.25 公路计重收费系统

1）动态衡器用于计量车辆各轴的动态重量，包含单称重台面及双称重台面两种结构型式。

2）车辆分离器主要用于为检重系统提供车辆驶入、离开信号，完成车辆的分离。

3）轮轴识别器由轮轴检测器及其控制器组成，用以判别驶过车辆轮轴的类型。

4）称重控制柜中布置了称重控制器、电源、信号控制器、轮轴识别器的控制电路、保护电路等单元。

3. 温度传感器

常用的温度传感器有热电偶、热敏电阻和集成温度传感器。

1）热电偶。热电偶的原理是当两种不同的金属组成回路时，若两个接触点温度不同，则回路中就有电流流过，称为温差现象或塞贝克效应。热电偶传感器就是利用这种效应制成的热敏传感器。这种传感器有很大的温度敏感范围，通常在 3000℃ 以内，在高温区有较好的精度与灵敏度。

2）热敏电阻。利用温度变化时传感器电阻发生变化的原理测量温度，这种温度传感器在常温和较低温区内有比热电偶更高的灵敏度。图 4.26 为部分热敏电阻的外形。广泛应用于家用空调、汽车空调、冰箱、冷柜、热水器、饮水机、暖风机、洗碗机、消毒柜、洗衣机、烘干机以及中低温干燥箱、恒温箱等场合的温度测量与控制。

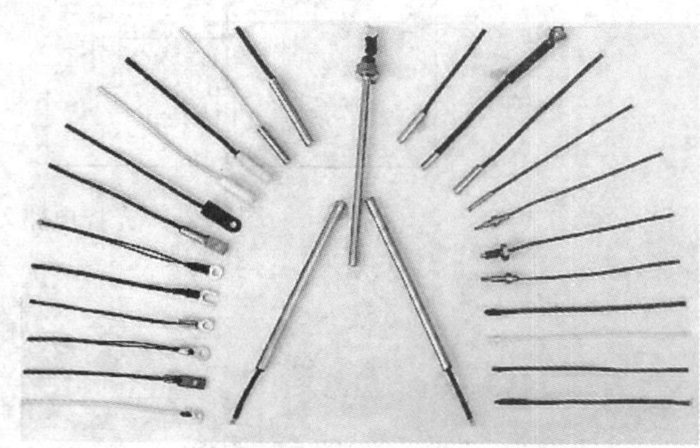

图 4.26 热敏电阻

4. 光电传感器

光电传感器的作用是将光信息转换为电信号。它是一种利用光敏器件作为检测元件的传感器。光电传感器对光的敏感性主要是利用半导体材料的电学特性受光照后发生变化的原理，即光电效应。

常见的光电传感器有光敏电阻、光敏二极管、光敏三极管、光电池、光电倍增器等。图 4.27 是光敏电阻的实物图。可用万用表检测光敏电阻两端的电阻，在其受光照与否两种情况下，电阻值将发生很大变化。

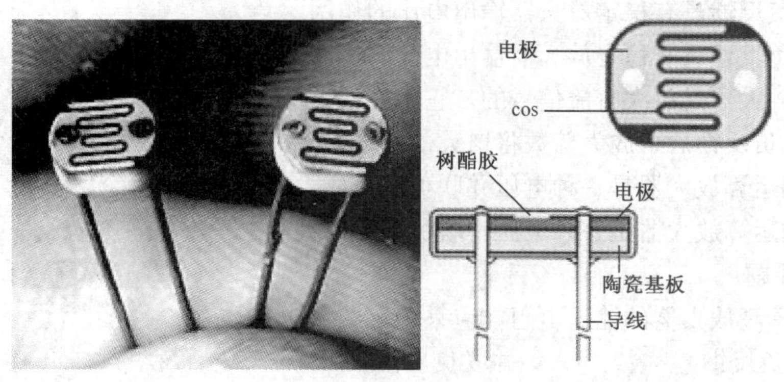

图 4.27 光敏电阻

图 4.28 所示为一个光电三极管应用的例子，光电三极管受一定光强的光线照射后，其集电极与发射极导通，使得三极管 V_2 获得偏置而导通，驱动继电器工作，从而控制触点开关的电路工作，这个电路模拟出了一个光控电路的简单功能。

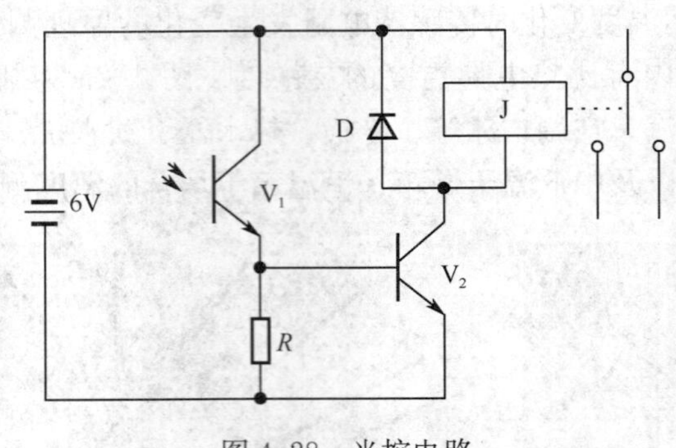

图 4.28　光控电路

知识巩固

一、是非题

1. 若输出端短路时，输出电压 V_O 为零，反馈信号不为零，则为电流反馈。（　）

2. 若输出端短路时，输出电压 V_O 为零，反馈信号不为零，则为电压反馈。（　）

3. 若输入端短路时，如反馈信号同样被短路，则为串联反馈。（　）

4. 若输入端短路时，如反馈信号同样被短路，则为并联反馈。（　）

5. 在多级放大器中，级间常常接有去耦滤波电路，用以防止电源内阻的耦合作用引起的自激振荡。（　）

6. 外界电磁场及交流电网中的交流信号不会影响放大器的正常工作。（　）

7. 电压负反馈具有稳定放大器输出电压的作用。（　）

8. 电流负反馈具有稳定放大器输出电流的作用。（　）

9. 直流放大器是放大直流信号的，它不能放大交流信号。（　）

10. 引入负反馈后，放大倍数将增大。（　）

11. 反相运算放大器是一种电压并联负反馈放大器。（　）

12. 同相运算放大器是一种电压串联负反馈放大器。（　）

二、选择题

1. 为了提高放大器的输入电阻，应采用________。

A. 串联负反馈　　B. 并联负反馈

C. 电压负反馈　　D. 电流负反馈

2. 为了减轻前级信号源的负担并保证输出电压的稳定，应采用________。

A. 电流串联负反馈　　B. 电压串联负反馈

C. 电压并联负反馈　　D. 电流并联负反馈

3. 为了提高带负载能力并保证输出电压的稳定，应采用________。

A. 电流负反馈　　B. 电压负反馈

C. 串联负反馈　　　　　D. 并联负反馈

4. 为了实现稳定静态工作点的目的，应采用________。

A. 交流负反馈　　　　　B. 直流负反馈

C. 以上均可以

5. 图 4.29 中运放为一个理想运算放大器，$R_1=R_f=5k\Omega$，当输入电压为 10mV 时，测流过 R_f 的电流为________。

A. 2A　　　　　B. 10mA　　　　　C. 2μA　　　　　D. 2mA

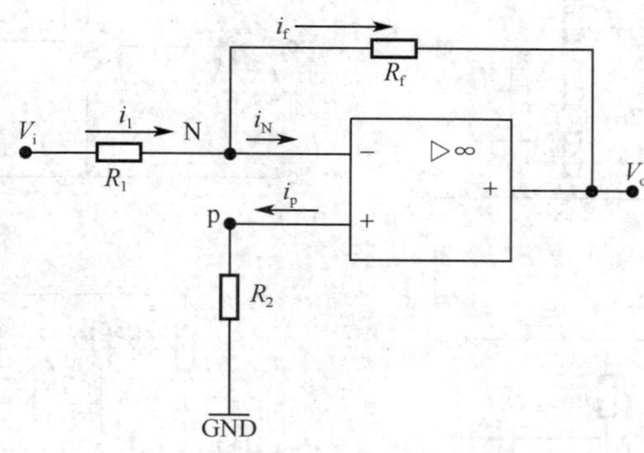

图 4.29　一个理想运放

6. 图 4.29 中 R_2 为________，其值为________。

A. 负载电阻　　　　　B. 负反馈电阻　　　　　C. 平衡电阻

D. 5kΩ　　　　　E. 10kΩ　　　　　F. 2.5kΩ

7. 直流放大器的功能是________。

A. 只能放大直流信号　　B. 只能放大交流信号

C. 直流信号和交流信号都能放大

8. 引起直流放大器零点漂移的因素很多，其中最难控制的是________。

A. 半导体器件参数的变化　　　B. 电路中电容和电阻数值的变化

C. 电源电压的变化

9. 集成电路按功能可分成两种，即________。

A. 线性集成电路和固体组件　　B. 数字集成电路和固体组件

C. 线性集成电路和数字集成电路

10. 运算放大器要进行调零，是由于________。

A. 温度的变化　　　　　B. 存在输入失调电压　C. 存在偏置电流

三、集成运放的功能是什么？由哪几部分组成？各部分的作用是什么？

四、集成运放的同相输入端和反相输入端有什么不同？

五、理想运放的理想特性是什么？

六、什么是反馈？反馈放大器由哪几部分组成？

七、什么是正反馈、负反馈？用什么方法判断？

八、什么是电压反馈、电流反馈？如何判断？

九、什么是串联反馈、并联反馈？如何判断？

十、在引入负反馈后，放大器的哪些性能可得到改善？

十一、指出图 4.30 中各放大电路中的反馈元件，并判断其类型和极性。各电路中有哪些是直流负反馈，它们起何作用？

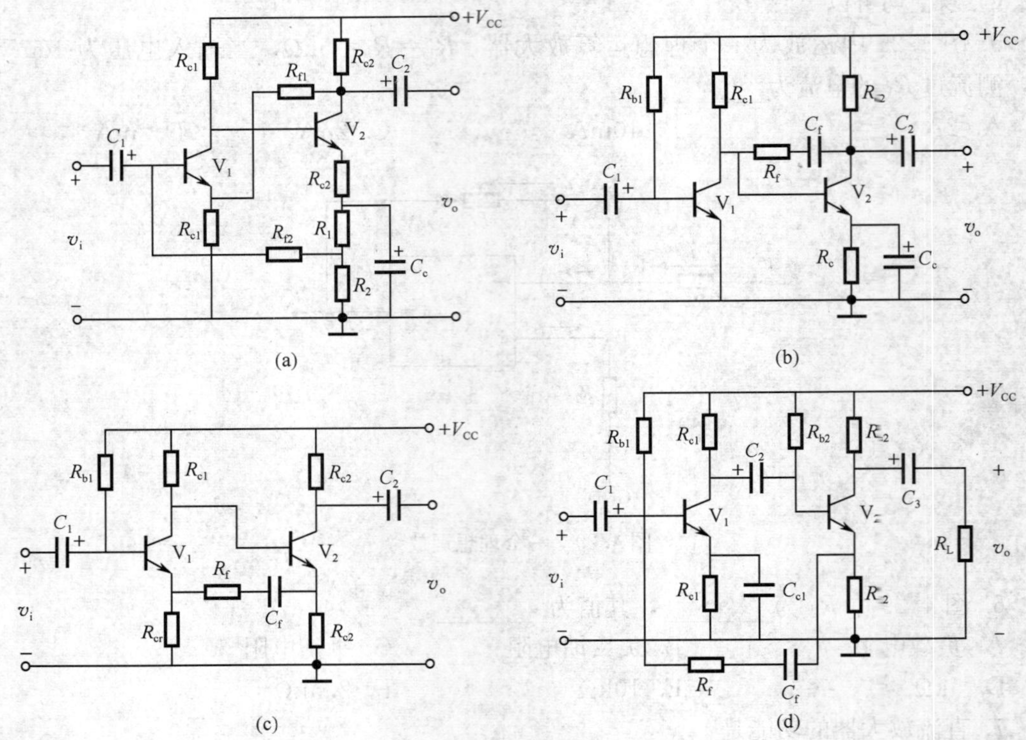

图 4.30 反馈电路

十二、简述不同类型的负反馈对放大器输入电阻、输出电阻各产生何种影响？

十三、画出集成运放组成的反相比例运算电路、同相比例运算电路，并比较两种电路的不同之处。这两个放大器的特例分别是什么？

十四、有一理想运放接成如图 4.31 所示电路，已知 $v_I=0.5V$，$R_1=10k\Omega$，$R_f=100k\Omega$，试求输出电压 v_O 及平衡电阻 R_2。

十五、有一理想运放接成如图 4.32 所示电路，已知 $v_I=0.5V$，$R_1=10k\Omega$，$R_f=100k\Omega$，试求输出电压 v_O。

十六、如图 4.33 所示电路，$R_1=R_2=R_3=R_f=10k\Omega$，输入电压 $v_{I1}=30mV$，$v_{I2}=20mV$，求输出电压 v_O 的值。

十七、运放电路如图 4.34 所示，$R=10k\Omega$，$v_{I1}=2V$，$v_{I2}=-2V$，试求输出电压 v_O 的值。

十八、反馈电阻 $R_f=100k\Omega$，画出输出电压 v_o 与输入电压 v_i 符合下列关系的运放电路图。

1. $\frac{v_o}{v_i}=-1$。

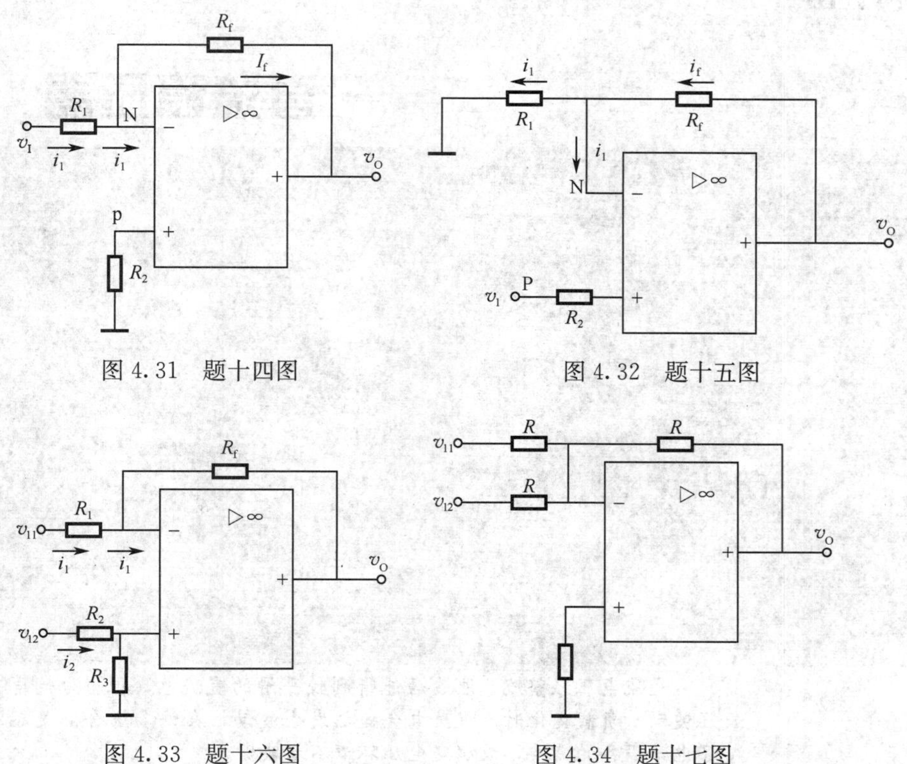

图 4.31 题十四图

图 4.32 题十五图

图 4.33 题十六图

图 4.34 题十七图

2. $v_o=12v_i$。

3. $v_o=-10\ (v_1+v_2+v)$。

4. $v_o=3\ (v_{i2}-v_{i1})$。

十九、在如图 4.35 所示电路中，已知 $V_{CC}=12V$，$R_1=20k\Omega$，$R_2=10k\Omega$，$V_Z=6V$，求 v_O。

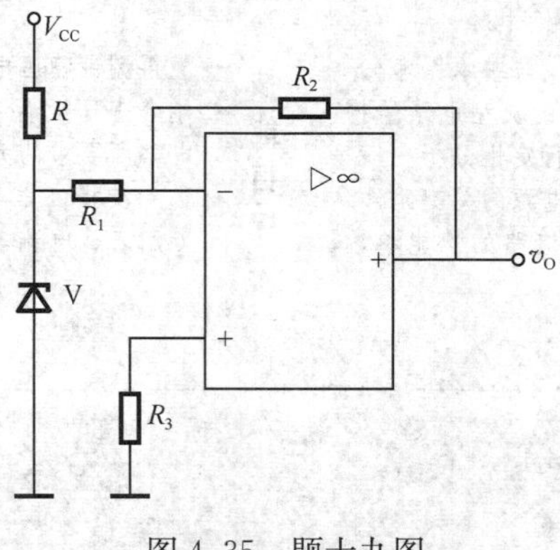

图 4.35 题十九图

项目五

直流稳压器

交流电压经整流、滤波后能得到较平滑的直流电，但当电网电压波动、负载变化时，直流电会随之发生波动，在许多场合满足不了电子设备的需要，故稳定电压环节不可缺少。

电子设备能在不同的电网环境、不同负载情况下正常工作，良好的稳压电源是前提、是基础，故稳压电源广泛用于家电、通信设备、工业控制等方面。

本项目的学习始终围绕着串联稳压电源展开，包括稳压电源工作原理、保护电路的设计、电源的性能测试、常见集成稳压电路、稳压电源的装调等。

知识目标

- 明确稳压电源的组成与基本原理。
- 掌握串联稳压电源的典型电路结构，能对其工作原理进行定性分析。
- 学会正确选用稳压电源的关键元件。
- 了解三端集成稳压电路的性能参数、应用电路。

技能目标

- 懂得测试稳压电源的性能。
- 学会查阅元件手册，能合理选用符合电路所要求的元件。
- 进一步提高电路装调技巧，熟练运用万用表、电流表、调压器等工具。

将交流电压变换成直流电压的设备称为直流电源，项目二介绍的电源适配器即为典型的直流电源，在分析电源适配器时发现，直流输出电压随负载及交流电压的变化而波动，这样就满足不了电子设备的要求，需要稳定输出电压。如图 5.1 为直流稳压器的基本组成。

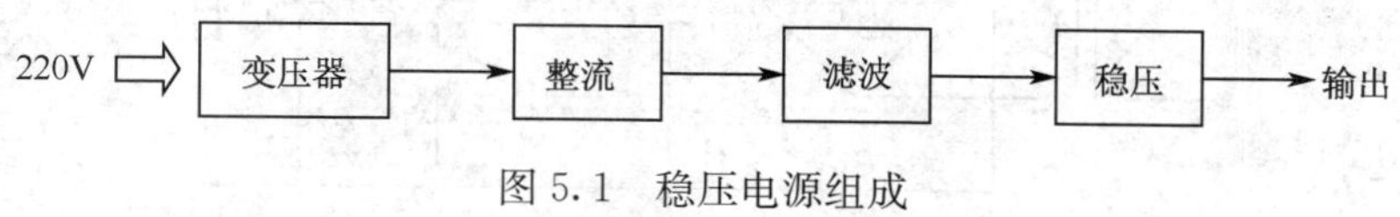

图 5.1　稳压电源组成

■ 5.1　简单而又实用的串联稳压电路 ■

☞学习目标

1）了解稳压管稳压电路的优缺点。

2）理解调整管的作用，为学习带放大环节的串联稳压电源打基础。

1. 采用稳压管的稳压电源

利用稳压管组成的并联式稳压电源是最简单的方式，如图 5.2 所示（工作原理参见项目二相关内容）。

（1）优点

电路简单、经济。

（2）缺点

1）输出电流受稳压管最大允许电流限制，大约在几十毫安以下。

2）输出电压不可调，稳定度较差。

（3）应用范围

小功率、稳定度要求不高的场合。

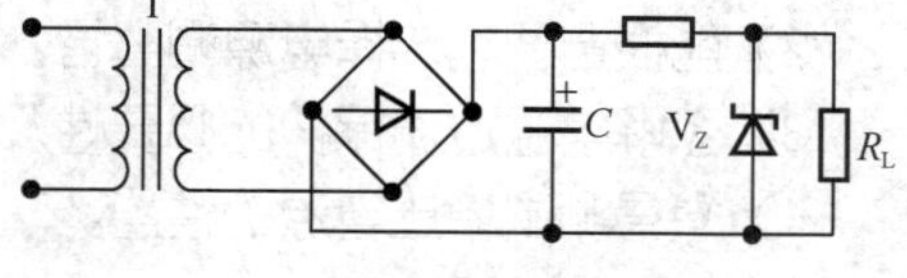

图 5.2　稳压管稳压电路

2. 带调整管的稳压电源

为增大稳压管电路的负载电流，引入调整管放大。图 5.3 所示为带调整管的稳压电路，负载电流与 I_L 流过调整管 V 的集电极与 I_{ce}相等，选择较大功率的调整管，即可获得较大的负载电流，克服了稳压二极管负载电流太小的缺点。

工作原理分析如下。

由图 5.3 可得，

$$V_{be} = V_b - V_e = V_Z - V_o$$

$$V_o = V_c - V_{ce} \tag{5.1}$$

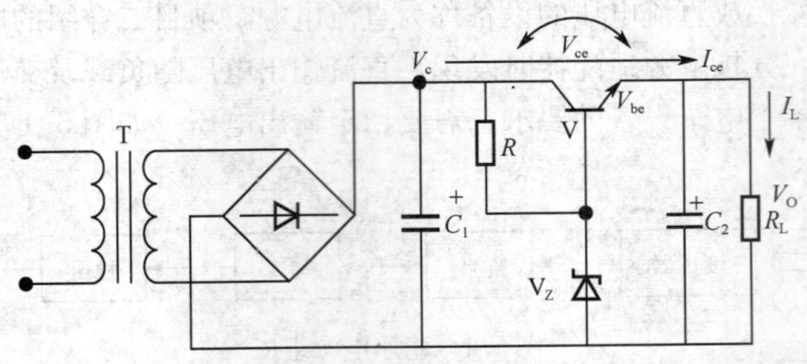

图 5.3 带调整管的稳压电源

由于V_Z基本不变，当V_o下降时，V_{be}增大，则调整管集电极电流增大，即I_{ce}增大，V_{ce}减小，由式（5.1）可知V_O上升，保持了输出电压V_O的不变，整个调整过程可表示如下：

$$V_o\downarrow \rightarrow V_{be}\uparrow \rightarrow I_C\uparrow \rightarrow V_{ce}\downarrow \rightarrow V_O\uparrow$$
$$V_O\uparrow$$

由于引入了调整管，负载电流与稳压管电流相比，增大了β倍，使得稳压电源负载能大大增加，其输出电压可由下式计算：

$$V_O = V_Z - V_{be} \approx V_Z - 0.7 \tag{5.2}$$

5.2 具有放大环节的串联型稳压电源的设计

☞**学习目标**

1）会画串联型稳压电源电路。
2）能根据要求选择电源调整管。
3）了解电源过流保护的必要性及原理。
4）懂得测试稳压电源的性能。

图 5.3 所示的串联型稳压电源，虽然有较强的带负载能力，但存在稳压性能尚不理想、且输出电压不可调的缺点。

5.2.1 串联稳压电源的基本原理

1. 电路构成

图 5.4 所示为增加比较放大环节的稳压电源的组成及典型电路。

串联稳压电源电路由四个部分组成：调整管V_2，比较放大管V_1，基准电压由R_2、V_Z组成，取样电路由R_3、R_W、R_4组成。

取样电路反映了输出电压的变化量，与基准电压V_Z比较，其差值经比较放大管V_1放大后驱动调整管，使调整管V_{ce}发生变化，从而自动调节输出电压，达到稳压的效果。

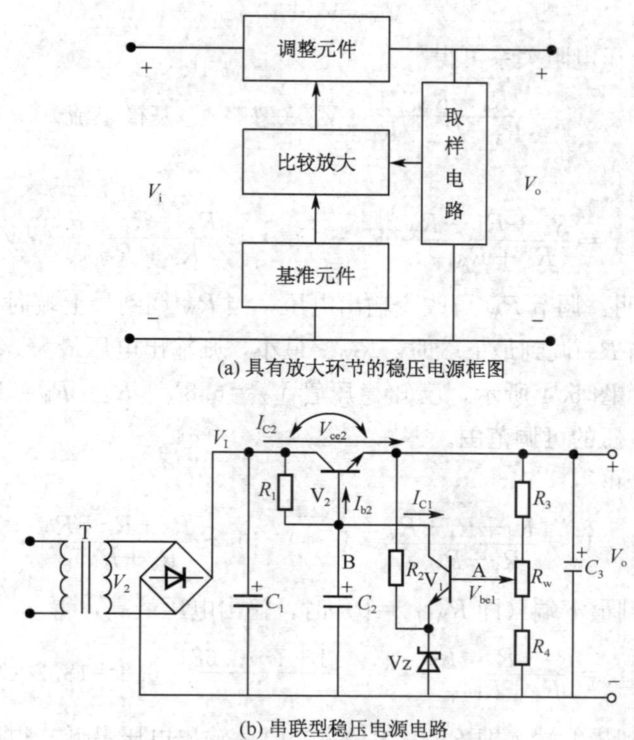

(a) 具有放大环节的稳压电源框图

(b) 串联型稳压电源电路

图 5.4　稳压电源框图及电路

2. 稳压原理

当电网电压上升或负载变轻时，输出电压 V_O 有上升的趋势，则取样电路分压点 A 点电压 V_A 升高，因 V_Z 不变，故 V_{be1} 升高（$V_{be1}=V_A-V_Z$），于是 I_{C1} 增大，分流了调整管 V_2 基极电流，故 I_{b2} 减小，于是 V_{ce2} 增大，使输出电压 V_O（$V_O=V_I-V_{ce2}$）下降，从而保持 V_O 稳定。

整个过程可表示为

$$V_I\uparrow \rightarrow V_O\uparrow \rightarrow V_A\uparrow \rightarrow I_{C1}\uparrow \rightarrow I_{B2}\downarrow \rightarrow V_{ce2}\uparrow \rightarrow V_O\downarrow$$

可简化为

$$V_I\uparrow \rightarrow V_O\uparrow \rightarrow V_A\uparrow \rightarrow V_B \rightarrow V_O\downarrow$$

当电网电压下降或负载加重时，变化趋势相反，可简化分析为

$$V_I\downarrow \rightarrow V_O\downarrow \rightarrow V_A\downarrow \rightarrow V_B\uparrow \rightarrow V_O\uparrow$$

3. 输出电压的估算

由图 5.4（b）比较放大级电路可得

$$V_A=V_Z+V_{be1}$$

由取样电路分压电阻关系可得

$$V_A=\frac{R_4+R_{W(下)}}{R_3+R_W+R_4}\cdot V_O\text{（忽略 }V_1\text{ 基极电流）}$$

由上述二式可得

$$V_O=\frac{R_3+R_4+R_W}{R_4+R_{W(下)}}(V_Z+V_{be1})\approx\frac{R_3+R_4+R_W}{R_4+R_{W(下)}}\cdot V_Z \tag{5.3}$$

式（5.3）表明：调节 R_W 可改变输出电压，当 R_W 调到最上端时 $R_{W(下)}$ 最大，此时输出电压最小；当 R_W 调到最下端时，$R_{W(下)}$ 最小，则输出电压最大。

【例 5.1】 如图 5.4 所示，已知稳压管 $V_Z=6.8\text{V}$，$R_3=R_4=1\text{k}\Omega$，$R_W=680\Omega$，求稳压电源输出电压的可调范围。

解 由式 5.3 可得：

$$V_O=V_o=\frac{R_3+R_4+R_W}{R_4+R_{W(下)}}\ (V_z+V_{be1})\ \approx\frac{R_3+R_4+R_W}{R_4+R_{W(下)}}\cdot V_Z$$

1）当 R_W 调到最下端（即 $R_{W(下)}=0$）时，输出电压最高，得

$$V_{omax}=\frac{R_3+R_4+R_W}{R_4+R_{W(下)}}\cdot V_Z=\frac{1+1+0.68}{1}\cdot 6.8=18.2\ (\text{V})$$

2）当 R_W 调到最上端（即 $R_{W(下)}$ 为最大）时，输出电压最低，得

$$V_{omin}=\frac{R_3+R_4+R_W}{R_4+R_{W(下)}}\cdot V_Z=\frac{1+1+0.68}{1+0.68}\cdot 6.8=10.8\ (\text{V})$$

结论：稳压电源的电压调整范围为 10.8～18.2V。

5.2.2 串联稳压电源设计

图 5.4 表明了串联型稳压电源的基本构成，设计一个满足性能要求的稳压电源，必须对各个元件进行分析、选择。正确选用元器件是保证稳压电源性能良好的重要因素。

【例 5.2】 设计一个串联式稳压电源，电路结构如图 5.4 所示。要求输出最大电流 1A，输出电压 12V（调节范围 10.5～13V），试确定各元件的参数和型号。

分析 （1）确定变压器的功率、二次绕阻电压 v_2

根据电源设计要求，输出电压最大为 13V，为保证调整管处于放大状态（$V_{ce2}>3\text{V}$）及电网电压波动（设±10%），确定整流滤波后电压为 $V_I=(13+3)\times(1+10\%)\approx 18(\text{V})$，得

$$v_2=\frac{V_I}{1.2}=15\ (\text{V})$$

变压器功率

$$P=v_2\cdot I_L=15\ (\text{W})$$

因变压自身存在损耗，故取变压器功率为 20W。

（2）整流管的选择

每只二极管流过电流

$$I_V=\frac{1}{2}I_L=0.5\ (\text{A})$$

整流二极管反向承受工作电压

$$V_D=1.4\times v_2=21\ (\text{V})$$

查阅手册可选用 1N4001（参数为 1A/50V）。

（3）滤波电容 C_1 选择

滤波电容 C_1 最高承受电压为 $1.4v_2=21$V，考虑到电网的波动，滤波电容耐压可选 25V 或 35V。

参见表 2.3，滤波电容容量取 2200μF。

所以，滤波电容 C_1 选用铝电解电容 2200μF/25V。

（4）调整管的选择

根据三极管的三个极限参数确定调整管的选用。

1）I_{CM}。由电源要求可知，电源最大电流为 1A，电源负载电流全部流过调整管，故调整管集电极电流为 $I_{C2}=1$A。

2）V_{CEO}。$V_{CEO}\geqslant 1.4V_2=21$V。

3）P_{CM}。$P_{CM}=V_{CE}\cdot I_{C2}$。

V_{CE}取值需满足，当电源输入电压最高而输出电压调到最低（10.5V）时，V_{CE}最大，即

$$V_{CE}=21-10.5=10.5\ (\text{V})$$

故 $P_{CM}=10.5\cdot 1=10.5$（W）。

调整管最大功耗：$P_{CM}=10.5$W。

为确保电源能长期稳定工作，调整管的参数应有足够余量，故选用大功率管 3DD15A（参数为 $I_{CM}=3$A，$V_{CEO}=50$V，$P_{CM}=50$W），并加装合适的散热器。

（5）比较放大管 V_1 的选择

比较放大管是影响稳压性能的重要因素，要求其反向穿透电流（I_{CEO}）要小，放大系数（β）足够大，在电源电路中，比较放大管承受的最高工作电压为 $1.4V_2=21$V，故选用小功率二极管 S9013，其参数为 $V_{CEO}=35$V，$I_{CM}=0.5$A，$P_{CM}=0.6$W。

（6）稳压二极管 V_Z 的确定

为提高电源的温度稳定性，稳压二极管稳定电压选用 6.2V（6V 左右的稳压二极管，理论上温漂系数为零），由于仅作为基准电压使用，其工作电流为毫安级。

所以，稳压二极管选用 6.2V/0.5W。

（7）取样电阻的确定

取样电压的计算公式

$$V_A=\frac{R_4+R_{W(下)}}{R_3+R_W+R_4}\cdot V_O$$

能够成立，前提是忽略比较放大管 V_1 的基极电流，故（$R_3+R_4+R_W$）值不能太大。

同时要使取样电压变化量大部分能通过比较放大管 V_1 放大及控制调整管，$\frac{R_4+R_{W(下)}}{R_3+R_W+R_4}$的值不能太小，一般取 0.5～0.8。

综合考虑，取值如下：$R_3=680\Omega$，$R_4=1k\Omega$，$R_W=680\Omega$，取值确定后，可根据式5.3进行验证，调整范围应满足10～13V。

（8）其他元件

C_2 选用 100μF/25V 的电解电容；C_3 选用：470μF/25V 电解电容。

R_2 选用 1kΩ（稳压二极管的限流电阻）。

确定好各元件参数的串联式稳压电源如图5.5所示。

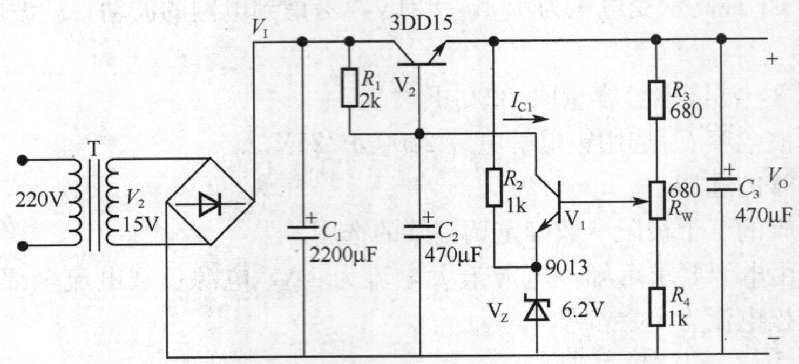

图5.5 稳压电源设计

总结 为达到稳压电源良好的性能，选用元件要考虑多方面的因素，如元件性能参数、价格、是否容易购买等，理论上计算得到的元件参数，根据实际调试情况，往往需要反复调整，以达到最佳应用效果。

5.2.3 过流保护电路的设计

串联式稳压电源若负载过重，输出电流剧增，使调整管功耗过大，容易损坏调整管及其他元件，故可靠的过流保护措施不可缺少。

1. 限流式保护电路

电路如图5.6所示，虚线框内过流取样电阻 R、稳压管 V_Z 构成限流式过流保护电路。电源正常工作时，（$V_{be1}+V_R$）小于 V_Z 的击穿电压，稳压二极管 V_Z 处于截止状态，对电路工作不产生影响。电路过流时，流过取样电阻 R 电流 I_L 急剧增大，取样电阻 R 的压降（$V_R=I_L\cdot R$）增大，当（$V_{be1}+V_R$）大于 V_Z 的击穿电压时，稳压管 V_Z 击穿导通，此时调整管的基极电流因稳压管的分流而减少，故调整管集电极电流减少，限制了调整管的集电极功耗，避免调整管因过流而损坏；同时也限制了电源输出电流。一旦负载电流减小，V_Z 又恢复截止，电路自动恢复正常工作。

2. 截流型保护电路

电路如图5.7所示，保护电路由 R_0、R_1、R_2、V_2 组成，正常工作时，A点电位仅略低于B点电位，保护三极管 V_2 截止，不影响电路正常工作。

当负载电流过大时，取样电阻 R_0 上压降增大，A点电位 V_A 电压下降，于是B点电位高于A点电位，即 $V_B>V_A$，过流保护管 V_2 饱和导通。调整管发射极、取样电阻

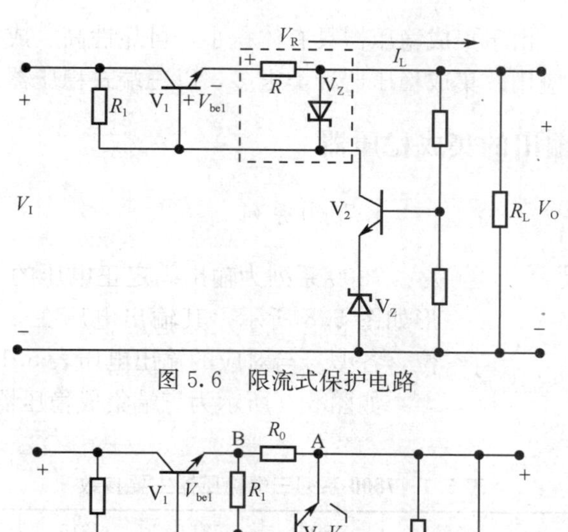

图 5.6　限流式保护电路

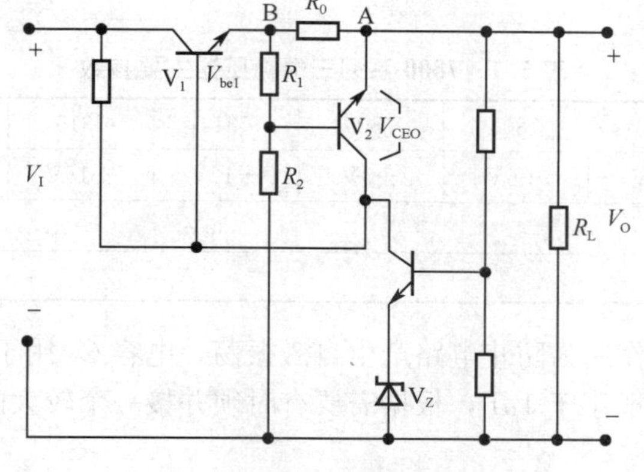

图 5.7　截流型保护电路

R_0 串联后，与保护三极管集—射极呈并联关系，故得

$$V_{be1} + V_{R_0} = V_{CEO} \tag{5.4}$$

而三极管饱和压降 V_{CEO}较小，可近似为 $V_{CEO}=0.2V$，故由式（5.4）可得

$$V_{be1} + V_{R_0} = 0.2(V) \tag{5.5}$$

显然，此时 V_{be1}小于 0.6V，即调整管 V_1 趋于截止，电源输出电流接近于零。电路恢复正常后，V_2 截止，稳压电源自动恢复工作。

■ 5.3　三端集成稳压电路 ■

☞学习目标

1）能识别三端集成稳压电路的型号。
2）记住典型应用图。
3）能正确选用三端稳压电路。

将串联型稳压电源的元件集成在一个很小的芯片上，即成为集成稳压器，使用时只

需加很少的外围元件。由于集成稳压器具有体积小，可靠性高、成本低等优点，在电子工程上得到了广泛的应用。集成稳压器种类很多，以三端式稳压器最为普通。

5.3.1 固定电压输出的集成稳压器

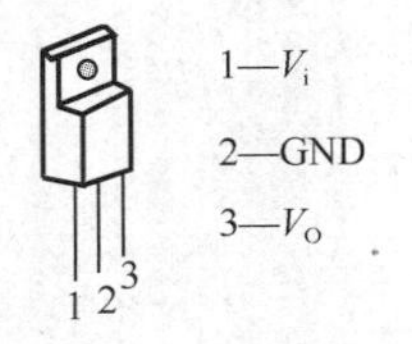

图 5.8 7800 系列稳压器外形

1.7800 系列

7800 系列为输出固定正电压的三端集成稳压器，外形如图 5.8 所示，其输出电压在 5～24V，共有七个挡位，各型号与对应的输出电压表 5.1。

如图 5.9 所示为三端集成稳压器的典型应用图。

表 5.1 7800 系列三端稳压器主要参数

型 号	7805	7806	7809	7812	7815	7818	7824
输出电压	+5V	+6V	+9V	+12V	+15V	+18V	+24V
最高输入电压	35V						
最大输出电流	1.5A						

图 5.9 中，C_1 的作用为防止电路产生自激振荡，电容 C_2 用于滤除输出电压的高频噪声，C_1、C_2 取值一般小于 1μF，根据需要有时须并接一个较大的电解电容。

2.7900 系列

7900 系列为输出固定负电压的三端集成稳压器，外形如图 5.10 所示，其输出电压在－5～－24V 有七个挡位，各型号与输出电压对应关系见表 5.2。

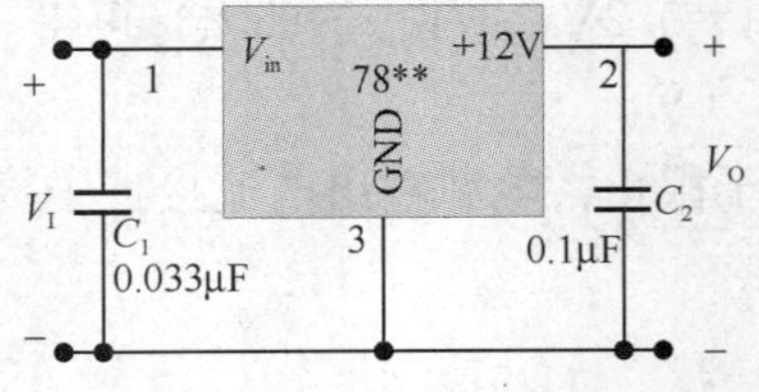

图 5.9 7800 系列典型应用图

图 5.10 7900 系列稳压器外形

表 5.2 7900 系列三端稳压器主要参数

型 号	7905	7906	7909	7912	7915	7918	7924
输出电压	－5V	－6V	－9V	－12V	－15V	－18V	－24V
最高输入电压	－35V						
最大输出电流	1.5V						

7900 系列基本应用电路如图 5.11 所示，输出为负电压，其他元件作用参见 7800 系列的相关内容。

5.3.2 可调电压输出的三端集成稳压器

常用可调正电压输出的三端稳压器有 W117/217/317 系列，以及负电压输出的 W337，不仅输出电压可调（调压范围 1.2～37V），其稳压性能亦优于固定式三端稳压器。其外形与 7800 系列和 7900 系列相同。

三端集成稳压器基本应用图如图 5.12 所示，选取外围元件时须注意两点，一是 W317 调整端与输出端（即图 5.12 中 LM317T 1 端与 2 端）之间为稳定的电压值 1.25V；二是 W317 最小稳定负载电流典型值为 5mA，负载电流小于 5mA，则 W317 稳压性能变坏，故电阻 R_1 不能太大，最大取值为 $R_{max}=(1.25/0.005)\Omega=250\Omega$，实际取值可略小，如 240Ω。

图 5.12 输出电压 V_O 可由下式计算：

$$V_O=(1+\frac{R_2}{R_1})\times 1.25 \tag{5.6}$$

为减小电阻 R_2 上的纹波电压，可并一个 10μF 电容，如图 5.13 所示。

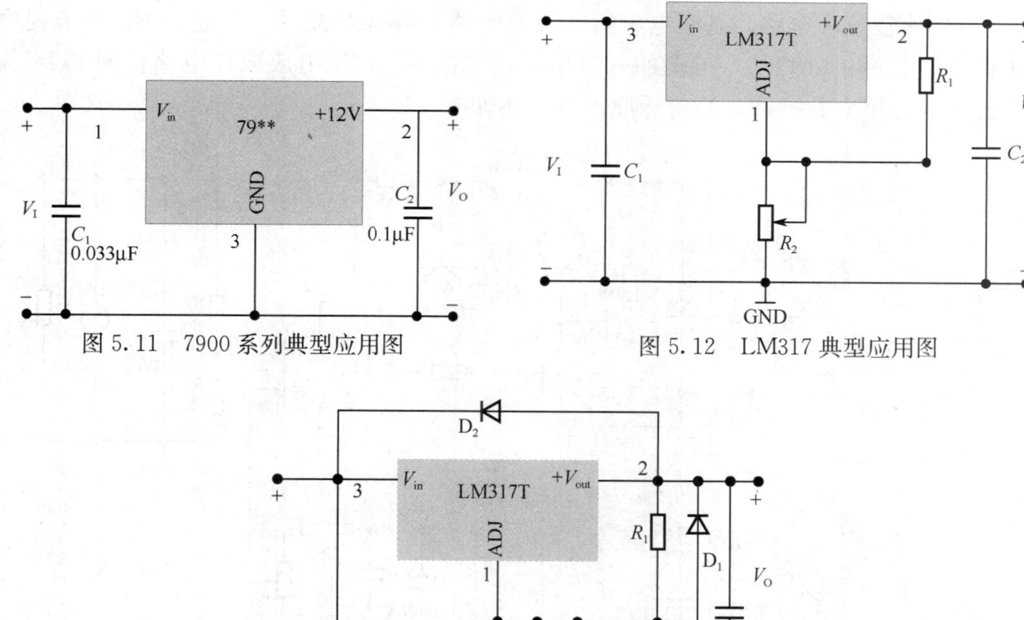

图 5.11 7900 系列典型应用图

图 5.12 LM317 典型应用图

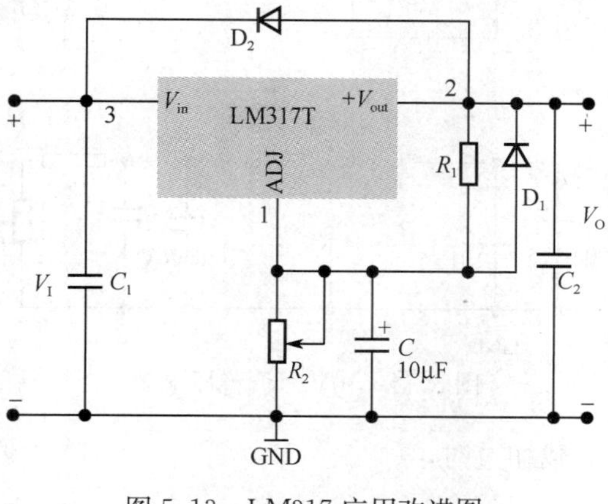

图 5.13 LM317 应用改进图

图 5.13 中，二极管 D_1 给电容 C 提供放电回路，避免 LM317 内部调整管因电容 C 放电损坏，二极管 D_2 的作用是防止输入端突然断开时，输出电压逆向放电而损坏三端稳压器。

■ 动手做　0～30V 可调串联稳压电源的制作 ■

☞学习目标

1）能正确识图。
2）了解实用稳压电源的设计方法、装调步骤。
3）懂得如何测试稳压电源的性能。
4）提高实践能力。

动手做 1　电路剖析

整机电路如图 5.14 所示，由三极管 V_1、V_2 组成复合调整管，运放 LM358 与三极管 V_3 组成比较放大电路，基准电压由三端稳压器 LM7812 提供，并通过 R_W 调节提供给比较放大电路（LM358）可调的基准电压，电阻 R_3、R_4 组成取样电路。图 5.14 为典型的串联稳压电源结构，其稳压原理可简述如下。

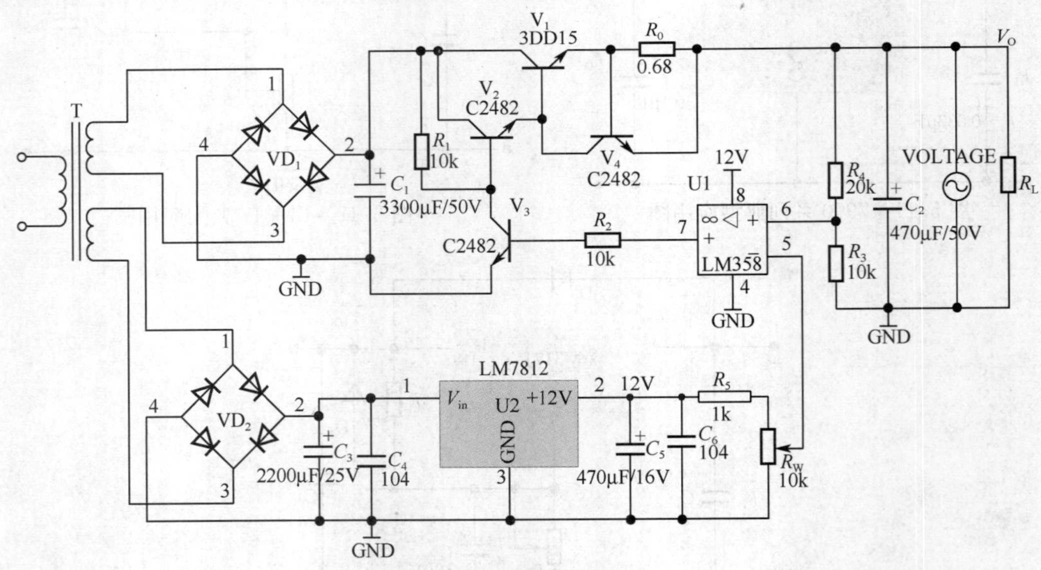

图 5.14　30V 可调稳压电源

当电网电压下降或负载加重时，

$$V_O\downarrow\rightarrow \text{LM358}\ V_6\downarrow\rightarrow \text{LM358}\ V_7\downarrow\rightarrow V_{C3}\uparrow\rightarrow V_O\uparrow$$

上述电压负反馈调整过程使输出电压 V_O 保持稳定。

元件 V_4、R_0 构成过流保护电路，当负载过重导致调整管集电流过大时（图中参数超过 1A 即过流），R_0 上电压降增大，V_4 导通对调整管 V_1 的基极电流分流，减小调整管的集电极电流，限制输出电流继续增大，避免调整管过流过热损坏。负载正常后，保护电路三极管 V_4 回到截止状态，稳压电源自动恢复正常。

电路元件参数如图 5.14 中所标示，其中三端稳压器尤为重要，须选用优质品，确保电路基准电压稳定。

稳压电源输出电压 V_O 可由多圈电位器 RW 调节，其调节原理如下：

$$R_W \text{ 向上调} \rightarrow \text{LM358 } V_5 \uparrow \rightarrow \text{LM358 } V_7 \downarrow \rightarrow V_{C3} \uparrow \rightarrow V_O \uparrow$$

电位器 R_W 向下调的变化过程相反，使输出电压 V_O 下降，故调节电位器 R_W 可改变输出电压，如图 5.14 中的参数，输出电压可在 0～30V 范围内可调。

动手做 2　材料准备

1. 准备材料

表 5.3 列出可调稳压电源制作时所需准备的材料清单，部分元件如三极管等也可用相同参数的其他型号三极管代替。电压表要求能准确显示电源输出电压，最好采用数字显示电压表。

表 5.3　元件清单

元件编号	名　称	规　格	元件编号	名　称	规　格	元件编号	名　称	规　格
R_1	电阻	10kΩ	RW	多圈电位器	10kΩ	VD_1	整流桥	2A/100V
R_2	电阻	10kΩ	C_1	电解电容	3300μF/50V	VD_2	整流桥	1A/50V
R_3	电阻	10kΩ	C_2	电解电容	470μF/50V	V_1	三极管	3DD15
R_4	电阻	20kΩ	C_3	电解电容	2200μF/25V	$V_2/V_3/V_4$	三极管	C2482
R_5	电阻	1kΩ	C_4/C_6	瓷片电容	104	U_1	运放	LM358
R_0	电阻	0.68/2W	C_5	电解电容	470μF/16V	U_2	稳压器	7812
T	变压器 50W	次级电压 35V/15V	VOLTAGE	电压表头	30V			

2. 线路板准备

为保证制作的电源稳定可靠，可用 PROTELL99 专用制版软件设计出 PCB 图，委托专业厂家制成成品 PCB 板（也可参考本书附录用热转印法制作），提高装接质量、效率。不具备条件时也可用万能实验板制作完成。

3. 工具类

1）焊接电路板的常规工具，如电烙铁、镊子、斜口钳等。
2）万用表一块，最好有一块数字万用表，读数准确，有利于调试电源。
3）交流调压器一只，用来改变输入稳压电源的交流输入电压。
4）大功率滑动变阻器一只，规格 200Ω/100W。

5）直流电流表（2A）一只。

动手做3　装调步骤

1. 装接

1）PCB板应保持清洁无污渍。成品制作的PCB板要避免用手触摸元件焊接面，自行制作的PCB板事先应用细砂纸打磨、清洗备用。

2）组装顺序按元件体积先小后大、先矮后高的原则。

3）元件装板之前，须用万用表对元件进行逐个测试。

4）安装时须特别注意区分电解电容、三极管的极性、引脚，防止错装、错焊。

5）调整管应安装合适的散热器，并保证调整管与散热器接触面平整、紧贴。

2. 调试

1）所有元件安装完毕后，进行一次全面检查，准确无误后再接上变压器。

2）通电，并观察元件有无异常，如是否有发热、冒烟等现象，发现异常立即断电检查元件是否有错装、损坏等。

3）测试输出电压V_O，边调整电位器R_W边观察电压表（也可用数字万用表监视），是否满足0～30V可调范围。发现最高电压不能调到30V时，可适当增大电阻R_4值。

4）稳压电源关键点电压值列于表5.4，调试电源出现故障时测量关键点电位有助于快速排除故障。

表5.4　电源关键测试点

关键点	电压值	关键点	电压值
C_1两端	约40V	运放5脚	0～10V可调
C_3两端	约20V	运放7脚	随5脚电压变化
C_5两端	12V	电源输出V_O	0～30V可调

3. 电源性能测试

稳压电源输出端电压正常后，其性能是否符合要求，尚需做进一步的测试，测试连接如图5.15所示。

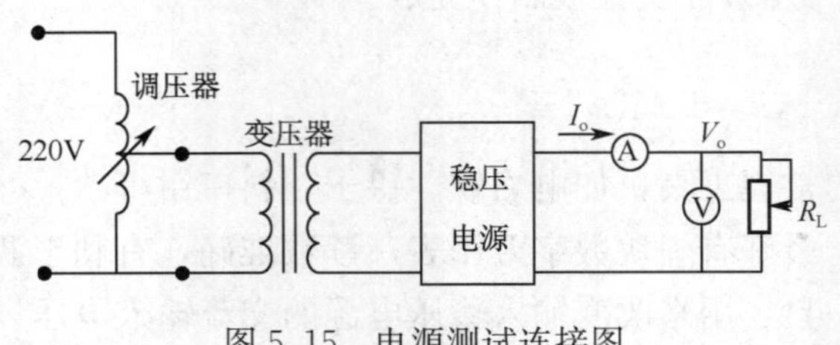

图5.15　电源测试连接图

(1) 稳压电源输出电流测试

按图 5.15 连接好测试图，将调压器输出电压调整为 220V，负载电阻（滑动变阻器）调到最大值。接通电源，将稳压电源输出电压调为 15V，此时逐渐减小负载电阻，观察电流表，电流 I_O 应不断增大，电流 I_O 在 1A 以内时，输出电压（15V）应基本保持不变，说明稳压性能良好。当负载 R_L 继续减小，输出电流 I_O 增大到 1A 时，不再增大，而输出电压随着负载 R_L 减少而降低，说明此时电源的保护电路开始起作用。

(2) 输出电压范围的测试

将负载电阻调到 35Ω 左右的位置，稳压电源通电，调整图 5.13 中的可变电阻 R_W，测试稳压电源在带负载的情况下输出电压的范围，应满足 0～30V。

(3) 输入电压范围的测试

一般的稳压电源要求电网电压变化±10%时，输出电压应保持不变。实际测量时，先将图 5.14 调压器输出电压调到 220V，稳压电源输出电压调到 30V，负载电阻阻值调到 40Ω 左右。

接着，通过调整调压器改变输入电压，测试出输出电压保持稳定（允许变化±0.1V）所允许的最低输入电压和最高输入电压。

调高稳压电源输入电压须慎重，调节幅度要小，随时监测，最高不能超过 250V。

(4) 负载特性曲线的测试

理想稳压电源的负载特性为一条平行的直线，即负载电流在额定范围内变化时，输出电压保持恒定不变。

测试方法如下。

将稳压电源输出电压调整到 20V，负载电阻置最大阻值处，按表 5.5 负载电流值，读出稳压电源输出电压（须用数字万用表测量），即可绘出稳压电源特性曲线。

表 5.5 测试负载特性

测试项目	1	2	3	4	5	6	7	8	9
输出电流 I_O/mA	100	200	300	400	500	600	700	800	900
输出电压 V_O/V									

以上调试步骤的某一步发现异常时，均应断电检查电路元件是否错装、有无元件损坏等，正常后才能进行下一步的调试。

4. 制作包装

电路调试完毕后，制作一个合适的电源外壳，将变压器、电路板等固定；电源面板布置电源开关、电压表头、电源输出接线柱等。面板设计尽可自由发挥创造力，以美观、实用为原则。至此，0～30V 可调稳压电源制作宣告成功，可投入使用。

制作完成的电源电路板、整机实物如图 5.16 所示，供读者参考。

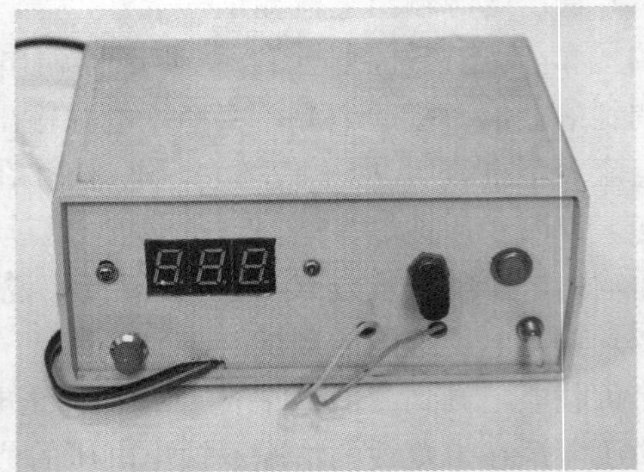

图 5.16 稳压电源实物图

■ 项 目 小 结 ■

本项目的学习是项目二的延续，学好本项目的关键是要明确以下几个问题。

1）由于电网电压的波动及整流滤波存在的内阻，致使当负载发生变化时，输出直流电压发生波动现象，这在许多电子设备中是不允许的，必须在整流滤波后加上稳压这一重要环节。

2）实现稳压的方式如下。

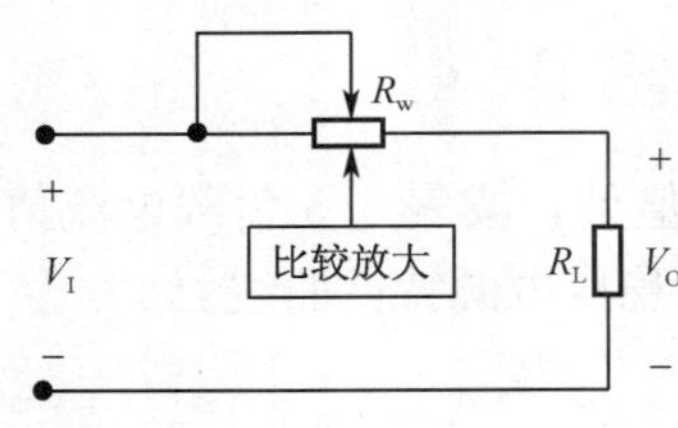

图 5.17 串联稳压电源调压原理

• 串联型稳压电源的核心控制为比较放大级，能将输出电压与基准电压比较后的“误差值”放大，使调整管得以非常灵敏的捕捉到“误差值”并对输出电压及时作出调整。

• 调整管的集射极可看作是自动可调的可变电阻，如图 5.17 所示，能根据比较放大级送出的“误差值”自动调节电阻值。达到自动调节输出电压 V_O，保持其稳定。

3）串联型稳压电源元件参数的选择问题，初学时可通过多看一些成熟的产品电路图，根据所学的方法试着去分析，间接积累起自己的经验。

4）集成三端稳压器因其使用简单和可靠而得到了广泛使用。学习重点是掌握其用法。

实践环节必不可少，顺利完成“动手做”，初步建立起自己的实践经验，有助于消化理论知识，切记学以致用是最终目标。

电子负载的概念与应用

在测试稳压电源的负载性能时，常需要用一个大功率电阻来充当负载，如在本项目

“动手做”一节中的大功率电阻器，其作用是让电源模拟实际使用情况输出某一个特定的电流值。但因大功率电阻阻值调节不易、选取困难、功率有限（数百瓦功率的很少见），使用电阻作为负载在电源测试、大容量电瓶放电等场合不尽如人意，于是电子负载应运而生。

所谓电子负载，即用有源器件（如三极管）组成一个恒流或恒压放电电路，对输入的电压呈现模拟的阻性负载特性。由于电子负载具备了控制功能，不仅在电源电路中充当负载时可以保持恒流或恒压状态，还可改变其模拟的“电阻值”，达到大功率电阻可调的效果。图 5.18 为电子负载的原理说明图。

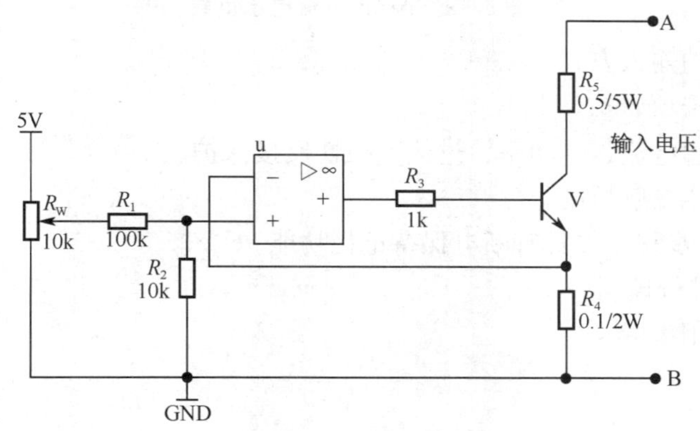

图 5.18 电子负载原理

从图 5.18 可以看出其实质是一个恒流源，可以恒定的电流对输入电源放电，电流可由电位器 R_W 设定，根据选用的大功率三极管 V 的不同，电流可达数安至数十安，如电位器控制部分改用单片机程序来设定，可实现数控电子负载。如需更大的功率电子负载，可由多个如图 5.18 的功能模块并联。

目前电子负载有两种：热量消耗型和能量循环利用型。如图 5.18 所示的即为第一种，电路比较简单；能量循环利用型电子负载是把进入电子负载的电力传递到特殊的直流/交流转换器，然后再送回主交流电源。负载和转换器的组合能节省 80%的电力，主要用于 6～25kW 的大功率电源的老化测试。使用这种电子负载的优点是：节省电能，节省空间，不需要冷却设备，可靠性高。

电子负载的应用广泛，开关电源、稳压电源的测试，DC/DC 转换器（电源模块）老化、电池放电、容量测试，充电器试验，各种电源相关产品的设计生产、品质检验等方面，市场上相当多的专业产品为进口，价格昂贵，成熟的方案设计国内正在不断探索、研究之中。图 5.19 为中国台湾 Array 品牌的电子负载器产品实物。

Array 3700 系列产品是由亚锐电子有限公司设计制造的可编程直流电子负载，具有定电流（CC）、定电阻（CR）、定功率（CP）等多种工作模式。仪器带有背光 LCD 显示器；具有快速按键输入、旋钮输入、PC 机编程等多种输入法；带有计算机接口，可由 PC 机进行程控。机器带有非易失性存储器，可记忆多组数据。

产品特点如下。

1）带背光的 LCD 显示器。

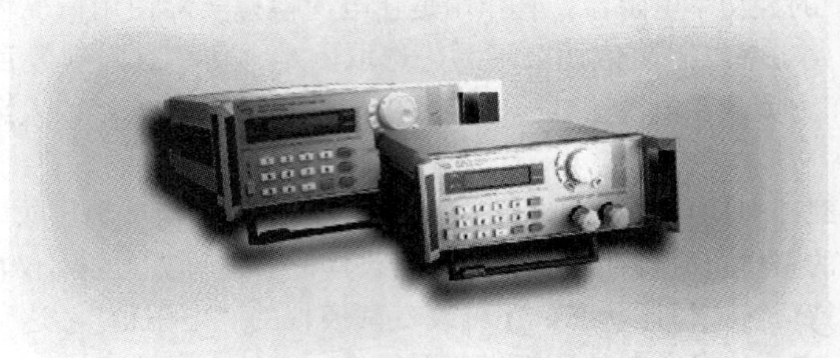

图 5.19　Array 直流电子负载

2）方便快捷的输入方式。

3）功能菜单选项。

4）过电压、过电流、过功率、过热、极性反接保护。

5）电压、电流高解析度。

6）可存储 10 步程序并具有断电保持记忆功能。

7）可由 PC 进行控制。

8）可并联使用。

知识巩固

一、是非题

1．稳压电源按调整元件是三极管还是稳压管分为串联型或并联型。（　）

2．硅稳压二极管内部也有一个 PN 结，但其正向特性同普通二极管一样。（　）

3．稳压电源中的稳压电路有并联型和串联型两种，这是按电压调整元件与负载连接方式之不同来区分的。（　）

4．硅稳压二极管并联型稳压电路结构简单，调试方便，但输出电流较小且稳压精度不高。（　）

5．直流稳压电源在输入电压变化（如电网电压波动）时，能保持输出电压基本不变。（　）

6．当输入电压为 12V 时，CW7812 的输出电压为 12V。（　）

7．串联型稳压电路因为负载电流是通过稳压管的，所以它与并联型稳压电路相比只能供给较小的负载电流。（　）

8．在串联型稳压电路中为了提高稳压效果，在调整管基极与电路输出端之间加上一个比较放大环节，把输出电压的很小变化加以放大，再加到调整管基极，以提高调整管灵敏度。（　）

9．串联型稳压电源的比较放大环节是采用多级阻容耦合放大器与调整管连接实现的。（　）

10．串联稳压电源若带有放大环节，可以将输出电压放大。（　）

二、选择题

1. 有两个 2CW15 稳压二极管，一个稳压值是 8V，另一个稳压值为 7.5V，若把两管的正极并接，再将负极并接，组合成一个稳压管接入电路，这时组合管的稳压值是________。

A. 8V　　B. 7.5V　　C. 15.5V

2. 用一只直流电压表测量一只接在电路中的稳压二极管（2CW13）的电压，读数只有 0.7V，这种情况表明该稳压管________。

A. 工作正常　　B. 接反　　C. 已经击穿

3. 稳压管两端电压变化量与通过电流变化量之比值称为稳压管的动态电阻。稳压性能好的稳压管的动态电阻________。

A. 较大　　B. 较小　　C. 不定

4. 直流稳压电源当额定负载不变时，市电交流电网电压变化 10%，输出电压的相对变化量$\left(K_V=\dfrac{\Delta V_O}{V_O}\right)$，即为稳压电源的________。

A. 电压调整率　　B. 电流调整率　　C. 稳压系数

5. 硅稳压二极管并联型稳压电路中，硅稳压二极管必须与限流电阻串接，此限流电阻的作用是________。

A. 提供偏流　　B. 仅是限制电流　　C. 兼有限制电流和调压两个作用

三、串联型稳压电源由哪几部分组成？各部分的作用是什么？

四、在串联型稳压电路中，为什么有时候需用复合管来作调整管？

五、图 5.20 所示电路是某黑白电视机的稳压电源。

1. 指出组成稳压电路四部分的元件分别是什么？

2. 计算电位器触点在中间时输出电压 V_O。

3. 计算输出电压的可调范围。

4. 试分析当负载不变时，由于电压下降时的稳压过程。

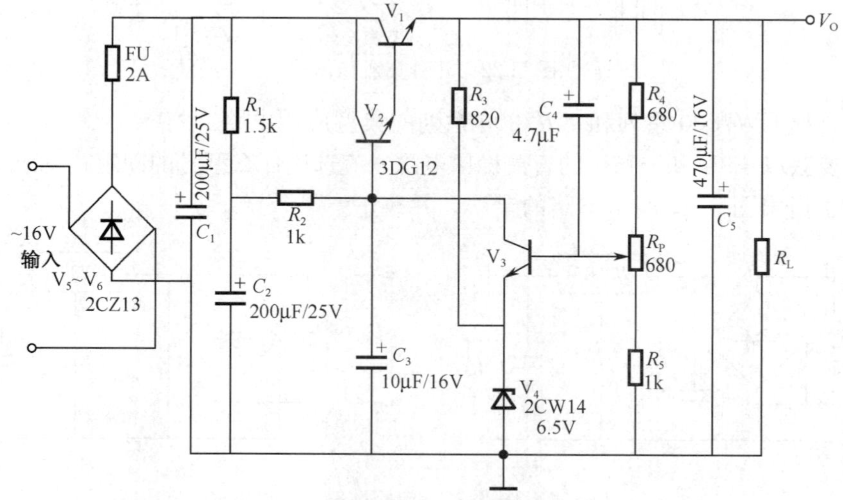

图 5.20　黑白电视机的稳压电源

六、在图 5.21 所示电路中，已知 $R_1=R_3=200\Omega$，$R_2=600\Omega$，当 $V_I=18V$，R_2 电位器的触点在中点位置时，$V_O=12V$，求：①V_Z 的值；②输出电压的可调范围；③当 V_I 变化±5%，问调整管的最大压降是多少？

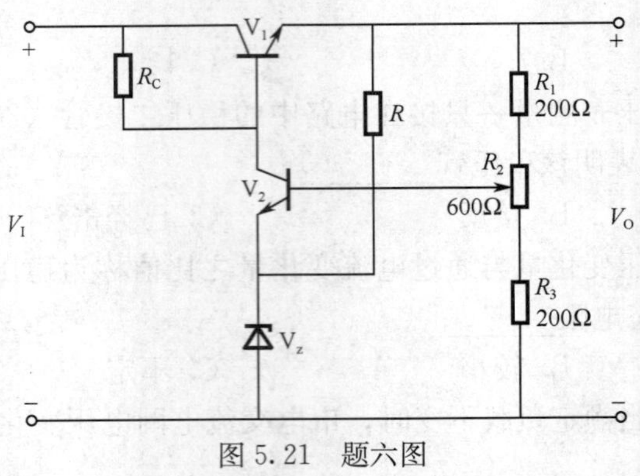

图 5.21　题六图

七、请分别说出 CW7800 系列和 CW7900 系列的管脚的对应关系。

八、标出图 5.22 所示集成稳压器的引脚。

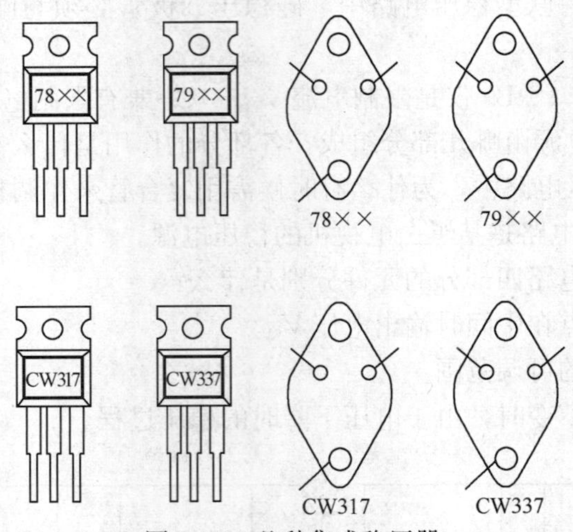

图 5.22　几种集成稳压器

九、画出 CW7800 系列和 CW7900 系列的典型应用电路。

十、要获取＋9V 和－12V 的直流稳压电源，应选用什么型号的固定式集成稳压器？

十一、指出图 5.23 所示电路的错误，并改正。

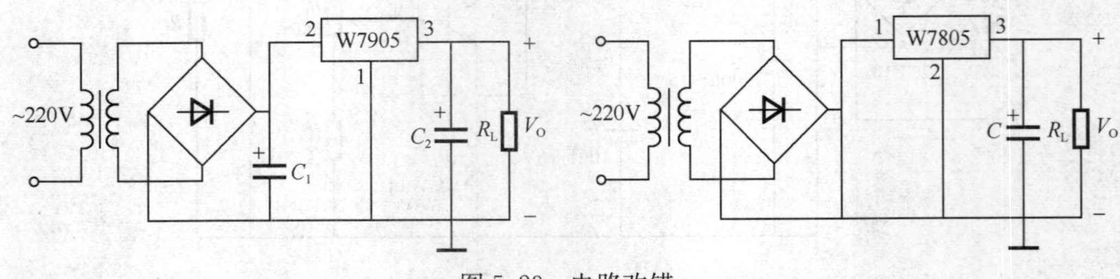

图 5.23　电路改错

十二、某电子设备需要＋12V 的直流电源，请画出用固定式三端稳压器组成的直流稳压电源的电路图。

十三、画出 W317 输出可调式稳压电路典型接线图，并说明各元件的作用。

项目六

无线话筒

卡啦“OK”自娱自乐、演讲比赛慷慨陈词、会议主持娓娓道来……日常生活中随处可见无线话筒的影子，在无线话筒给人们带来便利之余，不禁要问：无线话筒是什么样的工作原理呢？

本项目的学习围绕无线发射电路必需的电路——振荡器的工作原理展开，包括“LC 三点式”振荡器、石英晶体振荡器、555 时基电路应用等。

知识目标

- 通过组装话筒，了解无线话筒的工作原理、调试方法等。
- 能根据正反馈的两个条件判定电路是否能起振。
- 掌握三种典型的 LC 振荡器的电路结构、了解它们在应用中的优缺点。
- 熟悉 555 时基电路的一至两种用法。

技能目标

- 感受高频电路的 PCB 板制作注意事项。
- 调频发射器（无线话筒）的业余调试方法，并在实践中体验。
- 掌握判断振荡电路是否起振的方法。

无线话筒将人的声音转变成电信号后，进行调制，以无线电波的形式发射出去，调频收音机或专用接收器收到无线电波后解调，还原出声音经功率放大后驱动音箱发声。这就是人们在卡啦“OK”自娱自乐时无线话筒的基本工作过程。无线话筒解除了“线”的束缚，在一定范围内可以自由移动，无疑大大方便了人们的活动。以下将逐步讲解无线话筒的工作原理。

■ 6.1 正弦波振荡器 ■

☞学习目标

1）学会判别正反馈。
2）明确自激振荡的两个基本条件。
3）会画典型的 LC 振荡器。
4）认识晶体振荡器。

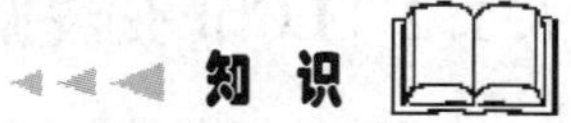

6.1.1 自激振荡与正反馈

话筒将人的说话声转换成微弱的电信号后，经过扩音机放大后驱动扬声器，还原成较强的声音。如果将话筒靠近扬声器，则扬声器发出的较强的声音又传递回话筒，再经扩音机放大，更强的声音传递回话筒，再放大，输出……如此循环，较微弱的声音就变成了刺耳的啸叫，这一过程称为正反馈过程，即放大器反馈的信号使输入信号得到加强。

如图 6.1 所示，接通电源的瞬间，三极管 V 开始导通，在电感 L 上感应出电压，经电感 L_1 反馈回三极管 V 的基极，使三极管的基极电压上升，电感 L 上感应出更强的电压，又经电感 L_1 反馈回到三极管 V 的基极，电压更高……此时电路进入振荡状态。

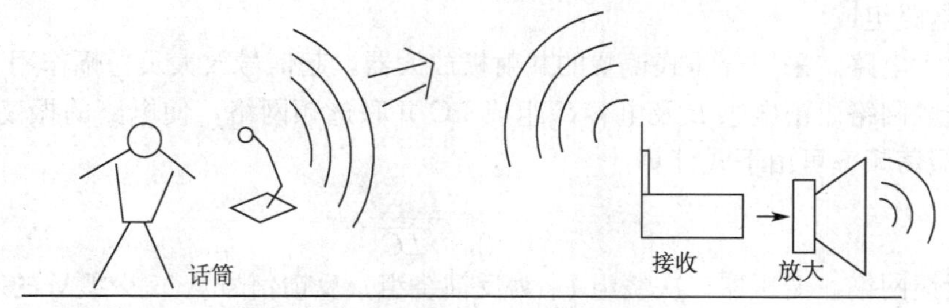

图 6.1 无线发射接收示意图

这种无需外加信号而靠振荡器内部正反馈作用维持振荡的方式称为自激振荡。

由于变压器等器件会不断消耗能量，自激振荡的幅度会越来越小，直至最后消失。故要维持振荡的持续进行，必须弥补振荡器的能量损耗。

由上述分析可知，自激振荡须满足以下两个条件，才能维持等幅振荡。

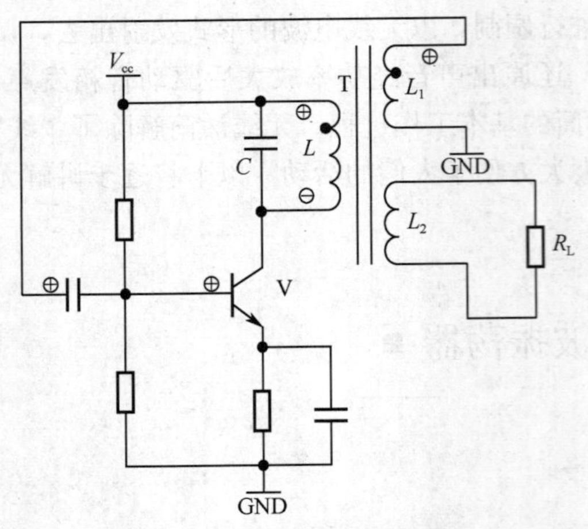

图 6.2　变压器反馈式振荡器

（1）相位平衡条件

指反馈信号与输入信号同相，使输入信号得到加强，即必须是正反馈。用瞬时相位法，不难判断图 6.2 满足正反馈条件。

（2）幅度平衡条件

指反馈信号的幅度必须满足一定大小、足够弥补振荡器的能量损耗，用式 6.1 表示幅度平衡条件。

$$A_V \cdot F = 1 \tag{6.1}$$

其中，A_V 为放大器放大倍数，F 为反馈系数。

图 6.2 振荡器在起振初期，$A_V \cdot F > 1$，使振荡越来越强，三极管集电极电流不断增大，当三极管进入非线性区时，A_V 减小，最后满足 $A_V \cdot F=1$，达到振幅平衡而使振荡稳定。

6.1.2　LC 正弦波振荡器

正弦波振荡器的要求是产生单一频率的正弦波，显然前面讨论的自激振荡器包含较多的频率成分，尚需加上选频这一环节。故正弦波振荡器由以下几个部分组成。

1）放大电路。具有信号放大作用，用于维持振荡器的振荡，满足等幅振荡的条件。

2）反馈网络。形成正反馈，满足相位平衡条件。

3）选频网络。具有选择单一频率，形成稳定频率的正弦波振荡器。在实际电路中，选频网络与反馈网络常常是同一网络。

1. 变压器反馈式振荡器

变压器反馈式振荡器以变压器初、次级绕组耦合作为反馈元件而得名，其电路如图 6.2所示。

（1）电路组成

1）放大电路。采用分压式偏置的共射极放大器，起信号放大及稳幅作用。

2）选频网络。由电感 L 及电容 C 组成 LC 并联选频网络，使电路的振荡频率单一且稳定，振荡频率可由下式计算：

$$f_o = \frac{1}{2\pi\sqrt{LC}} \tag{6.2}$$

3）反馈网络。变压器二次绕组 L_1 为反馈绕组，反馈信号从三极管 V 的基极输入，形成正反馈。

（2）振荡条件

相位平衡条件由反馈绕组 L_1 正确的同名端来保证，可用瞬时相位法判别，如图 6.2所示。

反馈信号的大小可由变压器初、次绕组 L、L_1 的匝数比进行调整，以满足幅度平衡条件。

(3) 电路特点

变压器反馈式振荡器容易起振，输出波形失真较小，但变压器损耗较大，且频率稳定度不高。

2. 电感反馈式 LC 正弦波振荡器

电感反馈式 LC 正弦波振荡器，由电感线圈抽头取出反馈信号而得名。

(1) 电路组成

为克服变压器反馈中原副线圈耦合不紧密的缺点，将图 6.2 中 L 与 L_1 合并成一个线圈，图 6.3 所示。

1) 放大电路。由三极管 V 组成分压偏置式放大电路，弥补振荡电路能量损失。

2) 选频网络。由电感线圈 L_1、L_2 串联与电容 C 构成 LC 并联选频回路，作为三极管 V 的集电极负载，振荡频率为

$$f_o = \frac{1}{2\pi\sqrt{(L_1 + L_2 + 2M)C}} \tag{6.3}$$

式中，M 为电感 L_1、L_2 间的互感系数。

3) 反馈网络。由电感 L_2 产生反馈信号加到三极管 V 的基极。

(2) 电路特点

由于图 6.3 中的三极管 V 的三个电极分别与电感相连，故也称为电感三点式振荡器。选频网络中 L_1 与 L_2 耦合紧密，振幅大，故易起振，振荡频率最高可达几十兆赫兹。但由于反馈信号取自电感，输出电压波形中高次谐波含量较多，故常用于对波形要求不高的场合，如收音机的本振电路。

3. 电容反馈式振荡电路

电容反馈式振荡电路的反馈信号由电容分压取得，故称电容反馈式振荡器。

(1) 电路组成

图 6.4 所示为电容反馈式正弦波振荡器，三极管 V 构成放大电路，与前面讨论的振荡器放大电路相同。

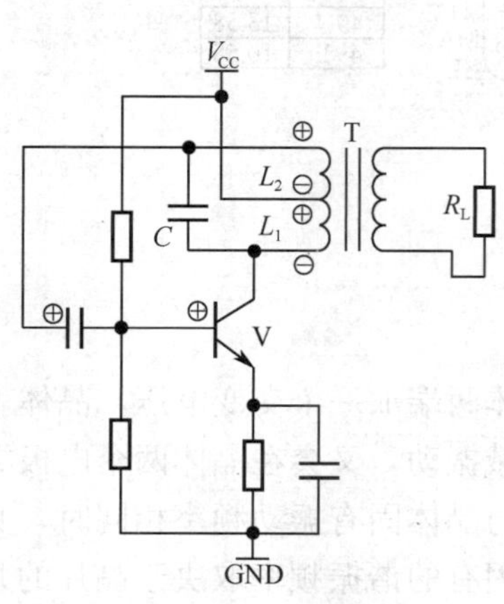

图 6.3 电感反馈式振荡器

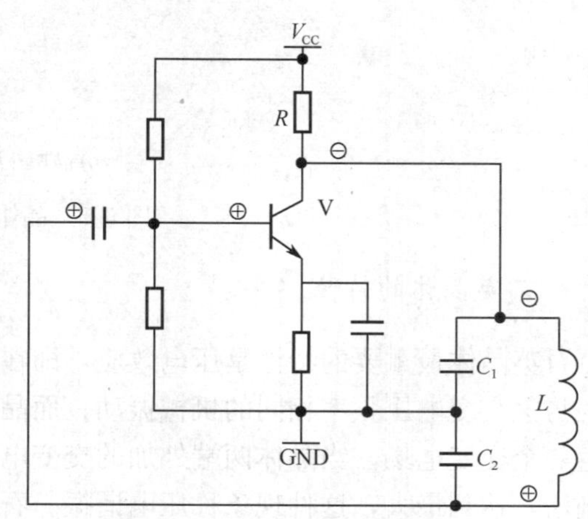

图 6.4 电容反馈式振荡器

1）选频网络。由电容 C_1、C_2 串联后与电感 L 组成 LC 并联选频回路。

2）反馈网络。反馈信号由电容 C_1、C_2 分压，电容 C_2 两端的电压反馈回三极管 V 的基极，由瞬时极性法可判别是正反馈，满足振荡器相位平衡条件。

（2）振荡频率

振荡频率由 LC 回路的谐振频率确定，可由下式计算

$$f_o=\frac{1}{2\pi\sqrt{LC}} \tag{6.4}$$

式中，

$$C=\frac{c_1\cdot c_2}{c_1+c_2}$$

（3）电路特点

电容反馈式振荡器中三极管 V 的三个电极均与选频网络的电容相连接，故也称电容三点式振荡器，该电路输出波形好，振荡频率较高，可达数百兆赫兹，但不易调节频率。

6.1.3 晶体振荡器

晶体振荡器是由石英晶体（SiO_2）做成的振荡器，简称晶振。其振荡频率稳定性相当高，在对振荡频率稳定性要求高的场合中应用广泛，如频率计、时钟、电视机、计算机等。图 6.5 为石英晶振的电路符号及常用晶振的实物图。

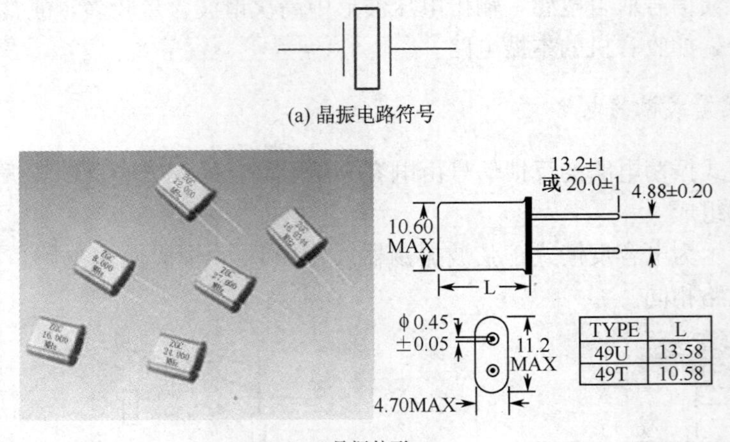

(a) 晶振电路符号

(b) 晶振外形

图 6.5　晶体振荡器

1. 石英晶体的特性

石英晶体最重要的特性是压电效应，即在石英晶体两端加一个交变电压，晶体就会产生与该交变电压频率相同的机械振动；而晶体的机械振动，又会在晶体两个电极之间产生一个交变电场。当晶体两端外加的交变电压频率与晶体固有振动频率相同时，其振幅剧增，达到最大，这种现象称压电谐振。石英晶体固有的谐振频率取决于晶片的几何形状、切片方向等。其体积越小，谐振频率越高。

2. 石英晶体振荡器

(1) 并联型晶体振荡器

用晶振代替图 6.4 中的电感 L，就得到并联型石英晶体正弦波振荡电路。如图 6.6 (a) 所示。此时，晶振作为一个等效电感使用，电路的振荡频率等于晶振的固有频率。

(2) 串联型晶体振荡器

图 6.6 (b) 所示为串联型石英晶体振荡电路，当振荡频率等于石英晶体的谐振频率时，晶体阻抗最小，此时正反馈最强，振荡频率稳定在晶振固有频率上。

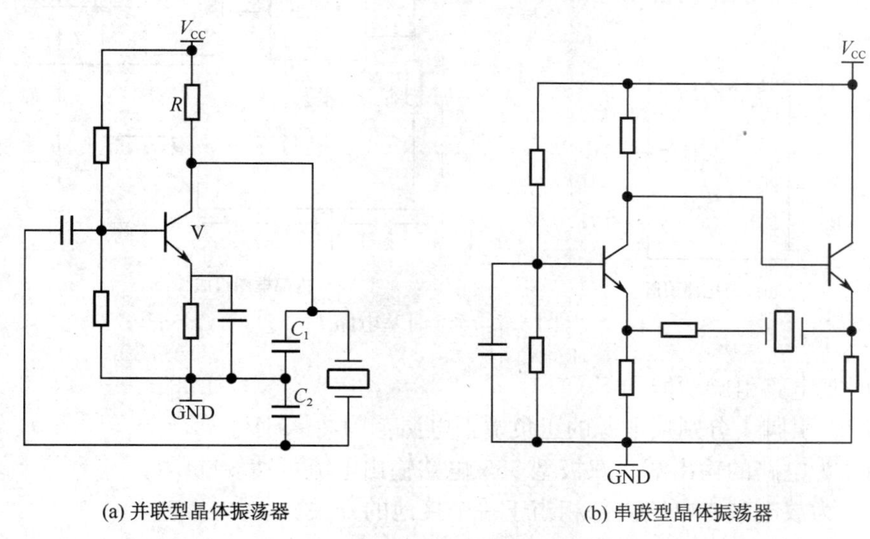

(a) 并联型晶体振荡器　(b) 串联型晶体振荡器

图 6.6　晶体振荡器

■ 6.2　555 时基电路 ■

☞**学习目标**

1) 了解 555 时基电路的引脚功能。
2) 掌握 555 时基电路构成振荡器、单稳态、双稳态电路的接法。

555 时基电路最初设计意图是代替机械延时器，即作为延时电路使用，发展至今其应用范围已经大大扩展，广泛用于定时、延时、脉冲信号的产生、整形等各个方面。

6.2.1　555 时基电路基本原理

1. 555 时基电路组成

图 6.7 为 NE555 时基电路的封装引脚图及内部框图。555 电路主要由两个运放电

路构成的电压比较器、一个 RS 触发器等组成。电压比较器的三个分压电阻都是 5kΩ，故称其为 555 时基电路。

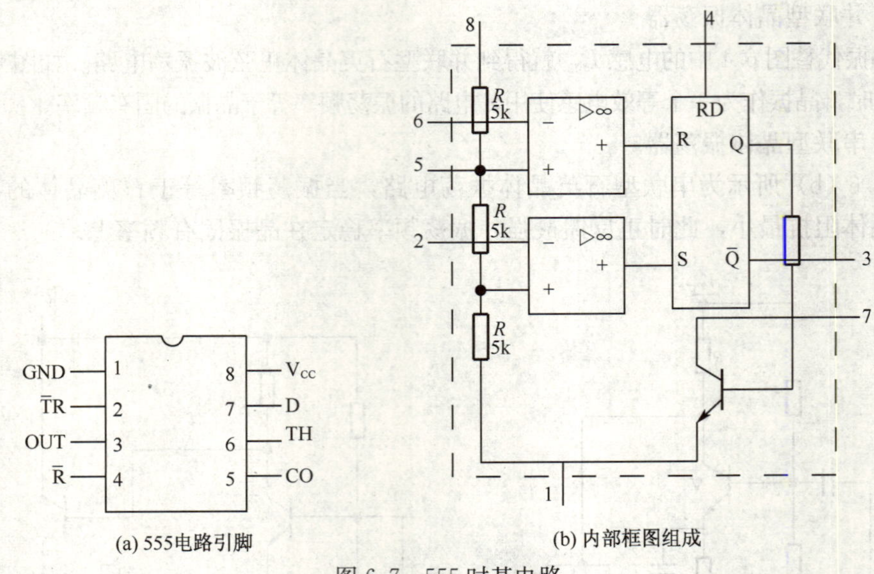

(a) 555电路引脚　　(b) 内部框图组成

图 6.7　555 时基电路

555 时基电路引脚功能如下。

引脚 8、引脚 1 分别接电源的正负端，电源范围 3～15V。

引脚 3 为电路的输出端，双极型 555 电路输出电流可达 300mA。

引脚 7 为放电端，电路内部相当于一个接地的开关。

引脚 4 为复位端。当 4 脚接地时，则 3 脚输出固定为低电平，且保持不变。实际应用时通常将其接在电源正端。

引脚 5 比较电压控制端，使用时常通过一个 0.01μF 电容接地。

引脚 2、引脚 6 为两个电压比较器的反相、同相输入端，与 7 脚共同决定 555 电路的工作状态。

2. 555 时基电路的功能

555 时基电路根据电压比较器两个输入端电平不同，决定输出不同的状态，如表 6.1所示。

表 6.1　555 时基电路功能表

$\overline{R}$	TH	$\overline{TR}$	OUT	D
0	×	×	0	0(与地通)
1	$>\frac{2}{3}V_{CC}$	$>\frac{1}{3}V_{CC}$	0	0(与地通)
1	$<\frac{2}{3}V_{CC}$	$>\frac{1}{3}V_{CC}$	保持原态	保持原状
1	$<\frac{2}{3}V_{CC}$	$<\frac{1}{3}V_{CC}$	1	与地断开

6.2.2 555 时基电路典型应用

555 时基电路可组成单稳态、无稳态、双稳态电路，应用在定时、延时、触发、波形变换等场合。

1. 延时电路

图见 6.8，这是 555 时基电路的典型用法，发光二极管 LED 指示工作状态，继电器 J 可驱动负载工作。

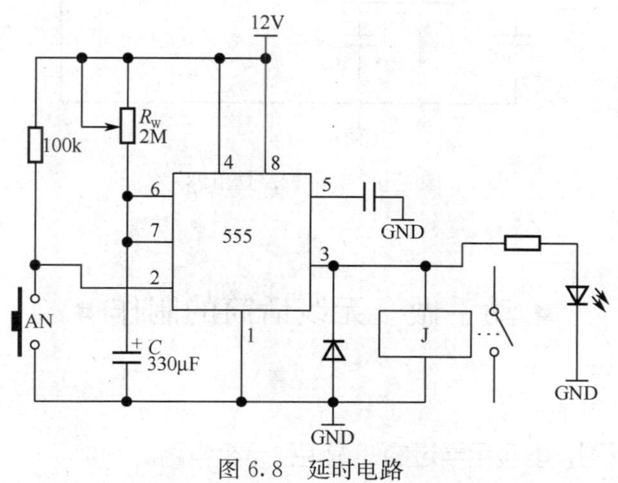

图 6.8 延时电路

1）电路功能。通电以后，发光二极管不亮，继电器 J 不吸合；按下按钮 AN，发光二极管亮，继电器 J 吸合，带动负载工作，延时一段时间后，继电器释放，停止负载工作，发光二极管灭。

2）电路原理。电路通电，按下 AN 按钮 555 时基电路在 2 脚电压小于 $1/3V_{CC}$，而电容 C 两端电压小于 $2/3V_{CC}$，此时电路 3 脚输出高电平，继电器 J 吸合带动负载工作，电路进入暂态，由于放电端 7 脚与地断开，此时 V_{CC}经 R_W 向电容 C 充电，经过一个时间常数（$\tau = R_W \cdot C$）后，电容 C 两端电压大于 $2/3V_{CC}$时（此时按钮已松开，2 脚电压大于 $1/3V_{CC}$），电路翻转，输出低电平，继电器释放，电路回到稳态。同时 7 脚放电端与地通，电容 C 放电。暂态时间由 $R_W \cdot C$ 决定（即电路延时时间）。

2. 电子百灵鸟电路

本电子百灵鸟电路在不同光源下，尤其在变化的霓虹灯光照下，能发出忽高忽低、音调多变的鸟叫声，其电路如图 6.9 所示。

555 时基电路组成多谐振荡器，在其充放电回路中，串接了一支光敏电阻 R_G，其阻值随光照强度不等而发生变化，利用这一特性，改变振荡器充、放电时间常数，最终改变振荡频率。

555 电路产生的频率信号经三极管 9013 放大后，驱动小喇叭，发出类似鸟叫的声音，极为有趣。

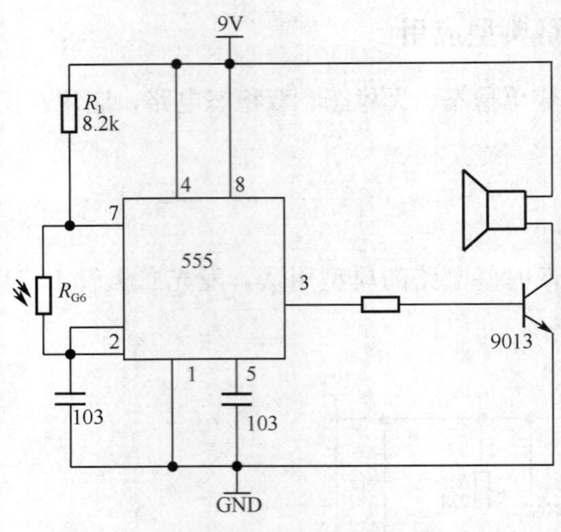

图 6.9　电子百灵鸟电路

■ 动手做　无线话筒的制作 ■

☞ **学习目标**

1）学会正确识图，能应用学过的知识定性分析电路。
2）了解调频发射的基本原理。
3）掌握无线话筒的装调方法。
4）培养耐心细致的科研作风。

动手做 1　电路剖析

图 6.10 为单管调频无线话筒的电路图，电路非常简洁，没有多余的器件。高频三极管 V_1 和电容 C_3、C_5、C_6 组成一个电容三点式的振荡器。三极管集电极的负载 C_4、L 组成一个谐振电路，谐振频率就是调频话筒的发射频率，根据图中元件的参数发射频率可以在 88～108MHz 之间，正好覆盖调频收音机的接收频率，通过调整电感 L 的数值（拉伸或者压缩线圈 L）可以方便地改变发射频率，避开调频电台。发射信号通过 C_7 耦合到天线上再发射出去。

电阻 R_4 是振荡三极管 V_1 的基极偏置电阻，给三极管提供一定的基极电流，使三极管 V_1 工作在放大区，R_5 是直流反馈电阻，起到稳定三极管工作点的作用。

调频话筒的调频原理是通过改变三极管的基极和发射极之间的电容来实现调频的。当声音电压信号加到三极管的基极上时，三极管的基极和发射极之间电容会随着声音电压信号大小而发生同步的变化，同时使三极管的发射频率发生变化，实现频率

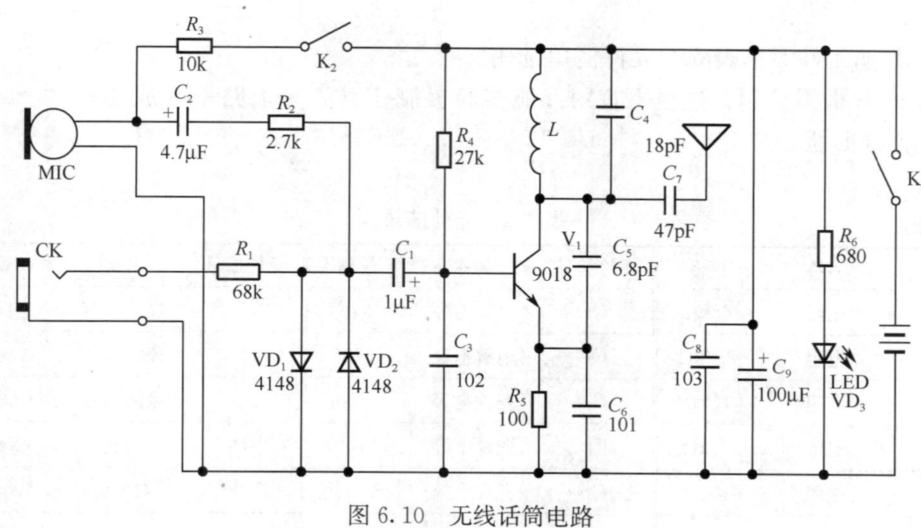

图 6.10 无线话筒电路

调制。

话筒 MIC 可以采集外界的声音信号，这里用驻极体小话筒，灵敏度非常高，可以采集微弱的声音，同时话筒工作时必须要有直流偏压才能工作，电阻 R_3 可以提供一定的直流偏压，R_3 的阻值越大，话筒采集声音的灵敏度越弱，电阻越小话筒的灵敏度越高。话筒采集到的交流声音信号通过 C_2 耦合和 R_2 匹配后送到三极管的基极，电路中 VD_1 和 VD_2 两个二极管反向并联，主要起一个双向限幅的功能，二极管的导通电压只有 0.7V，如果信号电压超过 0.7V 就会被二极管导通分流，这样就可以确保声音信号的幅度限制在±0.7V 之间，过强的声音信号会使三极管过调制，产生声音失真甚至无法正常工作。

CK 是外部信号输入插座，可以将电视机耳机插座或者随身听耳机插座等外部声音信号源通过专用的连接线引入调频发射机。外部声音信号通过 R_1 衰减和 VD_1、VD_2 限幅后送到三极管基极进行频率调制。所以图 6.10 电路不但可以作为无线话筒，还可以当成一个电视机无线耳机使用。

电路中发光二极管 VD_3 用来指示工作状态，当调频话筒得电工作时就会点亮，R_6 是发光二极管的限流电阻。C_8、C_9 是电源滤波电容，因为大电容一般采用卷绕工艺制作，所以等效电感比较大，并联一个小电容 C_8 可以使电源的高频内阻降低。

电路中 K_1 和 K_2 其实是一个开关，它有三个不同的位置，拨到最左边时断开电源（K_1 断开），最右边时 K_1、K_2 接通作为调频话筒使用，中间位置是 K_1 接通令 K_2 断开，作为无线转发器使用，因为作为无线转发器使用时话筒不起作用，但是话筒会消耗一定的静态电流，所以断开 K_2 可以降低耗电、延长电池的寿命。

动手做 2 材料准备

1）图 6.10 所示的无线话筒电路中，电感 L 需自制，方法如下：用一段直径 0.5mm 的漆包铜线在直径 3mm 的线圈架（可用圆珠笔芯）上绕 6 圈，线圈两端去漆上锡备用。

2）其他元件参见表 6.2 元件清单选用。

3）PCB 板需自制，这里不宜用万能实验板制作（高频电路不易成功），可参考实物图制作 PCB 板。

表 6.2　元件清单

元件编号	名称	规格	元件编号	名称	规格	元件编号	名称	规格
R_1	电阻	68kΩ	C_1	电解电容	1μF	C_7	瓷片电容	47P
R_2	电阻	2.7kΩ	C_2	电解电容	4.7μF	C_8	瓷片电容	0.01μF
R_3	电阻	10kΩ	C_3	瓷片电容	1000pF	C_9	电解电容	100μF
R_4	电阻	27kΩ	C_4	瓷片电容	18pF	VD_1	二极管	1N4148
R_5	电阻	100Ω	C_5	瓷片电容	6.2pF	VD_2	二极管	1N4148
R_6	电阻	680Ω	C_6	瓷片电容	100pF	VD_3	发光管	红色 ϕ3
K_1/K_2	三挡开关		V	高频管	9018	L	电感	自制
MIC	驻极体话筒		CK	音频插座				

动手做 3　装调步骤

1）安装要点。高频部分的元件，管脚一定要短，一方面可减少干扰，有利于电路的正常工作，另一方面使 LC 参数准确、稳定。元件布局要高、低频部分开，连线不要相互交叉。线路板布线相邻走线间隔适当增大（大于 1mm），焊点要可靠、圆滑。

2）所有零件都焊接完毕后，先用肉眼检视所有焊接点，是否有假焊，或者焊料用得太多而造成与临近短路，彻底查清楚后，才可进行校准和测试性能操作。测试步骤是加一条短的天线（5～10cm 长）于底板的印刷天线一端上，用调频（FM）收音机在整个调频波段上寻找该信号。

3）注意应使发射机与收音机保持一定距离，以防止检拾到任何谐波或者侧波。如收音机未能检到载波，表示频率可能太低，将振荡线圈稍微拉长，然后再次尝试。测量电路电流（应约 4～6mA）可判断电路是否已开始工作。

4）一旦检到载波，可将无线话筒摆放在一部石晶钟的附近，检查电路之灵敏度，收音机应发出清楚而强大的"嘀嗒"声，电路应比人的耳朵更为灵敏。

话筒的偏置电阻（R_3）决定灵敏度，可将其在 10～47kΩ 范围调整，视所需求的灵敏度而定。

要确定发射频率，应完全远离本地任何 FM 广播电台，因为电台发出的信号强大，在测试无线话筒距离时，会遮盖无线话筒的信号。将线圈压缩，频率便降低；将之拉长，频率便增加。

5）无线话筒的调试是一项细致而耐心的工作，在没有专业工具（如频率计、高频表等）情况下，每次调校的幅度（如拉伸线圈 L）要尽量小，调试须反反复复，直到最佳。

6）几个问题说明。

• 判断电路是否振荡。判断电路是否起振的方法是：在电源电路中串一电流表，监测整机电流，当手持螺丝刀小心触及高频振荡管 V 时，电流应有明显变化，离开后又恢复正常。表明振荡电路已起振。不起振的原因可能是振荡三极管直流工作点不合适、振荡管坏、电容 C_3、C_4、C_5、C_6 坏或电容量偏离太大（瓷片电容容量误差较大，可用电容表测试）、电感 L 及其他元件焊接有误、电路板脏污等。

• 电路起振但收不到信号。电路起振但收不到信号，通常原因是电路振荡频率超出了收音机 FM 波段频率范围，可通过试换 C_4 或拉伸、压缩电感 L 试验。

• 声音小杂音大。原因可能一是高频振荡弱，可增大高频振荡管的放大系数或工作电流，适当增大绕制电感的线径；二是话筒性能不佳或话筒偏置电阻 R_3 阻值不当。

制作好的无线话筒线路板如图 6.11 所示，供读者参考。

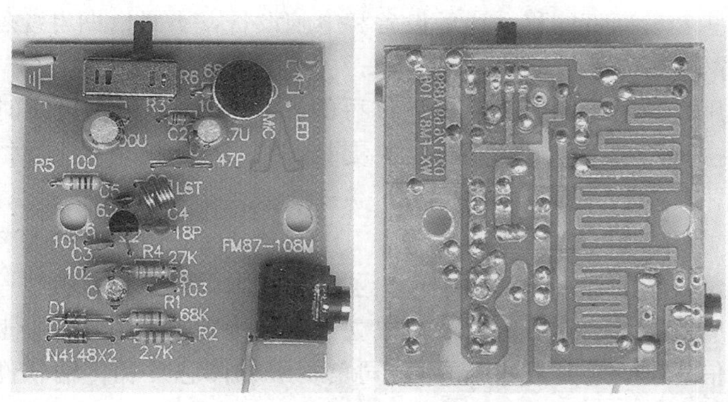

图 6.11　无线话筒电路板

■ 项 目 小 结 ■

1）振荡器与基本放大器本质的不同在于：基本放大器需要输入信号，放大后才有信号输出；振荡器是一种无需输入信号，就能自动地把直流电源转换成具有一定频率、一定波形和一定幅度的交流信号，常用于信号发生器等。

2）振荡器起源的两个条件：振幅平衡条件与相位平衡条件是判断振荡器能否正常工作的必要条件。除此之外，放大器电路是否能正常工作也是必要条件之一，否则，振荡器将不能持续工作。

3）555 时基电路是广泛应用的集成电路，价廉而功能灵活。掌握其用法的关键在于其两个状态翻转的条件，即表 6.1 所示的功能。同时应学会查阅资料。555 电路应用方案已非常成熟，完全可以借鉴别人的经验和设计方法等。

4）实践环节不可缺少，无线话筒属制作难度较高的电路之一，难就难在判断振荡电路能否起振、振荡频率是否稳定；通过实践，对本项目的知识会有一个质的认识。

蓝牙技术

1. 什么是蓝牙技术

所谓蓝牙（Bluetooth）技术，实际上是一种短距离无线通信技术，利用"蓝牙"技术，能够有效地简化掌上电脑、笔记本电脑和手机等移动通信终端设备之间的通信，也能够成功地简化以上这些设备与因特网之间的通信，从而使这些现代通信设备与因特网之间的数据传输变得更加迅速高效，为无线通信拓宽道路。说得通俗一点，就是蓝牙技术使得现代一些轻易携带的移动通信设备和电脑设备，不必借助电缆就能联网，并且能够实现无线上网。

蓝牙设备使用全球通行的、无需申请许可的2.45GHz频段，可实时进行数据和语音传输，其传输速率可达到10Mb/s，在支持3个话音频道的同时，还支持高达723.2kb/s的数据传输速率。

1998年5月，爱立信、诺基亚、东芝、IBM和Intel公司等五家著名厂商，在联合开展短程无线通信技术的标准化活动中提出了蓝牙技术，其宗旨是提供一种短距离、低成本的无线传输应用技术。这五家厂商还成立了蓝牙特别兴趣组，以使蓝牙技术能够成为未来的无线通信标准。芯片霸主Intel公司负责半导体芯片和传输软件的开发，爱立信负责无线射频和移动电话软件的开发，IBM和东芝负责笔记本电脑接口规格的开发。1999年下半年，著名的业界巨头微软、摩托罗拉、三康、朗讯与蓝牙特别兴趣小组的五家公司共同发起成立了蓝牙技术推广组织，从而在全球范围内掀起了一股"蓝牙"热潮。

2. 蓝牙技术的应用

（1）在手机上的应用

嵌入蓝牙技术的数字移动电话可实现一机三用，真正实现个人通信的功能。在办公室可作为内部的无线集团电话，回家后可当作无绳电话来使用，不必支付昂贵的移动电话话费。到室外或乘车的路上，仍作为移动电话与掌上电脑或个人数字助理PDA结合起来，并通过嵌入蓝牙技术的局域网接入点，随时随地都可以到因特网上冲浪浏览，使人们的数字化生活变得更加方便和快捷。同时，借助嵌入蓝牙的头戴式话筒和耳机以及话音拨号技术，不用动手就可以接听或拨打移动电话。

（2）在掌上电脑上的应用

掌上PC越来越普及，嵌入蓝牙芯片的掌上PC将提供想象不到的便利，通过掌上PC，不仅可以编写E-mail，而且可以立即将其发送出去，没有外线与PC连接，一切都由蓝牙设备来传送。这样，在飞机上用掌上PC写E-mail，当飞机着陆后，只需打开手机，所有信息可通过机场的蓝牙设备自动发送。

回到家中，随身携带的PDA通过蓝牙芯片与家庭设备自动通信，可以为你自动打开门锁、开灯，并将室内的空调或暖气调到预定的温度等。旅馆可以实现自动登记，并将你房间的电子钥匙自动传送到你的 PDA 中，从而可只轻轻一按，就打开你所订的房间。

3. 蓝牙技术在传统家电中的应用

蓝牙系统嵌入微波炉、洗衣机、电冰箱、空调机等传统家用电器，使之智能化并具有网络信息终端的功能，能够主动地发布、获取和处理信息，赋予传统电器以新的内涵。

网络微波炉能够存储许多微波炉菜谱，同时还能够提高通过生产厂家的网络或烹调服务中心自动下载新菜谱；网络冰箱能够知道自己存储的食品种类、数量和存储日期，可以提醒食物存储到期和发出存量不足的警告，甚至自动从网络订购；网络洗衣机可以从网络上获得新的洗衣程序。带蓝牙的信息家电还能主动向网络提供本身的一些有用信息，如向生产厂家提供有关故障并要求维修的反馈信息等。蓝牙信息家电是网络上的家电，不再是计算机的外设，它也可以各自为战，提示主人如何运作。我们可以设想把所有的蓝牙信息家电通过一个遥控器来进行控制。这样一个遥控器不但可以控制电视、计算机、空调器，同时还可以用作无绳电话或者移动电话，甚至还可以在这些蓝牙信息家电之间共享有用的信息，比如把电视节目或者电话语音录制下来存储到电脑中。

未来不久，全球业界必将涌现一大批蓝牙技术的应用产品，蓝牙技术必定会呈现出极其广阔的市场前景，并预示着即将迎来波澜壮阔的全球无线通信浪潮。

知识巩固

一、是非题

1. 正弦波振荡器中如没有选频网络，就不能引起自激振荡。 ( )

2. 在多级放大器中，级间常常接有去耦滤波电路，用以防止电源内阻的耦合作用引起的自激振荡。 ( )

3. 放大器具有正反馈特性时，电路必然产生自激振荡。 ( )

4. 任何“电扰动”，如接通直流电源、电源电压波动、电路参数变化等，都能供给振荡器作为自激振荡的初始信号。 ( )

5. 在具有选频回路的正弦波振荡中，即使正反馈极强，也能产生单一频率的振荡。 ( )

6. 稳定振荡器中的晶体三极管静态工作点，有利于提高频率稳定度。 ( )

7. 振荡器的负载变动将影响振荡频率稳定性。 ( )

二、选择题

1. 要使电路产生自激振荡，必须具有的反馈形式为________。

A. 负反馈　　B. 正反馈　　C. A 或 B 均可以

2. 如果依靠振荡器本身来稳幅，则从起振到输出幅度稳定，三极管的工作状态为________。

A. 一直处于线性区　　B. 从线性区过渡到非线性区

C. 一直处于非线性区　　D. 从非线性区过渡到线性区

3. 在正弦波振荡器中，放大器的主要作用是________。

A. 保证振荡器满足振幅平衡条件能持续输出振荡信号

B. 保证电路满足相位平衡条件

C. 把外界的影响减弱

4. 正弦波振荡器中正反馈网络的作用是________。

A. 保证电路满足振幅平衡条件

B. 提高放大器的放大倍数，使输出信号足够大

C. 使某一频率的信号在放大器工作时满足相位平衡条件而产生自激振荡

5. 正弦波振荡器中，选频网络的主要作用是________。

A. 使振荡器产生单一频率的正弦波　　B. 使振荡器输出较大的信号

C. 使振荡器有丰富的频率成分

6. 电容三点式 LC 正弦波振荡器与电感三点式 LC 正弦波振荡器比较，其优点是________。

A. 电路组成简单　　B. 输出波形较好　　C. 容易调节振荡频率

7. 电感三点式 LC 正弦波振荡器与电容三点式 LC 振荡器比较，其优点是________。

A. 输出幅度较大　　B. 输出波形较好　　C. 易于起振，频率调节方便

8. 在电子设备的电路中，常把弱信号放大部分屏蔽起来，其目的是________。

A. 使放大倍数不受外界影响　　B. 防止能量过多损耗

C. 防止外来干扰引起自激现象

三、如图 6.4 电容三点式振荡器中，当 $C_1=C_2=500\text{pF}$，电感 $L=2\text{mH}$ 时，求电路的振荡频率。

四、用瞬时极性法判断图 6.12 所示各图是否满足相位平衡条件?

五、有一频率调节范围为 10～100kHz 的 LC 振荡器，振荡回路的电感 $L=250\mu\text{H}$，试求电容 C 的变化范围。

六、正弦波振荡器由哪几个部分组成？为什么一定要有选频网络?

七、影响 LC 振荡器频率稳定的主要因素是什么？稳定频率的主要措施有哪些?

八、试叙述振荡器起振到稳幅的过程。

九、双极型时基电路与 CMOS 时基电路在性能上有何异同?

十、查阅课外参考书，画出 555 时基电路的一种应用电路图。

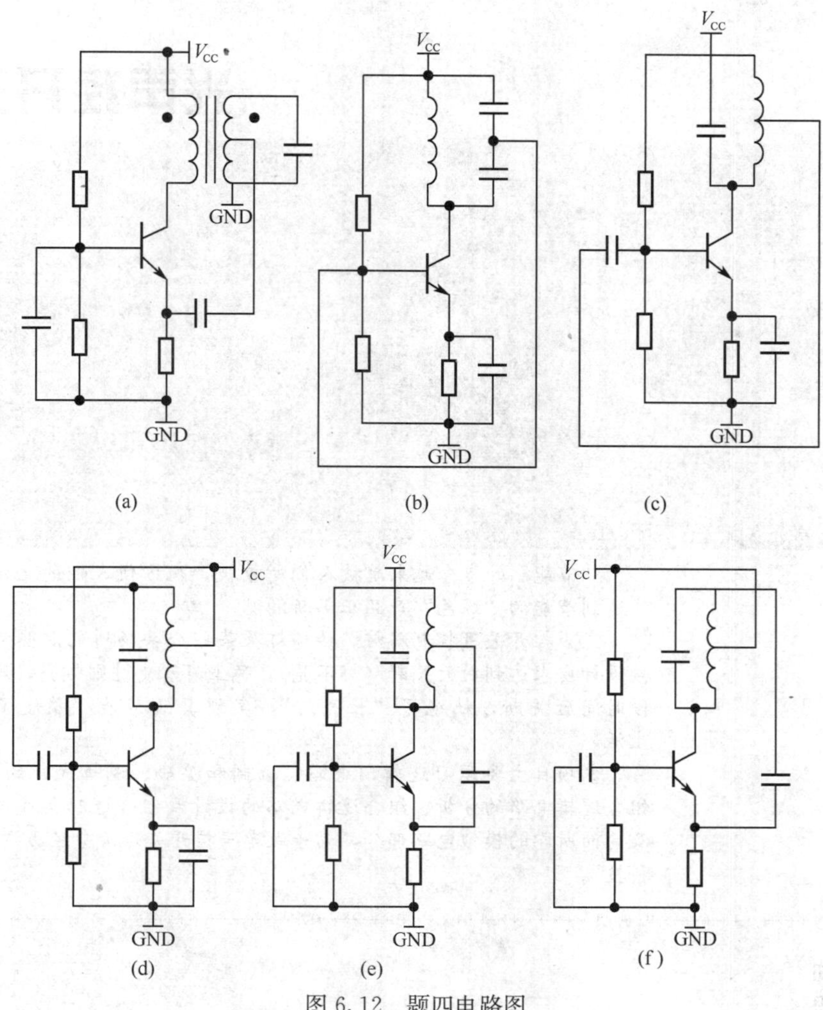

图 6.12　题四电路图

项目七

光声控开关

“节能”的概念越来越被人们所重视，既方便人们的生活，又能达到节能的“绿色”产品正不断涌现。

光声控开关可控制路灯、楼梯灯及某些公共场所的照明灯，可按设计要求达到白天关断（灯不亮），晚上有人走过则灯亮，延时一段时间后关断，杜绝了“长亮灯”，实现真正节能，方便了人们生活。

本项目主要学习逻辑门电路、数制和编码、逻辑代数的化简、组合逻辑电路的分析、组合逻辑电路的设计和组合逻辑集成电路以及前面所学的模拟电路部分，动手做光声控开关，亲身经历“创新、科技”。

知识目标

- 掌握组合逻辑电路的读图、设计方法，建立逻辑电平的概念，区别数电与模电分析方法的异同。
- 了解编码和解码的概念及编码器和解码器的工作原理。
- 学会半导体数码管的内部结构原理和运用。

技能目标

- 掌握检测数字电路（逻辑电平）功能的方法（电平高低、波形分析）。
- 能运用组合逻辑电路进行功能设计。
- 掌握通过查阅手册学习、了解数字门电路的参数与应用的方法。

■ 7.1　逻辑门电路 ■

☞学习目标

1）能熟练说出门电路的逻辑功能。
2）熟记门电路的图形符号。
3）能列出门电路的真值表，并根据真值表分析简单的功能。

在电子技术中，被处理的信号可分为两大类：一类是模拟信号，它在时间上和数值上都是连续的；另一类是数字信号，它在时间上和数值上都是离散的。本项目学习的门电路等被处理的信号绝大多数为数字信号。

7.1.1　与门电路

1. 与逻辑关系

如图 7.1 所示，开关 A 和 B 串联与灯泡 Y 和电源 VG 组成回路，使灯泡 Y 亮的条件是开关 A 和 B 同时闭合。只要有其中一个开关断开，灯泡 Y 都不会亮。这里开关 A、B 的闭合与灯泡 Y 亮的关系可描述为条件 A 和 B 同时满足时，事件才会发生，这种关系称为与逻辑关系，也称为逻辑乘，其逻辑代数表达式为

$$Y = A \cdot B \tag{7.1}$$

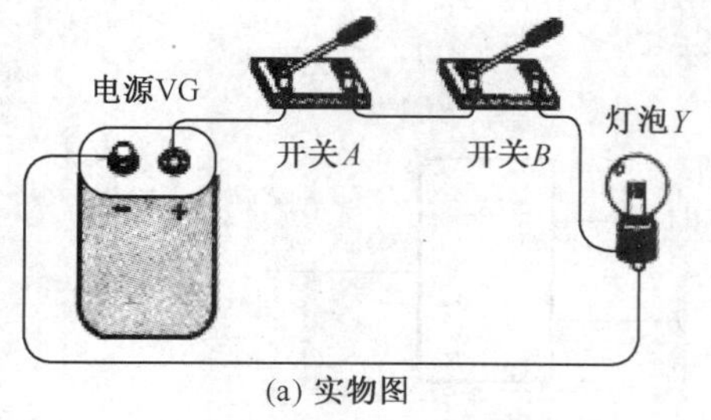

(a) 实物图

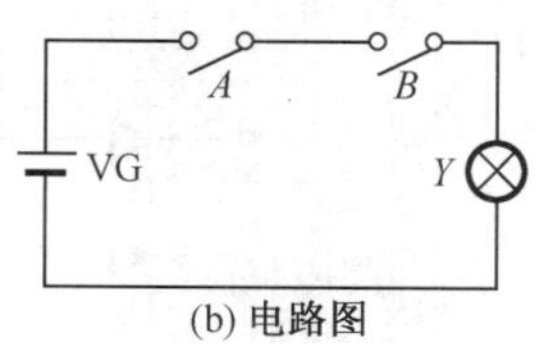

(b) 电路图

图 7.1　与逻辑关系图

2. 与逻辑真值表

若将开关的闭合规定为 1，开关的断开规定为 0；灯泡的亮规定为 1，灯泡的灭规定为 0，可将逻辑变量 A、B 和函数 Y 的各种取值的可能性用表 7.1 表示，这样的表称为真值表。

表 7.1　与逻辑真值表

输入		输出
A	B	Y
0(断开)	0(断开)	0(灭)
0(断开)	1(闭合)	0(灭)
1(闭合)	0(断开)	0(灭)
1(闭合)	1(闭合)	1(亮)

从表 7.1 可得出结论：有 0 出 0，全 1 出 1。

3. 与运算

由上面真值表的分析可得：A、B 两个输入变量有 00、01、10、11 四种可能的取值情况，同时满足以下运算规则：

$$0 \cdot 0=0$$

$$0 \cdot 1=0$$

$$1 \cdot 0=0$$

$$1 \cdot 1=1$$

4. 二极管与门电路及其符号

如图 7.2 所示，图中 A、B 为输入端，Y 为输出端，R_1 远小于 R_2。根据二极管的导通和截止条件，当输入端都为 1（高电平）时，二极管 V_1 和 V_2 都截止，输出 Y 为 1（高电平）；当输入端中的一个或一个以上为 0（低电平）时，二极管因为正偏而导通，输出端被拉低为低电平（0）。图 7.2（b）为与门电路符号。

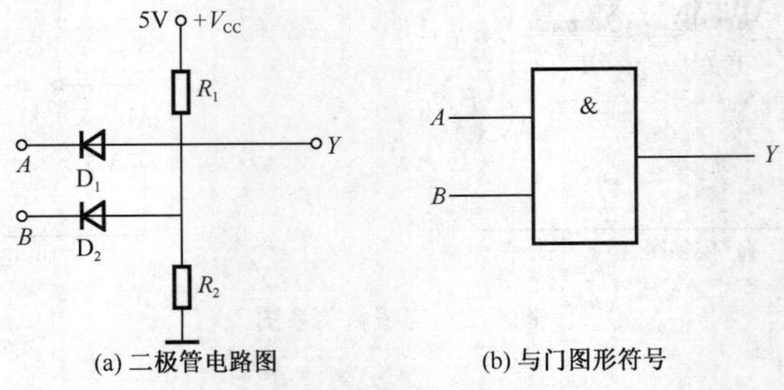

图 7.2　与门电路及其符号

在数字电路中，高电平规定为接近电源 V_{CC} 的高电平，低电平规定为接近于零伏的低电平。常采用正逻辑关系，即用“1”表示高电平，用“0”表示低电平。与门的逻辑关系“有 0 出 0，全 1 出 1”表明的是输入端只要有一个是低电平则输出为低电平（0），只有当输入端全部为高电平时，与门才输出高电平（1）。

7.1.2 或门电路

1. 或逻辑关系

如图 7.3 所示，开关 A 和 B 并联与灯泡 Y 和电源 VG 组成回路，使灯泡 Y 亮的条件是开关 A 和 B 至少有一个闭合。只有开关 A 和 B 都断开时，灯泡 Y 才不会亮。这里开关 A 或 B 的闭合与灯泡 Y 亮的关系为只要有一个条件满足事件就会发生，这种关系称为或逻辑关系，也称为逻辑加，其逻辑代数表达式为

$$Y = A + B \tag{7.2}$$

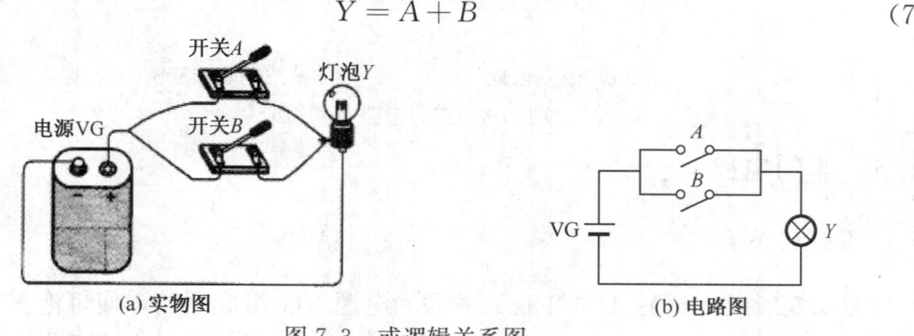

图 7.3 或逻辑关系图

2. 或逻辑真值表

若将开关的闭合规定为 1，开关的断开规定为 0；灯泡亮规定为 1，灯泡灭规定为 0，可将逻辑变量 A、B 和函数 Y 的各种取值的可能性用真值表 7.2 表示。

表 7.2 或逻辑真值表

输入		输出
A	B	Y
0(断开)	0(断开)	0(灭)
0(断开)	1(闭合)	1(亮)
1(闭合)	0(断开)	1(亮)
1(闭合)	1(闭合)	1(亮)

由表 7.2 可得结论：有 1 出 1，全 0 出 0。

3. 或运算

由上面真值表的分析可得：A、B 两个输入变量有 00、01、10、11 四种可能的取值情况，同时满足以下运算规则：

$$0+0=0$$
$$0+1=1$$
$$1+0=1$$
$$1+1=1$$

4. 二极管或门电路及其符号

如图 7.4 所示，图中 A、B 为输入端，Y 为输出端。根据二极管的导通和截止条

件，当输入端都为 0（低电平）时，二极管 V_1 和 V_2 都截止，输出 Y 为 0（低电平）；当输入端中的一个或一个以上为 1（高电平）时，二极管因为正偏而导通，输出为 1（高电平）。图 7.4（b）为或门电路符号。

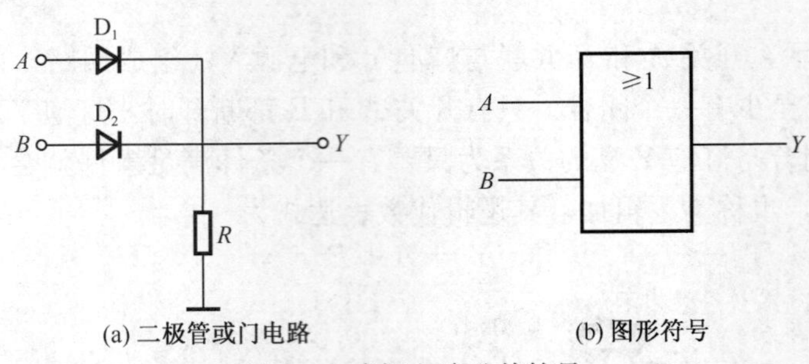

(a) 二极管或门电路　　(b) 图形符号

图 7.4　或门电路及其符号

7.1.3　非门电路

1. 非逻辑关系

如图 7.5 所示，开关 A 与灯泡 Y 并联和电源 VG 组成回路，使灯泡 Y 亮的条件是开关 A 断开。如果开关 A 闭合，灯泡 Y 就不会亮。这里开关 A 的断开与灯泡 Y 亮的关系称为非逻辑关系，即"事件的结果和条件总是相反状态"，其逻辑代数表达式为

$$Y = \overline{A} \tag{7.3}$$

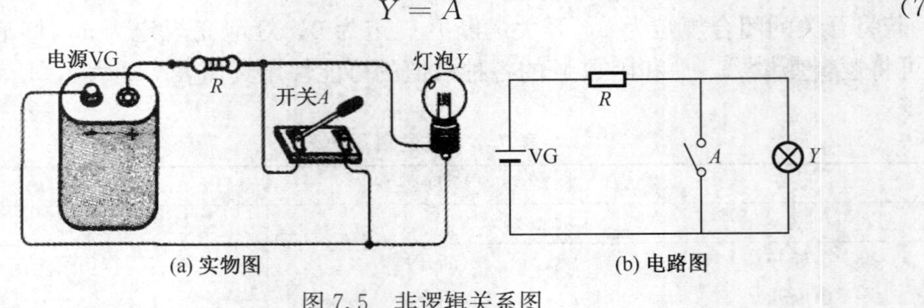

(a) 实物图　　(b) 电路图

图 7.5　非逻辑关系图

2. 非逻辑真值表

若将开关的闭合规定为 1，开关的断开规定为 0；将灯泡亮规定为 1，灯泡灭规定为 0，可将逻辑变量 A 和函数 Y 的各种取值的可能性用真值表 7.3 表示。

表 7.3　非逻辑真值表

输　入	输　出
A	Y
0(断开)	1(亮)
1(闭合)	0(灭)

由表 7.3 可得出结论：有 0 出 1，有 1 出 0。

3. 非运算

由上面真值表的分析可得：一个输入变量 A 有 0、1 两种可能的取值情况，同时满

足以下运算规则：

$$\overline{0}=1$$

$$\overline{1}=0$$

4. 三极管非门电路及其符号

如图 7.6 所示，图中 A 为输入端，Y 为输出端。根据三极管的工作原理，当输入端为 0（低电平）时，三极管工作于截止状态，输出 Y 为 1（高电平）；当输入端 A 为 1（高电平）时，三极管工作于饱和状态，输出为 0（低电平）。图 7.6（b）为非电路符号。

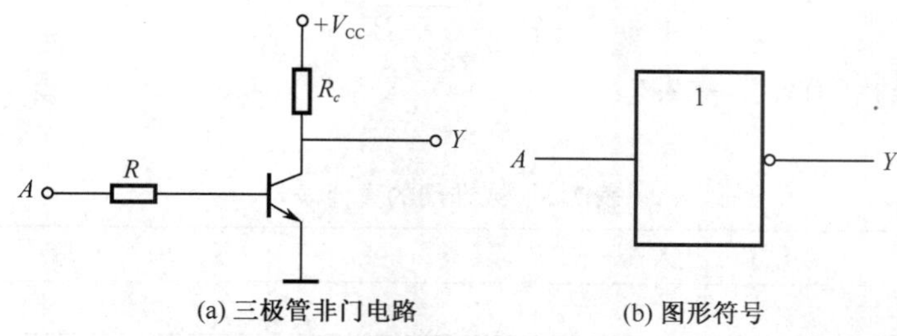

图 7.6　非门电路及其符号

7.1.4　复合逻辑门电路

由前面所学的基本逻辑门：与门、或门和非门可以组成多种复合逻辑门。

1. 与非门

1）与非门的符号。在与门后面串接一个非门便组成了与非门，如图 7.7 所示。

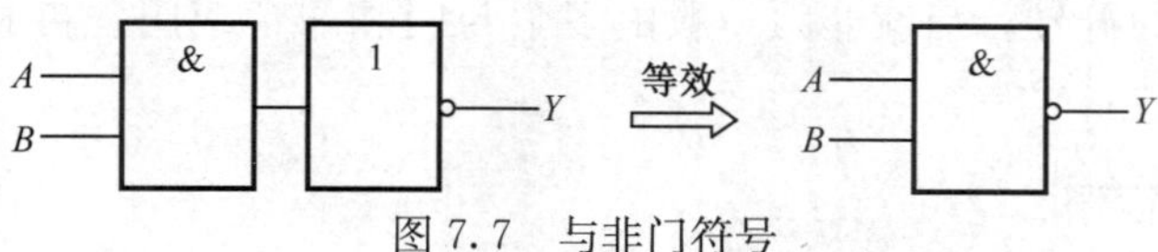

图 7.7　与非门符号

2）与非门的逻辑函数表达式：

$$Y=\overline{AB} \tag{7.4}$$

3）与非门的真值表见表 7.4。

表 7.4　与非门的真值表

输　入		输　出
A	B	Y
0	0	1
0	1	1
1	0	1
1	1	0

由表 7.4 可得出结论：有 0 出 1，全 1 出 0。

2. 或非门

1）或非门的符号。在或门后面串接一个非门便组成了或非门，如图 7.8 所示。

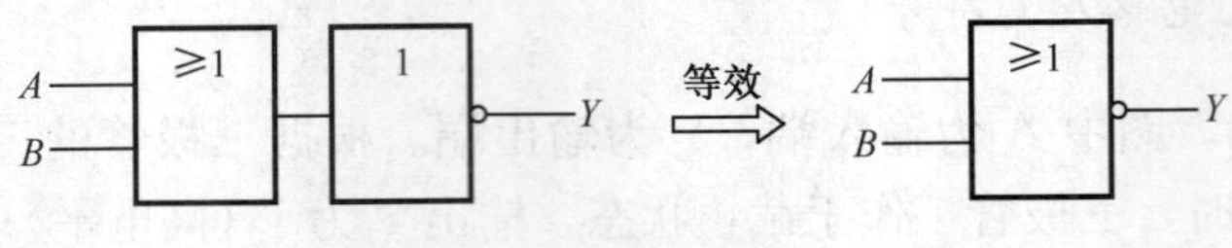

图 7.8　或非门符号

2）或非门的逻辑函数表达式：

$$Y = \overline{A + B} \tag{7.5}$$

3）或非门的真值表见表 7.5。

表 7.5　或非门的真值表

输　入		输　出
A	B	Y
0	0	1
0	1	0
1	0	0
1	1	0

由表 7.5 可得出结论：有 1 出 0，全 0 出 1。

3. 与或非门

1）与或非门的符号。与或非门一般由多个与门和一个或门，再和一个非门串联组成，如图 7.9 所示。

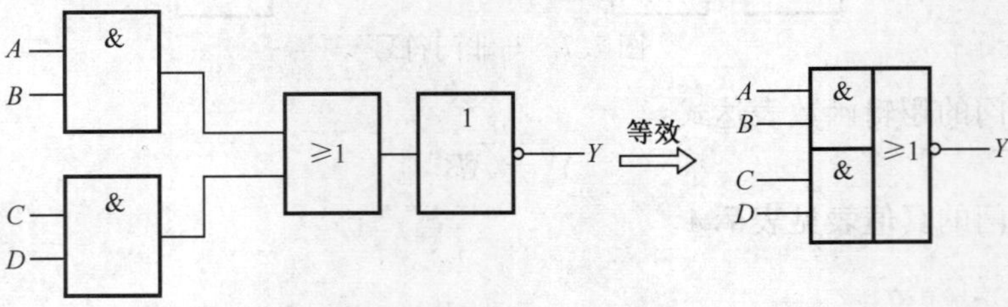

图 7.9　与或非门符号

2）与或非门的逻辑函数表达式：

$$Y = \overline{AB + CD} \tag{7.6}$$

3）与或非门的真值表见表 7.6。

由表 7.6 可得出结论：当输入端的任何一组（如图 7.9 输入端 A、B 与 C、D 各组成一组）全为 1 时，输出为 0；只有任何一组输入都至少有一个为 0 时，输出端才能为 1。

表 7.6　与或非门的真值表

输入				输出
A	B	C	D	Y
0	0	0	0	1
0	0	0	1	1
0	0	1	0	1
0	0	1	1	0
0	1	0	0	1
0	1	0	1	1
0	1	1	0	1
0	1	1	1	0
1	0	0	0	1
1	0	0	1	1
1	0	1	0	1
1	0	1	1	0
1	1	0	0	0
1	1	0	1	0
1	1	1	0	0
1	1	1	1	0

4. 异或门

1）异或门的符号。异或门的逻辑符号如图 7.10 所示。

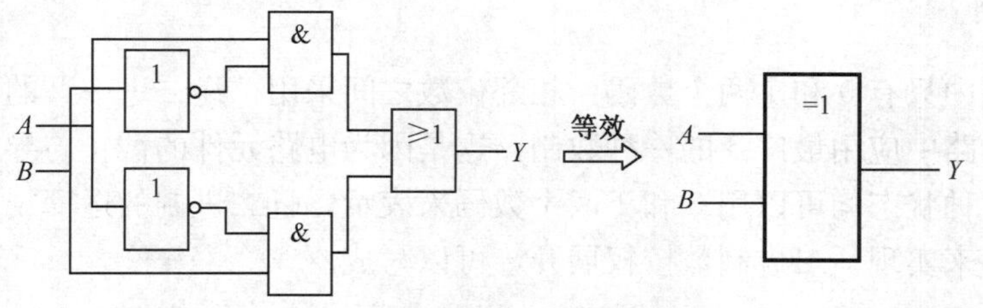

图 7.10　异或门的逻辑符号图

2）异或门的逻辑函数表达式：

$$Y=\overline{A}B+A\overline{B} \tag{7.7}$$

式（7.7）通常化简为

$$Y=A\oplus B \tag{7.8}$$

3）异或门的真值表见表 7.7。

表 7.7　异或门的真值表

输入		输出
A	B	Y
0	0	0
0	1	1
1	0	1
1	1	0

由表 7.7 可得出结论：相同出 0，不同出 1。

■ 7.2　数制与码制 ■

☞学习目标

1）掌握二进制数和十进制数的表示方法。

2）掌握二进制数和十进制数之间的转换。

3）了解 8421 码、5421 码、2421 码和余 3 码的表示形式。

7.2.1　二进制数及四则运算

1. 数制

选取一定的进位规则，用多位数码来表示某个数的值，叫做数制。“逢十进一”的十进制是人们在日常生活中常用的一种计数体制，而数字电路中常采用二进制、八进制、十六进制。

2. 二进制

在二进制中只有 0 和 1 两个数码，相邻位数之间采用“逢二进一”的计数规则。二进制是数字电路中应用最广泛的一种数制，这是因为电路元件的截止与导通、输出电平的高与低这两种状态均可以用 0 和 1 两个数码来表示，且二进制的运算规则简单，可方便地通过电路来实现。二进制数按权展开，可以写成

$$(N)_2=(k_{n-1}\times 2^{n-1}+k_{n-2}\times 2^{n-2}+\cdots+k_1\times 2^1+\cdots)_{10}$$

例如二进制数 $(10101.01)_2$ 可展开为

$$\begin{aligned}(10101.01)_2&=(1\times 2^4+0\times 2^3+1\times 2^2+0\times 2^1+1\times 2^0+0\times 2^{-1}+1\times 2^{-2})_{10}\\&=(21.25)_{10}\end{aligned}$$

3. 二进制数的四则运算

$$0+0=0$$
$$0+1=1$$
$$1+0=1$$
$$1+1=10$$

【例 7.1】　计算 0010 1100 与 1011 0010 的和。

解

$$\begin{array}{r}0010\ 1100\\ +1011\ 0010\\ \hline 1101\ 1110\end{array}$$

7.2.2 二进制数与十进制数的转换

1. 二进制数转成十进制数

方法：把二进制数按权展开，再把每一位的位值相加，便可得到相应的十进制数。

【例 7.2】 将二进制数 $(1010)_2$ 转化为十进制数。

解
$$(1010)_2=(1\times2^3+0\times2^2+1\times2^1+0\times2^0)_{10}$$
$$=(8+0+2+0)_{10}=(10)_{10}$$

【例 7.3】 将二进制数 $(1010.01)_2$ 转化为十进制数。

解
$$(10101.01)_2=(1\times2^3+0\times2^2+1\times2^1+0\times2^0+0\times2^{-1}+1\times2^{-2})_{10}$$
$$=(8+0+2+0+0.0+0.25)_{10}=(10.25)_{10}$$

2. 十进制数转成二进制数

方法：把十进制数逐次地用 2 除取余数，一直除到商数为零。然后将先取出的余数作为二进制数的最低位数码。

【例 7.4】 将十进制数 15 转化为二进制数。

解

2	15	
2	7	余 1…k_0
2	3	余 1…k_1
2	1	余 1…k_2
2	0	余 1…k_3

故 $(15)_{10}=(k_3k_2k_1k_0)_2=(1111)_2$

3. 码制

数字电路处理的是二进制数据，可用多位二进制数码来表示数量的大小，也可表示各种文字、符号等，而人们习惯使用十进制，于是就产生了用四位二进制数表示一位十进制数的计数方法，这种用于表示十进制数的二进制代码称为二—十进制代码（Binary Coded Decimal），简称为 BCD 码。常见的 BCD 码有 8421 码、5421 码、2421 码、余 3 码等，它们和十进制数之间的对应关系见表 7.8。

表 7.8 几种常用的 BCD 码

十进制数	8421 码	5421 码	2421 码	余 3 码
0	0000	0000	0000	0011
1	0001	0001	0001	0100
2	0010	0010	0010	0101
3	0011	0011	0011	0110
4	0100	0100	0100	0111
5	0101	1000	1011	1000

续表

十进制数	8421码	5421码	2421码	余3码
6	0110	1001	1100	1001
7	0111	1010	1101	1010
8	1000	1011	1110	1011
9	1001	1100	1111	1100

7.3 逻辑代数与逻辑函数的化简

学习目标

1）掌握逻辑函数的基本公式。

2）会用公式法进行逻辑函数的化简。

3）掌握用卡诺图进行逻辑函数化简的方法。

7.3.1 逻辑代数基本公式

数字电路是由逻辑门电路来实现逻辑功能的，用逻辑代数表示逻辑函数是一种常用方式，化简逻辑函数是必要的一项步骤。前面介绍了与、或、非三种基本运算及其规则，它们是数字逻辑的基础。逻辑代数还有一些基本的运算定律，应用这些定律可以把一些复杂的逻辑函数式化简。

逻辑代数的基本定律如下。

0-1律　$A\cdot 0=0$　　$A+1=1$

自等律　$A\cdot 1=A$　　$A+0=A$

重叠律　$A\cdot A=A$　　$A+A=A$

互补律　$A\cdot \overline{A}=0$　　$A+\overline{A}=1$

交换律　$A\cdot B=B\cdot A$　　$A+B=B+A$

结合律　$A\cdot(B\cdot C)=(A\cdot B)\cdot C$　　$A+(B+C)=(A+B)+C$

分配律　$A\cdot(B+C)=A\cdot B+A\cdot C$　　$A+B\cdot C=(A+B)(A+C)$

证明　$A+B\cdot C=(A+B)(A+C)$

$$右边=(A+B)(A+C)=AA+AC+AB+BC=A+AC+AB+BC$$
$$=A(1+C+B)+BC=A+BC=左边$$

吸收律　$A(A+B)=A$　　$A+AB=A$

反演律　$\overline{AB}=\overline{A}+\overline{B}$　　$\overline{A+B}=\overline{A}\,\overline{B}$

反演律可用真值表 7.9 证明。

表 7.9 反演律真值表

输入		输出			
A	B	$\overline{A+B}$	$\overline{A}\cdot\overline{B}$	$\overline{AB}$	$\overline{A}+\overline{B}$
0	0	1	1	1	1
0	1	0	0	1	1
1	0	0	0	1	1
1	1	0	0	0	0

非非律 $\overline{\overline{A}}=A$

【例 7.5】 证明 $AB+A\overline{B}=A$。

证明 $$AB+A\overline{B}=A(B+\overline{B})=A(1)=A$$

【例 7.6】 证明 $A+AB=A$。

证明 $$A+AB=A(1+B)=A(1)=A$$

【例 7.7】 证明 $A+\overline{A}B=A+B$。

证明 $$A+\overline{A}B=A+\overline{A}B+AB=A+B(\overline{A}+A)=A+B(1)=A+B$$

【例 7.8】 证明 $AB+\overline{A}C+BC=AB+\overline{A}C$。

证明 $$\begin{aligned}AB+\overline{A}C+BC&=AB+\overline{A}C+(A+\overline{A})BC=AB+\overline{A}C+ABC+\overline{A}BC\\&=AB(1+C)+\overline{A}C(1+B)=AB+\overline{A}C\end{aligned}$$

7.3.2 逻辑函数的化简

如果逻辑函数表达式是最简表达式，实现这个逻辑表达式的逻辑电路图也会最简，所用的元件也少，这样既节省了元件，又提高了电路的效率和可靠性。同一个逻辑函数的表达式可以有多种形式，有繁有简，一般从逻辑问题概括出来的逻辑函数不一定就是最简的表达式形式，所以就要求对逻辑函数进行化简，找出其最简的表达式形式，即表达式中所含的项数最少和每项中所含的变量数最少的与或表达式。

1. 逻辑函数的公式化简法

公式化简法就是利用逻辑函数的基本公式、定律将逻辑函数化简成最简的与或表达式。

(1) 合并项法

利用 $A+\overline{A}=1$，将两项并成一项，同时消去一个变量。

【例 7.9】 化简函数 $Y=ABC+AB\overline{C}$。

解 $$Y=ABC+AB\overline{C}=AB(C+\overline{C})=AB$$

(2) 吸收法

利用 $A+AB=A$，吸收掉 AB 项。

【例 7.10】 化简函数 $Y=A\overline{B}+A\overline{B}C(D+E)$

解 $$Y=A\overline{B}+A\overline{B}C(D+E)=A\overline{B}+[1+C(D+E)]=A\overline{B}$$

(3) 消去法

利用 $A+\bar{A}B=A+B$，消去$\bar{A}B$ 项中的多余因子$\bar{A}$。

【例 7.11】 化简函数 $Y=\bar{A}B+A\bar{C}+\bar{B}\bar{C}$。

解 $Y=\bar{A}B+A\bar{C}+\bar{B}\bar{C}=A\bar{B}+(A+\bar{B})\bar{C}=A\bar{B}+\overline{\bar{A}B}\bar{C}=\bar{A}B+\bar{C}$

(4) 配项法

利用公式 $A+\bar{A}=1$，给某个与项配上 $A+\bar{A}$，试探进一步的化简。

【例 7.12】 化简函数 $Y=ABC+\bar{A}C+BCD$。

解

$$
\begin{aligned}
Y &= ABC+\bar{A}C+BCD=ABC+\bar{A}C+(A+\bar{A})BCD \\
&= ABC+\bar{A}C+ABCD+\bar{A}BCD=ABC(1+D)+\bar{A}C(1+BD) \\
&= ABC+\bar{A}C
\end{aligned}
$$

2. 逻辑函数的卡诺图化简法

前面所介绍的公式化简法，在化简逻辑函数时需要灵活地应用公式，而且必须具备一定的技巧，这种方法的直观性差，化简起来比较困难。下面介绍一种非常直观，有一定规律可循的化简方法——卡诺图化简法。

所谓的卡诺图是由许多小方格组成的阵列图，每个小方格对应于一个最小项。在 A、B 两个变量的逻辑函数中，相应的乘积项有 4 个，$\bar{A}\bar{B}$、$\bar{A}B$、$A\bar{B}$、AB，这 4 个乘积项称为变量的最小项。所谓的最小项就是这一项中要包含逻辑函数的所有变量，不论这些变量是以原变量的形式出现还是以反变量的形式出现。对于 n 变量来说，就有 2^n 个最小项。

用卡诺图表示逻辑函数的具体方法如下。

1) 将逻辑函数化成最小项和的形式。

2) 根据变量的个数画出空白的卡诺图。

3) 将逻辑函数最小项在空白卡诺图对应的方格内填 1，其余的方格填入 0。

卡诺图化简的方法如下。

卡诺图的基本特点是：任何两个几何上相邻的小方格所表示的最小项只有一个变量不同，其余变量均相同。因此根据公式 $AB+A\bar{B}=A$，可以将相邻的两个最小项并为一项，消去一个互反的变量。

1) 2 个相邻的小方格可以合并成一项，同时消去一个互反的变量。

2) 4 个相邻的小方格构成正方形，或长方形，或位于四角都可以合并成一项，同时消去两个互反变量。

3) 8 个相邻的小方格组成长方形可以合并成一项，同时消去 3 个互反变量。

用卡诺图化简逻辑函数的步骤如下。

1) 用卡诺图表示逻辑函数。

2) 按化简方法，将相邻的填 1 方格圈起来，直到所有填 1 方格被圈完为止。

3) 将每个圈所表示的最小项写出并相加，得到逻辑函数的最简与或表达式。

【例 7.13】 用卡诺图法化简逻辑函数 $Y=ABD+A\overline{B}D+\overline{A}BCD+\overline{A}BC\overline{D}+\overline{A}\overline{B}CD$。

解 根据卡诺图化简逻辑函数的步骤进行。

1）用卡诺图表示逻辑函数。将逻辑函数化成最小项和的形式：

$$\begin{aligned} Y &= ABD + A\overline{B}D + \overline{A}BCD + \overline{A}BC\overline{D} + \overline{A}\overline{B}CD \\ &= ABD(C+\overline{C}) + A\overline{B}D(C+\overline{C}) + \overline{A}BCD + \overline{A}BC\overline{D} + \overline{A}\overline{B}CD \\ &= ABCD + AB\overline{C}D + A\overline{B}CD + A\overline{B}\overline{C}D + \overline{A}BCD + \overline{A}BC\overline{D} + \overline{A}\overline{B}CD \end{aligned}$$

根据变量的个数画空白的卡诺图：

AB \ CD	00	01	11	10
00				
01				
11				
10				

变量的个数有 4 个，分别是 A、B、C、D，故空白卡诺图的方格数为 2^4 个，即 16 个。

将逻辑函数最小项在空白卡诺图所对应的方格内填 1，其余的方格填入 0：

AB \ CD	00	01	11	10
00	0	0	1	0
01	0	0	1	1
11	0	1	1	0
10	0	1	1	0

2）按化简方法，将相邻的 1 方格圈起来，直到所有的 1 方格被圈完为止。

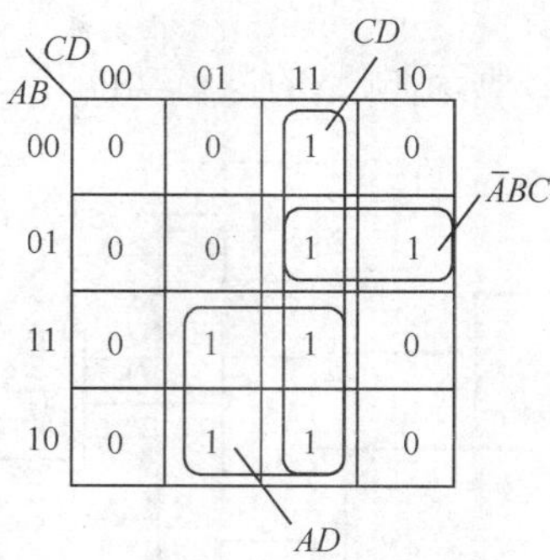

3）将每个圈所表示的最小项写出并相加，得到逻辑函数的最简与或表达式：

$$Y=AD+CD+\overline{A}BC$$

■ 7.4 组合逻辑电路的分析 ■

☞学习目标

1）了解组合逻辑电路的读图方法、步骤。

2）能根据逻辑电路写出函数表达式。

7.4.1 分析步骤

组合逻辑电路是由基本逻辑门和复合逻辑门电路组合而成的，组合逻辑电路的特点是不具有记忆功能，电路某一时刻的输出直接由该时刻电路的输入状态所决定，与输入信号作用前的电路状态无关。

组合逻辑电路的分析，就是要看懂和理解逻辑电路图，只有这样才能明确电路的基本功能，进而对电路进行应用、测试、维修、验证和说明。组合逻辑电路的分析一般按照下面的步骤进行，如图 7.11 所示。

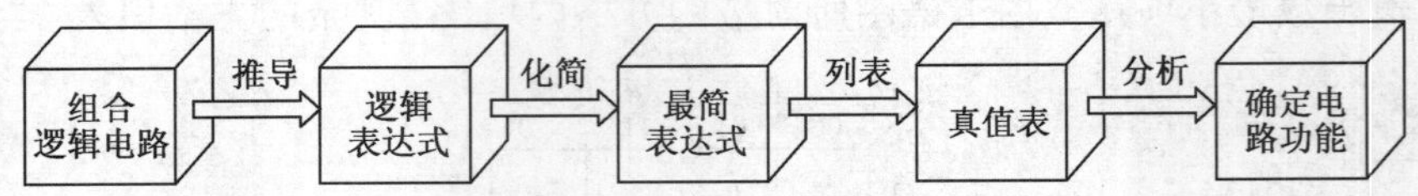

图 7.11 组合逻辑电路的分析步骤

1）根据给定的逻辑原理电路图，由输入到输出逐级推导出逻辑函数表达式。

2）对所得到的表达式进行化简和变换，得到最简式。

3）由简化的逻辑函数表达式列出真值表。

4）根据真值表分析、确定电路所完成的逻辑功能。

7.4.2 运用举例

【例 7.14】 分析如图 7.12 所示电路的逻辑功能。

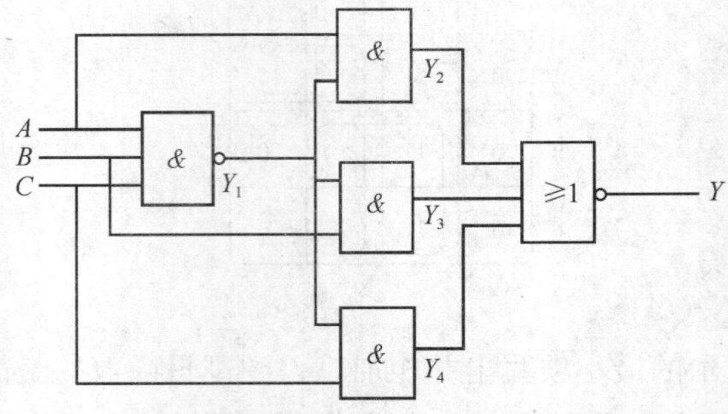

图 7.12 逻辑功能分析图

解　第一步，根据逻辑电路逐级写出逻辑表达式。

$$Y_1 = \overline{ABC}$$

$$Y_2 = AY_1 = A\overline{ABC}$$

$$Y_3 = BY_1 = B\overline{ABC}$$

$$Y_4 = CY_1 = C\overline{ABC}$$

$$Y = \overline{Y_2 + Y_3 + Y_4} = \overline{A\overline{ABC} + B\overline{ABC} + C\overline{ABC}} = \overline{(A+B+C)\overline{ABC}}$$

$$= \overline{(A+B+C)} + ABC = \overline{A}\,\overline{B}\,\overline{C} + ABC$$

第二步，由化简后的逻辑函数列出其真值表，见表7.10。

表7.10　函数$Y=\overline{A}\overline{B}\overline{C}+ABC$的真值表

输入			输出 $Y=\overline{A}\overline{B}\overline{C}+ABC$
A	B	C	Y
0	0	0	1
0	0	1	0
0	1	1	0
0	1	0	0
1	0	0	0
1	0	0	0
1	1	0	0
1	1	1	1

第三步，分析确定电路逻辑功能。

从上面的真值表可以看出，只有$ABC=000$和111时$Y=1$，否则$Y=0$，从而可以看出该电路的功能是用来判断输入信号是否相同，相同时输出为1，不同时输出为0，即为“一致判别电路”。

■ 7.5　组合逻辑电路的设计 ■

学习目标

1）了解组合逻辑电路的设计方法。

2）熟记组合逻辑电路的设计步骤。

7.5.1　设计步骤

组合逻辑电路的设计就是根据给定的功能要求，画出实现该功能最简单的组合逻辑电路。组合逻辑电路的设计一般按照下面的步骤进行，如图7.13所示。

1）根据实际问题的逻辑关系建立真值表。

2）由真值表写出逻辑函数表达式。

3）化简逻辑函数式。

4）根据逻辑函数式画出由门电路组成的逻辑电路图。

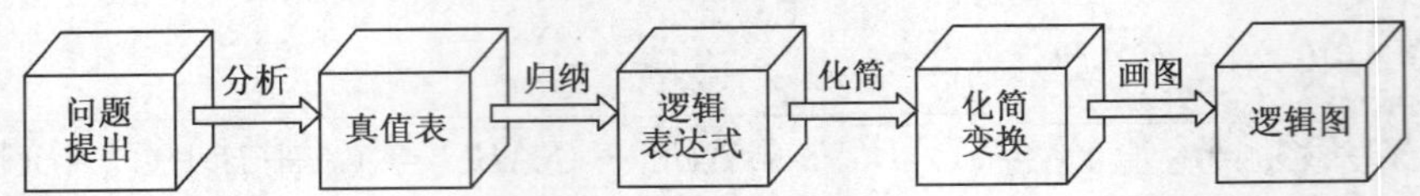

图 7.13　组合逻辑电路的设计步骤

7.5.2　实用设计运用

【例 7.15】　试设计一个投票表决器，三个人分别用 A、B、C 表示，用 1 表示同意票，用 0 表示反对票，但必须有两个或两个以上人同意时才能算通过。投票通过时输出 $Y=1$，不通过时输出 $Y=0$。

解　第一步，根据实际问题的逻辑关系建立真值表，见表 7.11。

表 7.11　三人表决器真值表

输　入			输　出	有效项
A	B	C	Y	
0	0	0	0	
0	0	1	0	
0	1	0	0	
0	1	1	1	√
1	0	0	0	
1	0	1	1	√
1	1	0	1	√
1	1	1	1	√

第二步，由真值表写出逻辑函数表达式（将真值表中有效项相加）。

$$Y=\overline{A}BC+A\overline{B}C+AB\overline{C}+ABC$$

第三步，用公式对上面的逻辑函数进行化简。

$$\begin{aligned}Y&=\overline{A}BC+A\overline{B}C+AB\overline{C}+ABC\\&=BC(A+\overline{A})+A\overline{B}C+AB\overline{C}\\&=BC+A\overline{B}C+AB\overline{C}=C(B+A\overline{B})+AB\overline{C}\\&=C(B+A)+AB\overline{C}=BC+AC+AB\overline{C}\\&=BC+A(C+B\overline{C})=BC+A(C+B)\\&=BC+AC+AB=\overline{\overline{BC}\,\overline{AC}\,\overline{AB}}\end{aligned}$$

第四步，根据上面的逻辑表达式画出相应的逻辑电路图，如图 7.14 所示。

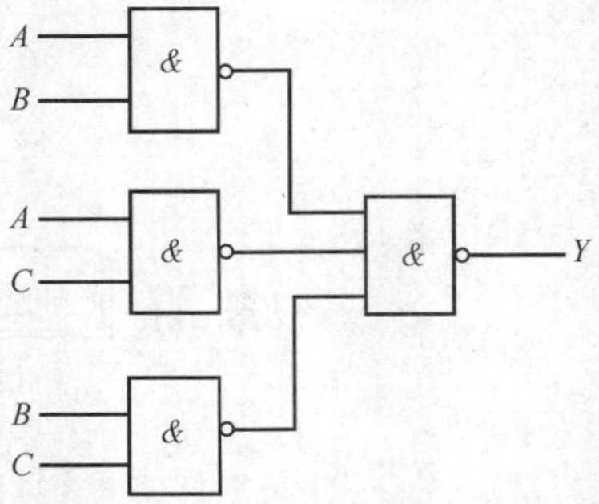

图 7.14　三人表决器逻辑电路图

在数字电路系统中组合逻辑电路应用很广泛。为了方便工程应用，常把某些具有特定逻辑功能的组合电路设计成标准化电路，并制造成中小规模集成电路产品，常见的有编码器、译码器、加法器、数值比较器、数据选择器、数据分配器和运算器等。

■ 7.6　常用组合逻辑集成电路 ■

☞**学习目标**

1）理解编码和解码的基本概念。
2）了解编码器和解码器集成电路的基本功能及应用。
3）掌握半导体数码管的内部结构和应用方法。

7.6.1　编码器

在数字系统中，通常要把输入的各种信息（如文字、符号、十进制数等）转换成二进制数码，而称这种转换的过程为编码。能够实现编码的组合逻辑电路叫做编码器。常见的编码器有二进制编码器、二一十进制编码器（BCD 编码器）和优先编码器等。

1. 二进制编码器

能够将各种输入信息编成二进制代码的电路称为二进制编码器。由于 1 位二进制代码可以表示 0、1 两种不同的输入信号，2 位二进制代码可以表示 00、01、10、11 四种不同的输入信号，3 位二进制代码可以表示 000、001、010、011、100、101、110、111 八种不同的输入信号，4 位二进制代码可以表示 0000、0001、0010、0011、0100、0101、0110、0111、1000、1001、1010、1011、1100、1101、1110、1111 十六种不同的输入信号，由此可知，2^n 个输入信号只需 n 位二进制码就可以完成编码，即需要 n 个输出端口。图 7.15 是 3 位二进制编码器的示意图。

图 7.15　3 位二进制编码器

由图 7.15 可知，3 位二进制编码器的$\overline{I_0}$，$\overline{I_1}$，$\overline{I_2}$，$\overline{I_3}$，…，$\overline{I_7}$为 8 路输入端，分别代表十进制数的 0，1，2，…，7 八个数字。编码器的输出是 3 位二进制代码，分别用$\overline{Y_2}$，$\overline{Y_1}$，$\overline{Y_0}$表示。在任意时刻编码器只能对$\overline{I_0}$，$\overline{I_1}$，$\overline{I_2}$，$\overline{I_3}$，…，$\overline{I_7}$中的一个输入信号进行编码，而不能同时对多路输入进行编码，即不能同时输入多个有效信号。从而可列出 3 位二进制编码器的真值表，见表 7.12。

表 7.12　3 位二进制编码器的真值表

十进制数	编码输入								输出		
	$\overline{I_7}$	$\overline{I_6}$	$\overline{I_5}$	$\overline{I_4}$	$\overline{I_3}$	$\overline{I_2}$	$\overline{I_1}$	$\overline{I_0}$	$\overline{Y_2}$	$\overline{Y_1}$	$\overline{Y_0}$
0	0	0	0	0	0	0	0	1	0	0	0
1	0	0	0	0	0	0	1	0	0	0	1
2	0	0	0	0	0	1	0	0	0	1	0
3	0	0	0	0	1	0	0	0	0	1	1
4	0	0	0	1	0	0	0	0	1	0	0
5	0	0	1	0	0	0	0	0	1	0	1
6	0	1	0	0	0	0	0	0	1	1	0
7	1	0	0	0	0	0	0	0	1	1	1

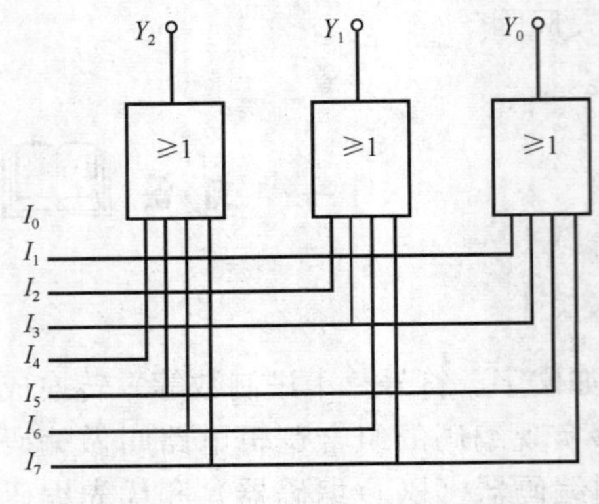

图 7.16　3 位二进制编码器逻辑图

从真值表可以得出逻辑函数表达式为

$$
\begin{aligned}
Y_2 &= I_4 + I_5 + I_6 + I_7 \\
Y_1 &= I_2 + I_3 + I_6 + I_7 \\
Y_0 &= I_1 + I_3 + I_5 + I_7
\end{aligned}
\tag{7.9}
$$

由逻辑表达式可以画出 3 位二进制编码器的逻辑图如图 7.16 所示。$\overline{I_0}$的编码是隐含的，即当$\overline{I_1}\sim\overline{I_7}$都为 0 时，电路的输出就是$\overline{I_0}$的编码。

2. 优先编码器

上面介绍的编码器在工作时仅允许有一个输入信号有效，如有两个或两个以上有效信号同时输入，则编码器输出就会出错。为了避免出现这种错误应选用优先编码器。优先编码器在同时输入两个或两个以上有效输入信号时，只将优先级别高的输入信号进行编码，优先级别低的输入信号则不起作用。

74LS147 是常用的 8421BCD 码集成优先编码器，其内部逻辑电路图和集成芯片管脚图如图 7.17 所示。74LSL47 有$\overline{I_0}\sim\overline{I_9}$十个输入端和$\overline{Y_0}\sim\overline{Y_3}$四个输出端，输入和输出都是低电平有效。

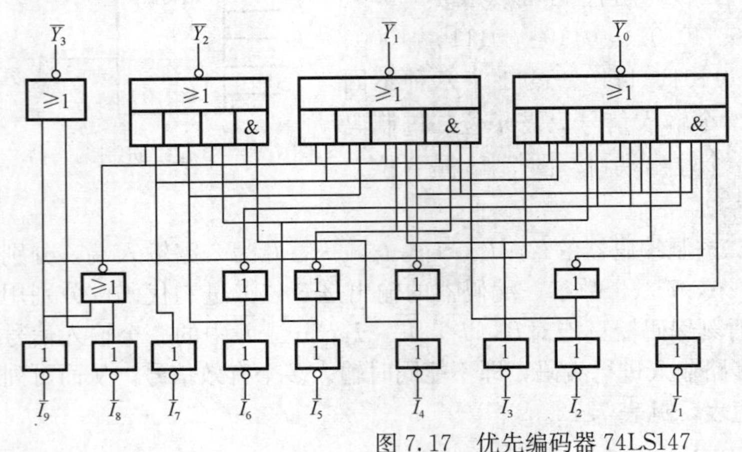

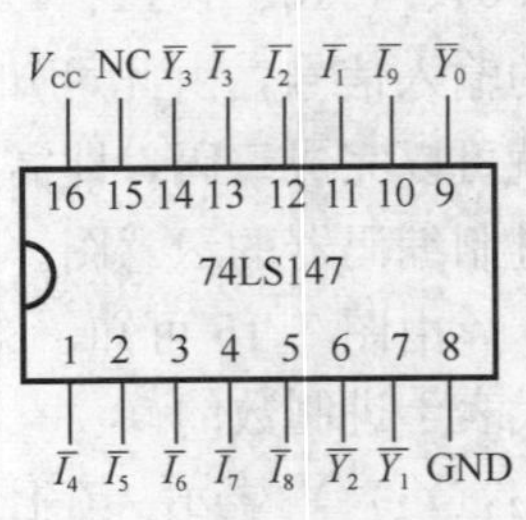

图 7.17　优先编码器 74LS147

优先编码器 74LS147 的真值表如表 7.13 所示。

表 7.13 优先编码器 74LS147 的真值表

输入									输出			
$\overline{I_1}$	$\overline{I_2}$	$\overline{I_3}$	$\overline{I_4}$	$\overline{I_5}$	$\overline{I_6}$	$\overline{I_7}$	$\overline{I_8}$	$\overline{I_9}$	$\overline{Y_3}$	$\overline{Y_2}$	$\overline{Y_1}$	$\overline{Y_0}$
1	1	1	1	1	1	1	1	1	1	1	1	1
×	×	×	×	×	×	×	×	0	0	1	1	0
×	×	×	×	×	×	×	0	1	0	1	1	1
×	×	×	×	×	×	0	1	1	1	0	0	0
×	×	×	×	×	0	1	1	1	1	0	0	1
×	×	×	×	0	1	1	1	1	1	0	1	0
×	×	×	0	1	1	1	1	1	1	0	1	1
×	×	0	1	1	1	1	1	1	1	1	0	0
×	0	1	1	1	1	1	1	1	1	1	0	1
0	1	1	1	1	1	1	1	1	1	1	1	0

由表 7.13 可知，当$\overline{I_9}$为 0（低电平有效）时，不论$\overline{I_0}\sim\overline{I_8}$是 0 还是 1，均只按$\overline{I_9}$有效进行编码，编码器输出为 9 的 8421BCD 码的反码 0110。表中“×”表示不论是 0 还是 1。从表中可得优先编码器 74LS147 的优先级别由高到低依次为：$\overline{I_9}$、$\overline{I_8}$、$\overline{I_7}$、$\overline{I_6}$、$\overline{I_5}$、$\overline{I_4}$、$\overline{I_3}$、$\overline{I_2}$、$\overline{I_1}$、$\overline{I_0}$，$\overline{I_0}$的编码是隐藏的，当$\overline{I_1}\sim\overline{I_9}$都没有有效信号输入时编码器的输出为$\overline{I_0}$的编码。

7.6.2 译码器

译码是编码的逆过程，其功能是把某种输入代码翻译成一个相应的输出信号，例如把编码器产生的二进制代码还原为原来的十进制数就是一个典型的应用。能完成译码过程的电路称为译码器，译码器也是多端输入和多端输出的逻辑电路，按照不同的功能，译码器可分为通用译码器和显示译码器。

将二进制代码按其原意翻译成相应输出信号的电路，称为二进制译码器。二进制译码器有 n 个输入端和 2^n 个输出端，可分为：2—4 线译码器、3—8 线译码器和 4—16 线译码器等。图 7.18 为 3—8 线译码器的方框图，集成电路 74LS138 即为常用的 3－8 线译码器，其内部逻辑图和管脚图如图 7.19 所示。

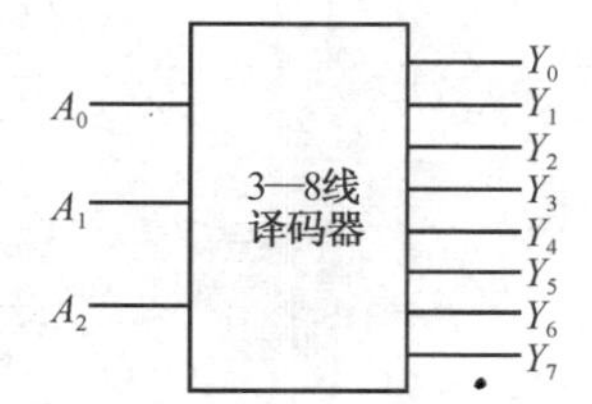

图 7.18 3—8 线译码器的方框图

74LS138 具有使能控制功能，由上图可知 $EN=0$ 时，封锁了译码器的输出，译码器处于不工作状态，只有满足 $EN=1$ 时，译码器才会处于译码状态，即 $S_A \cdot \overline{\overline{S_B}} \cdot \overline{\overline{S_C}}=1$。

74LS138 的真值表如表 7.14 所示。

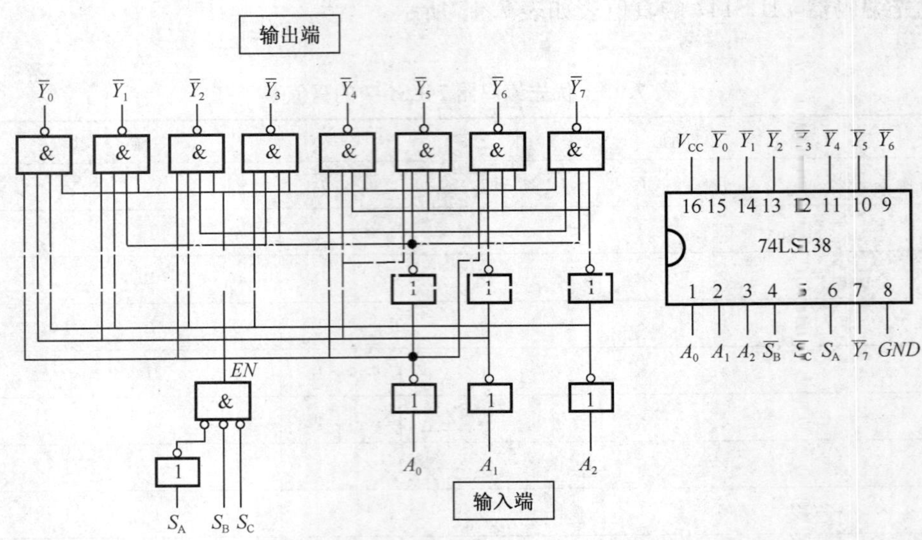

图 7.19　74LS138 的内部逻辑图和管脚图

表 7.14　74LS138 的真值表

输入					输出							
SA	$\overline{S_B}+\overline{S_C}$	A_2	A_1	A_0	Y_0	Y_1	Y_2	Y_3	Y_4	Y_5	Y_6	Y_7
×	1	×	×	×	1	1	1	1	1	1	1	1
0	×	×	×	×	1	1	1	1	1	1	1	1
1	0	0	0	0	0	1	1	1	1	1	1	1
1	0	0	0	1	1	0	1	1	1	1	1	1
1	0	0	1	0	1	1	0	1	1	1	1	1
1	0	0	1	1	1	1	1	0	1	1	1	1
1	0	1	0	0	1	1	1	1	0	1	1	1
1	0	1	0	1	1	1	1	1	1	0	1	1
1	0	1	1	0	1	1	1	1	1	1	0	1
1	0	1	1	1	1	1	1	1	1	1	1	0

由上面的真值表可知，当 74LS138 处于译码状态时，其各输出端的逻辑表达式为

$$
\begin{aligned}
\overline{Y_0} &= \overline{\overline{A_2}\,\overline{A_1}\,\overline{A_0}} \qquad & \overline{Y_1} &= \overline{\overline{A_2}\,\overline{A_1}A_0} \\
\overline{Y_2} &= \overline{\overline{A_2}A_1\overline{A_0}} \qquad & \overline{Y_3} &= \overline{\overline{A_2}A_1A_0} \\
\overline{Y_4} &= \overline{A_2\,\overline{A_1}\,\overline{A_0}} \qquad & \overline{Y_5} &= \overline{A_2\,\overline{A_1}A_0} \\
\overline{Y_6} &= \overline{A_2A_1\overline{A_0}} \qquad & \overline{Y_7} &= \overline{A_2A_1A_0}
\end{aligned}
\tag{7.10}
$$

7.6.3　显示器

在数字系统中，如数字仪器仪表、数字钟等常常需要将测量数据和运算结果用十进制数字的形式显示出来，译码显示电路的功能是将输入的 BCD 码译成能用于显示器的十进制数信号，并驱动显示器显示数字。译码显示电路通常由译码电路、驱动电路和显

示器三部分组成，方框图如图 7.20 所示。

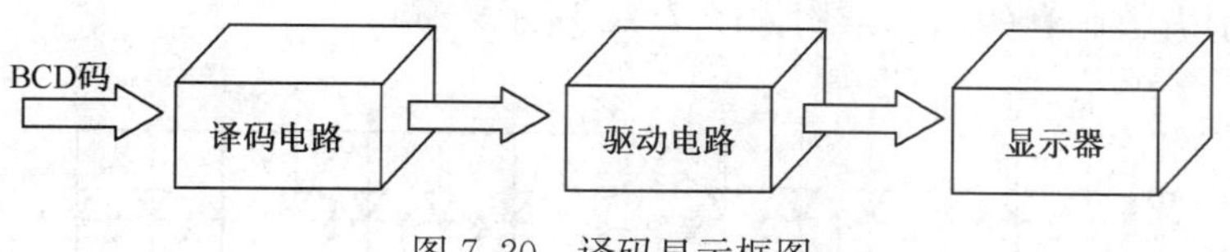

图 7.20 译码显示框图

常用的数码显示器有半导体数码管、液晶数码管和荧光数码管等。半导体数码管是将 7 个或 8 个发光二极管排列成“日”字或“日 .”的形状制成的，发光二极管分别用 a、b、c、d、e、f、g 七个或 a、b、c、d、e、f、g、h 八个小写字母代表，不同的发光线段组合，就能显示不同的十进制数字，如图 7.21 所示。

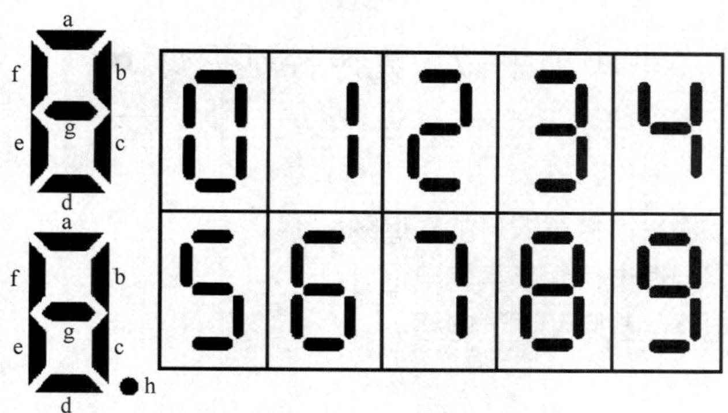

图 7.21 七段或八段码管的字形

半导体七段或八段数码管显示 0～9 十个数字所对应的 a～g 七个发光二极管的发光组合如表 7.15 所示，表中 1 表示发光，0 表示不发光。

表 7.15 七段或八段显示组合与数字对照表

数 字	对应组合						
	a	b	c	d	e	f	g
0	1	1	1	1	1	1	0
1	0	1	1	0	0	0	0
2	1	1	0	1	1	0	1
3	1	1	1	1	0	0	1
4	0	1	1	0	0	1	1
5	1	0	1	1	0	1	1
6	1	0	1	1	1	1	1
7	1	1	1	0	0	0	0
8	1	1	1	1	1	1	1
9	1	1	1	1	0	1	1

半导体数码管按照其内部二极管的接法可分为共阴极和共阳极两种，共阴极数码管内部的发光二极管负极连接在一起接低电平，a～g 各引脚接上高电平时发光。共阳极

数码管内部的发光二极管正极连接在一起接高电平，a～g 各引脚接上低电平时发光。共阴极和共阳极数码管的内部结构如图 7.22 所示。

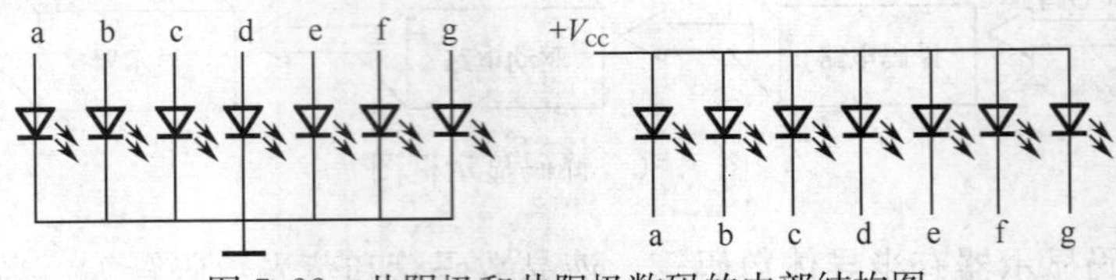

图 7.22 共阴极和共阳极数码的内部结构图

有些译码器将输入端的 4 个 BCD 码直接译成驱动数码管的信号，输出和数码管的 a～g段相对应，可以显示出相应的十进制数码 0～9，这样的译码器称之为显示译码器。

■ 动手做 光声控延迟灯 ■

☞学习目标

1）能理解、读懂光声控延迟灯的原理图。

2）会根据电路原理进行组装实物电路。

3）懂得排除电路的故障和调试电路。

动手做 1 电路剖析

在学校、机关、厂矿企业等单位的公共场所和居民居住区的公共楼道普遍使用机械手动开关，由于各种原因往往出现许多灯泡点亮时间过长的现象，既使灯泡寿命减短，又浪费电量，为国家、单位、个人造成经济损失。另外，由于频繁开关或其他的人为因素，墙壁开关的损坏率很高，既增大了维修量、浪费了资金，又容易造成事故隐患。因此，一种电路新颖、安全节电、结构简单、安装方便的光声控延迟灯应运而生，使公共场所和居民居住区的公共楼道灯在白天不亮，晚上闻声自亮，待人走过，几十秒后自动关闭，既方便，又省电。

光声控延迟灯的电路原理图如图 7.23 所示。

1. 电源电路

电源电路由灯泡 L、整流二极管 D_1～D_4、限流电阻 R_1 和滤波电容 C_1 组成。当接通电源灯泡不亮时，220V 交流电通过灯泡 L 和整流二极管 D_1～D_4 变成了直流电，通过 L 和 R_1 的限流分压，输出约 6V 的电压，再经过 C_1 的滤波可得到 6V 的恒定直流电压供后面的电路使用；当灯泡亮时即可控硅 K 导通时，由于可控硅 K 的导通有一定的管压降，经过 R_1 后同样有约 2V 的电压，再经过 C_1 的滤波可得到 2V 的恒定直流电压供后面的电路使用。

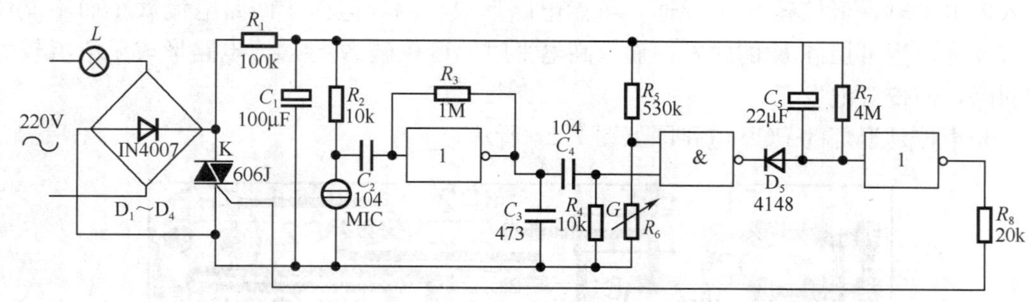

图 7.23 光声控延迟灯电路原理图

2. 音频放大电路

音频放大电路由 R_2、电容式唛头 MIC、耦合电容 C_2、非门和反馈电阻 R_3 组成。在没有音频信号时，由于 R_2 的上拉作用，经耦合电容 C_2 输入到非门的输入端，非门的输入端得到高电平，故其输出为低电平；当有音频信号时，通过电容式唛头 MIC 接收到音频信号，经耦合电容 C_2 输入到非门的输入端，非门将音频信号放大，经过 C_3 滤波后得到稳定的高电平信号。

3. 光声控开关电路

光声控开关电路由耦合电容 C_4、下拉电阻 R_4、分压电阻 R_5、光敏电阻 R_6 和与非门组成。当光线较强时，光敏电阻的电阻值比较小，故其分压也较低，与非门的一输入端为低电平，根据与非门有“0”出“1”的规则，其输出端会保持高电平不变；当光线较暗时，光敏电阻的电阻值比较大，故其分得的电压也较高，与非门的一输入端为高电平，这时与非门的输出就决定于另一端的输入电平了，当另一端输入高电平时其输出为低电平，当另一端输入低电平时其输出为高电平。这样就形成了光声控开关，当光线强时即使有声音开关电路也保持断开状态（与非门输出低电平时为开），当光线较暗时一有声音信号开关就打开。

4. 定时和触发电路

定时和触发电路由二极管 D_5、电容 C_5、电阻 R_7、非门和限流电阻 R_8 组成。当与非门输出高电平时，二极管 D_5 没有正偏而截止，由于 R_7 的上拉，使得非门输出低电平；当与非门输出低电平时，二极管 D_5 有了正偏而导通，使得电容 C_5 的一端被拉低而充电，同时非门的输入端得到低电平输入而输出高电平；当与非门的输出端回到高电平时，由于二极管 D_5 没有正偏而截止，电容 C_5 与前面的电路断开了，电容 C_5 所充的电只能通过 R_7 来放掉，在 R_7 没有将电容 C_5 的电放完之前，非门的输出端会保持高电平不变，当电容 C_5 放完电后非门的输出变回低电平。

R_7 和 C_5 组成了定时电路，R_7 的阻值和 C_5 的容量越大，其定时时间越长。

5. 灯泡开关电路

灯泡开关电路由可控硅 K、二极管 D_1～D_4 和灯泡 L 组成。当可控硅 K 的触发端输入低电平时，可控硅 K 不导通，虽然电路形成回路，但由于回路电流太小而不能使灯泡发光；当可控硅 K 的触发端输入高电平时，可控硅 K 导通，电路形成了电流较大的回路，使得灯泡发亮。

光声控延迟灯的 PCB 电路图如图 7.24 所示。

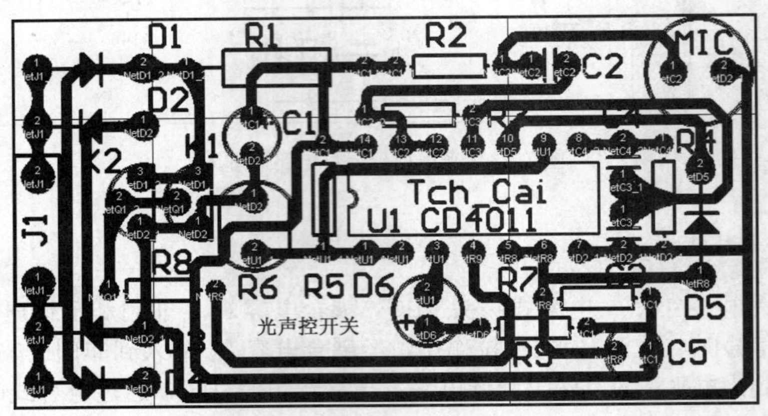

图 7.24 光声控延迟灯的 PCB 电路图

动手做 2 材料准备

所需材料如表 7.16 所示。

表 7.16 光声控延迟开关电路材料表

元 件	参 数	元 件	参 数
R_1	100kΩ	C_1	100μF
R_2	10kΩ	C_2	104μF
R_3	1MΩ	C_3	473μF
R_4	10kΩ	C_4	104μF
R_5	530kΩ	C_5	22μF
R_6	光敏电阻	$D_1 \sim D_4$	IN4007
R_7	4MΩ	D_5	4148
R_8	20kΩ	K(双向可控硅)	606J(1A/600V)
门电路	CD4011	MIC	电容式唛头
电路板	光声控开关 PCB 板		

动手做 3 装调步骤

1. 电源电路的安装与调试

将灯泡 L、整流二极管 $D_1 \sim D_4$、分压电阻 R_1 和滤波电容 C_1 按照 PCB 板的位置焊接在电路板上，安装时注意整流二极管 $D_1 \sim D_4$ 和滤波电容 C_1 的极性，不可装反，否则不但电路不能正常工作，而且还有烧毁元件的危险。以上元件正确安装完后通入 220V 交流电，用万用表测量滤波电容 C_1 两端的电压，约 6V 为正常，如果没有电压或电压过低则要检查整流二极管 D_1～D_4 和灯泡 L。因为整块电路板与 220V 电网无隔离，在测量时不可用手接触电路板避免触电。

2. 音频放大电路的安装与调试

将 R_2、电容式唛头 MIC、耦合电容 C_2、CD4011 和反馈电阻 R_3 按照 PCB 板的位置焊接在电路板上。正确安装完后通入 220V 交流电，用万用表测量 CD4011 的 12 或 13 脚，然后对着电容式唛头 MIC 吹气，看看万用表指针是否有明显摆动。若不摆动，则检查 CD4011 的供电和电容式唛头 MIC 是否有质量问题。

3. 光声控开关电路的安装与调试

将耦合电容 C_4、下拉电阻 R_4、分压电阻 R_5 和光敏电阻 R_6 按照 PCB 板的位置焊接在电路板上。正确安装完后通入 220V 交流电，用万用表测量 CD4011 的 10 脚，对着电容式唛头 MIC 吹气，万用表保持高电平不变为正常；然后断开 220V 交流电用黑胶布贴住光敏电阻 R_6 的表面，通入 220V 交流电，用万用表测量 CD4011 的 10 脚，对着电容式唛头 MIC 吹气，万用表由高电平向低电平摆动为正常。否则检查光敏电阻 R_6 与 R_5 是否接触良好或者 R_5 的阻值是否正确。

4. 定时和触发电路的安装与调试

将二极管 D_5、电容 C_5、电阻 R_7 和限流电阻 R_8 按照 PCB 板的位置焊接在电路板上，安装时注意 D_5 和电容 C_5 的极性不可装反。正确安装完后用黑胶布贴住光敏电阻 R_6 的表面，通入 220V 交流电，用万用表测量 CD4011 的 4 脚，对着电容式唛头 MIC 吹气。万用表由低电平摆向高电平过几十秒后返回低电平为正常，否则检查二极管 D_5 的极性是否装错。如定时时间不适合自己的要求，可改变电容 C_5 和电阻 R_7 的参数，以满足要求。

5. 灯泡开关电路的安装与调试

将可控硅 K 按照 PCB 板的位置焊接在电路板上。正确安装完后用黑胶布贴住光敏电阻 R_6 的表面，通入 220V 交流电，对着电容式唛头 MIC 吹气。观察灯泡 L 是否亮几十秒后熄灭，如果不亮，则可控硅 K 可能装错或损坏。

安装调试完后断开 220V 交流电，把光敏电阻 R_6 表面的黑胶布撕掉，将光声控延迟灯装在楼梯口，便可实现白天灯不亮，在光线不足或夜晚有人走过时灯会自动亮，人走过后几十秒又自动关灯。实现了既延长灯泡寿命，又节能、方便的愿望。

■ 项目小结 ■

1）基本门电路有与门、或门和非门三种，由基本门电路组成的复合门电路有与非门、或非门、与或非门和异或门等，它们是构成各种数字电路的基本单元。对其真值表功能、逻辑代数表达式应熟练掌握。

2）数制有二进制、十进制和十六进制等，它们之间可以相互转换。

3）BCD码有8421码、5421码、2421码和余3码等，它们都可以对十进制数进行编码。

4）逻辑函数的化简有利于电路的简化，可减少器件和提高电路工作的效率和可靠性。化简逻辑函数的方法很多，主要的两种是公式化简法和卡诺图化简法。

5）组合逻辑电路由门电路组成，它的特点是没有记忆功能，输出仅仅取决于当前的输入状态，而与电路以前的状态无关。

6）组合逻辑电路的读图是根据已知的逻辑电路图，逐级推断找出输出和输入之间的逻辑关系，确定电路的逻辑功能。

7）组合逻辑电路的设计是其电路分析的逆过程，其任务是根据需要设计一个满足要求的最佳逻辑电路。

8）组合逻辑电路多采用集成电路来实现，其种类很多，应用很广泛，常见的有编码器、译码器等等。

9）教材中所列仅部分集成电路型号，更多器件可通过查阅数字集成电路手册，应学会使用器件手册或其它途径，如因特网等获取器件信息的方法，这是学习电子技术的必要手段。

集成电路的工艺与发展

1. 集成电路的工艺

把电路所需要的晶体管、二极管、电阻器和电容器等元件用一定工艺方式制作在一小块硅片、玻璃或陶瓷衬底上，再用适当的工艺进行互连，然后封装在一个管壳内，即为集成电路，它使整个电路的体积大大缩小，引出线和焊接点的数目也大为减少。集成的设想出现在20世纪50年代末和60年代初，是采用硅平面技术和薄膜与厚膜技术来实现的。

电子集成技术按工艺方法分为以硅平面工艺为基础的单片集成电路、以薄膜技术为基础的薄膜集成电路和以丝网印刷技术为基础的厚膜集成电路三种。

（1）单片集成电路工艺

利用研磨、抛光、氧化、扩散、光刻、外延生长、蒸发等一整套平面工艺技术，在一小块硅单晶片上同时制造晶体管、二极管、电阻和电容等元件，并且采用一定的隔离技术使各元件在电性能上互相隔离。然后在硅片表面蒸发铝层并用光刻技术刻蚀成互连图形，使元件按需要互连成完整电路，制成半导体单片集成电路。随着单片集成电路从小、中规模发展到大规模、超大规模集成电路，平面工艺技术也随之得到发展。例如，扩散掺杂改用离子注入掺杂工艺；紫外光常规光刻发展到一整套微细加工技术，如采用电子束曝光制版、等离子刻蚀、反应离子铣等；外延生长又采用超高真空分子束外延技术；采用化学汽相淀积工艺制造多晶硅、二氧化硅和表面钝化薄膜；互连细线除采用铝或金以外，还采用了化学汽相淀积重掺杂多晶硅薄膜和贵金属硅化物薄膜，以及多层互连结构等工艺。

（2）薄膜集成电路工艺

整个电路的晶体管、二极管、电阻、电容和电感等元件及其间的互连线，全部用厚度在 1μm 以下的金属、半导体、金属氧化物、多种金属混合相、合金或绝缘介质薄膜，并通过真空蒸发工艺、溅射工艺和电镀等工艺重叠构成。用这种工艺制成的集成电路称薄膜集成电路。

薄膜集成电路中的晶体管采用薄膜工艺制作，它的材料结构有两种形式：①薄膜场效应硫化镉和硒化镉晶体管，还可采用碲、铟、砷、氧化镍等材料制作晶体管；②薄膜热电子放大器。薄膜晶体管的可靠性差，无法与硅平面工艺制作的晶体管相比，因而完全由薄膜构成的电路尚无普遍的实用价值。

实际应用的薄膜集成电路均采用混合工艺，也就是用薄膜技术在玻璃、微晶玻璃、镀釉或抛光氧化铝陶瓷基片上制备无源元件和电路元件间的互连线，再将集成电路、晶体管、二极管等有源器件的芯片和不便用薄膜工艺制作的功率电阻、大电容值的电容器、电感等元件用热压焊接、超声焊接、梁式引线或凸点倒装焊接等方式组装成一块完整电路。

（3）厚膜集成电路工艺

用丝网印刷工艺将电阻、介质和导体涂料淀积在氧化铝、氧化铍陶瓷或碳化硅衬底上。淀积过程是使用一细目丝网，制作各种膜的图案。这种图案用照相方法制成，凡是不淀积涂料的地方，均用乳胶阻住网孔。氧化铝基片经过清洗后印刷导电涂料，制成内连接线、电阻终端焊接区、芯片粘附区、电容器的底电极和导体膜。制件经干燥后，在750℃～950℃间的温度焙烧成形，挥发掉胶合剂，烧结导体材料，随后用印刷和烧成工艺制出电阻、电容、跨接、绝缘体和色封层。有源器件用低共熔焊、再流焊、低熔点凸点倒装焊或梁式引线等工艺制作，然后装在烧好的基片上，焊上引线便制成厚膜电路。厚膜电路的膜层厚度一般为 7～40μm。用厚膜工艺制备多层布线的工艺比较方便，多层工艺相容性好，可以大大提高二次集成的组装密度。此外，等离子喷涂、火焰喷涂、印贴工艺等都是新的厚膜工艺技术。与薄膜集成电路相仿，厚膜集成电路由于厚膜晶体管尚不能实用，实际上也是采用混合工艺。

2. 集成电路的发展

（1）模拟集成电路的发展趋势：高精度、低功耗、小封装

模拟和混合信号器件在本质上与数字器件有着很大的不同，但两者的发展趋势是保持一致的，即朝着更高的速度和性能方向发展。推动模拟和混合信号器件发展的主要动力是人们对更高的精度、线性以及更小失真的向往。同时，市场也在寻求操作功率更低且封装更小的产品。

Intel 公司的摩尔定律尽管不能直接适用于模拟领域，但在模拟和混合信号器件的

许多领域中仍很重要。然而，对于操作性能更高的模拟和混合信号集成电路来说，其衡量标准与数字器件的测量标准大不相同。对模拟或混合信号器件而言，运行速度快未必标志着高性能。

一般而言，性能的提高与电路中有源器件的数量有直接关系。在模拟电路中集成数字功能可以使电路的性能接近理想水平，并实现模拟功能的线路内编程。但在非数字领域，必须在希望采用更多晶体管的需求与通过 Spice 工具模拟几百或几千个器件所需的时间这两者间进行权衡。

供应商应对多功能需求的一种方法，是把很多以前分立的器件集中到完整的模拟子系统中。这些模拟子系统包括完整的模拟信号处理、放大器、滤波器和变换器，以及用于数字切换的接口和控制信号。在很多场合，子系统还包含一定的可编程性，以实现对电路参数的调整，从而在操作时更好地完成对子系统的优化。

由于数字工艺仍在继续压缩业已很小的器件尺寸，所以电源也不得不相应地进行调整。电源电压的降低形成了两种不同的趋势。一种趋势是设计能够在更低电源电压下工作的新型模拟功能器件。采用低电源电压的后果是动态范围的缩减和噪声灵敏度的提高。对于一个采用专为低压数字功能器件而设计的单个公共电源的简化设计而言，牺牲的是模拟精度。虽然较低的电源电压有助于减少数字功能器件的功耗，但它对模拟部分的功耗有不良影响。另一种相反的趋势是把所有高性能模拟功能器件移到设计的一个单独部分，并采用一个单独的模拟电源作为工作电源。由于允许模拟和数字部分几乎完全隔离，所以这种电源的分割使设计和电路布局变得容易起来。同时，这种分离也并没有因为需添置稳压器和电源滤波器而使电路板的占用空间增加过多。

(2) 数字集成电路的发展趋势：更快、更密、更复杂

随着数字技术的迅猛发展，在半导体工艺、平版印刷、金属化和封装等技术进步的支持下，比以往更快、更复杂的数字电路正在成为现实。运算速度高达 3GHz、集成了近 1 亿个晶体管的 64 位微处理器即为一例。有些 DSP 可提供数千兆浮点运算的吞吐量。动态随机存取存储器（DRAM）已达到 512MB 的容量和每个 I/O 引脚上 666Mb/s 的数据传输速率。快闪存储器的容量达到了 1～2GB。某些 ASIC 所具有的门电路的数量超过了一千万，而 FPGA 目前则宣称具有三百万个门电路和数 GHz 的 I/O 端口。

在计算能力不断提高的同时，由于新型存储单元结构的出现，快闪存储器的单片存储密度有望达到 4GB。处在这一技术前沿的两种主要方案包括多级存储单元（Multi-level Cell）和镜像位（Mirror-bit）。多级存储单元通过将各比特编码到四个电荷级中的方法，允许在每个存储单元中存储两个数据位。镜像位方案通过把每个比特存储在一个绝缘栅两端的方法，在每个存储单元中存储两个比特。

要解决芯片安装的复杂性问题通常要求更多的 I/O 端口。然而，单单凭借增加引脚的方法来处理更多的信号总线正变得与提高生产性的目标背道而驰。较宽的高速总线需要进行细致的布局和屏蔽设计，使得它们难以在电路板上实现。为了避免这些问题，最为热门的技术趋势是把串行解串（SERDES）块集成在芯片上，以便将较宽的总线集中于几个高速串行通道中。这种做法将减少引脚数量、降低功耗并简化电路板

设计。

这并不是说并行总线将消失。为了满足下一代高速总线的需要，总线接口电路正在不断发展，以便满足高速系统的需要。比如，低压差分信令（LVDS）正被用来在整个背板上提供干净、高速的信号，或甚至在芯片之间进行数据传送。

简单的逻辑功能电路依然存在。人们仍有可能将门电路、触发器和采用其他工艺技术的产品作为单独元件来购买。业已发生改变的是向单个元件封装技术的转移。借助采用接近显微结构的表面安装型封装的单个门电路或触发器（而不是在一个 14 引脚或 16 引脚的封装中提供双门或四门功能电路）即可达到目的。小型封装选择方案压缩了电路板的占用空间、允许在信号流程中进行逻辑器件的准确定位，并缩短了电路板上的走线长度。

知识巩固

一、是非题

1. 在非门电路中，输入高电平时，其输出为低电平。（　　）
2. 与运算中，输入信号与输出信号的关系是“有 1 出 1，全 0 出 0”。（　　）
3. 或运算中，输入信号与输出信号的关系是“有 1 出 0，全 0 出 1”。（　　）
4. n 个变量的卡诺图共有 $2n$ 个小方格。（　　）
5. 组合逻辑电路的特点是没有记忆功能。（　　）
6. 译码器的功能是将二进制数码还原成给定的信息。（　　）
7. 编码器的功能是将二进制数码还原成给定的信息。（　　）

二、选择题

1. “有 0 出 1，全 1 出 0” 属于________。

A. 与逻辑　　B. 或逻辑　　C. 非逻辑　　D. 与非逻辑

2. “来 0 出 1，来 1 出 0” 属于________。

A. 与逻辑　　B. 或逻辑　　C. 非逻辑　　D. 或非逻辑

3. 与非门的逻辑函数为________。

A. $Y=\overline{AB+CD}$　　B. $Y=\overline{A+B}$　　C. $Y=\overline{AB}$　　D. $Y=\overline{A}B+A\overline{B}$

4. 或非门的逻辑函数为________。

A. $Y=\overline{AB+CD}$　　B. $Y=\overline{A+B}$　　C. $Y=\overline{AB}$　　D. $Y=\overline{A}B+A\overline{B}$

5. 与或非门的逻辑函数为________。

A. $Y=\overline{AB+CD}$　　B. $Y=\overline{A+B}$　　C. $Y=\overline{AB}$　　D. $Y=\overline{A}B+A\overline{B}$

6. 异或门的逻辑函数为________。

A. $Y=\overline{AB+CD}$　　B. $Y=\overline{A+B}$　　C. $Y=\overline{AB}$　　D. $Y=\overline{A}B+A\overline{B}$

7. 二进制数 $(11101)_2$ 转为十进制数为________。

A. 29　　B. 57　　C. 4　　D. 15

8. 2、十进制数 366 转为二进制数为________。

A. 101101111　　B. 10111001　　C. 101101110　　D. 111101110

9. 与 $(19)_{10}$ 相对应的余 3BCD 码是________。

A. 00101100　　B. 01001100　　C. 00110101　　D. 01011010

10. 与 $(66)_{10}$ 相对应的二进制数为________。

A. 1101011　　B. 01101010　　C. 1000010　　D. 01100111

11. $(01101000)_{8421}$ 码对应的十进制数是________。

A. 24　　B. 38　　C. 105　　D. 68

12. 对逻辑函数的化简，通常是指将逻辑函数式简化成最简________。

A. 或与式　　B. 与非式　　C. 与或式　　D. 与或非式

13. n 个变量的卡诺图共有________个小方格。

A. n　　B. $2n$　　C. n^2　　D. 2^n

14. 卡诺图的每个小方格对应逻辑函数的________。

A. 最大项　　B. 最小项　　C. 最简项　　D. 输入项

15. 逻辑函数 $B+\overline{A}B=$________。

A. $A+B$　　B. A　　C. $\overline{A}$　　D. B

16. 逻辑函数 $\overline{A}\,\overline{B}=$________。

A. $A+B$　　B. $\overline{A+B}$　　C. $\overline{A}+B$　　D. $\overline{AB}$

17. 逻辑函数 $ABC+C+1=$________。

A. 1　　B. C　　C. ABC　　D. $C+1$

18. 组合逻辑电路的特点是________。

A. 有记忆功能　　B. 输出/输入间有反馈

C. 输出与以前状态有关　　D. 全部由门电路组成

19. 真值表 7.17 所对应的逻辑表达式是________。

A. $Y=\overline{A}B+A\overline{B}$　　B. $Y=AB+\overline{AB}$　　C. $Y=AB+\overline{A}\,\overline{B}$　　D. $Y=\overline{A}+\overline{B}$

表 7.17　真值表

A	B	Y
0	0	0
0	1	1
1	0	1
1	1	0

20. 组合逻辑电路的分析就是________。

A. 根据实际问题的逻辑关系画逻辑电路图

B. 根据逻辑电路图确定其完成的逻辑功能

C. 根据真值表写出逻辑函数式

D. 根据逻辑函数式画逻辑电路图

21. 组合逻辑电路的设计步骤中第一步应该是________。

A. 由真值表写出逻辑函数表达式

B. 根据实际问题的逻辑关系建立真值表

C. 根据逻辑函数式画出由门电路组成的逻辑电路图

D. 化简逻辑函数式

22. 将十进制数的 10 个数字 0～9 编成二进制代码的电路称为________。

A. 8421BCD 编码器 B. 二进制编码器 C. 十进制编码器 D. 优先编码器

23. 3 位二进制编码器输入信号位 I_3 时，输出 $Y_2Y_1Y_0$＝________。

A. 100 B. 110 C. 011 D. 101

24. 当 8421BCD 码优先编码器 74LS147 的输入信号$\overline{I_1}$、$\overline{I_2}$、$\overline{I_8}$、$\overline{I_9}$同时输入时，输出$\overline{Y_3}\,\overline{Y_2}\,\overline{Y_1}\,\overline{Y_0}$＝________。

A. 1110 B. 1101 C. 0111 D. 0110

25. 8421BCD 编码器的输入变量为________个，输出变量为________个。

A. 8 B. 4 C. 10 D. 7

26. 74LS138 集成电路是________线译码器。

A. 8—3 B. 2—4 C. 3—8 D. 2—10

27. 半导体数码管通常是由________个发光二极管排列而成。

A. 5 B. 6 C. 7 或 8 D. 9

28. 七段显示译码器要显示数码“2”，则共阴极数码显示器的 a～g 引脚的电平应为________。

A. 1101101 B. 1011011 C. 1111011 D. 1110000

29. 图 7.25 所示的电路是________门电路。

A. 与 B. 或 C. 非 D. 异或

30. 图 7.26 所示的逻辑符号是________门。

A. 与 B. 或 C. 或非 D. 与非

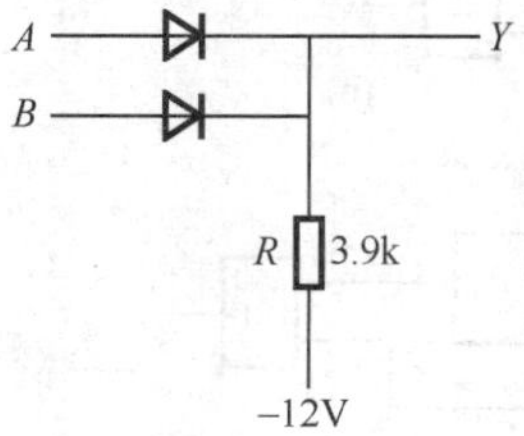

图 7.25 门电路

图 7.26 门电路逻辑符号

三、用公式法将下列函数化简为最简与或式

1. $Y=A(\overline{A}+B)+B(B+C)+B$。

2. $Y=AC+B\overline{C}+\overline{A}B$。

3. $Y=\overline{A}+\overline{B}+ABC$。

4. $Y=AB+\overline{A}C+\overline{B}C$。

5. $Y=AC+\overline{B}\,\overline{C}+A\overline{B}(C+\overline{C})$。

6. $Y=\overline{\overline{A}BC}+\overline{A\overline{B}}$。

7. $Y=\overline{AB+\overline{A}\,\overline{B}}$。

四、用卡诺图化简下列函数。

1. $Y=\overline{A}\,\overline{B}\,\overline{C}+A\overline{B}CD+A\overline{B}+A\overline{D}+A\overline{B}C+B\overline{C}$。

2. $Y=A\overline{B}+B\overline{C}+\overline{A}C+\overline{A}B+\overline{B}C+A\overline{C}$。

3. $Y=AC+BC+\overline{B}D+\overline{C}D+AB$。

4. $Y=\overline{A}C+\overline{B}C+\overline{B}D+\overline{C}D+A\overline{B}$。

五、分析题

1. 如图 7.27 所示，求当 $A=1$、$B=1$、$C=0$ 时，Y 的值。

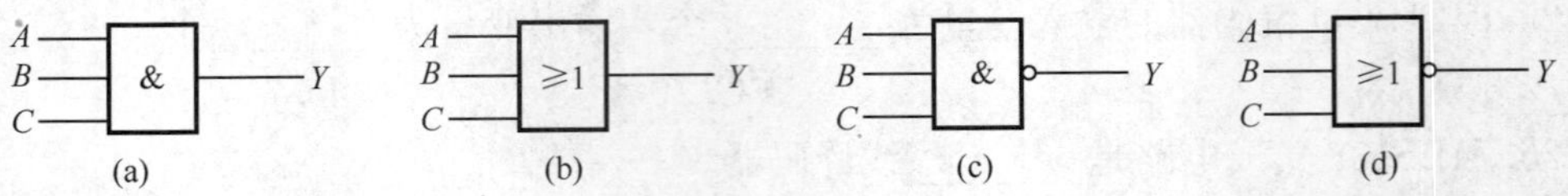

图 7.27　几个门电路

2. 当输入波形如图 7.28 所示时，试画出与非门和或非门的输出波形。

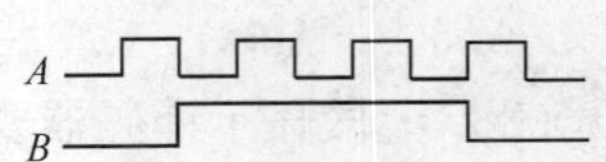

图 7.28　输入波形

3. 列出逻辑函数 $Y=\overline{AB}$的真值表。

六、根据图 7.29 各电路，分别写出相应的逻辑函数表达式并化简。

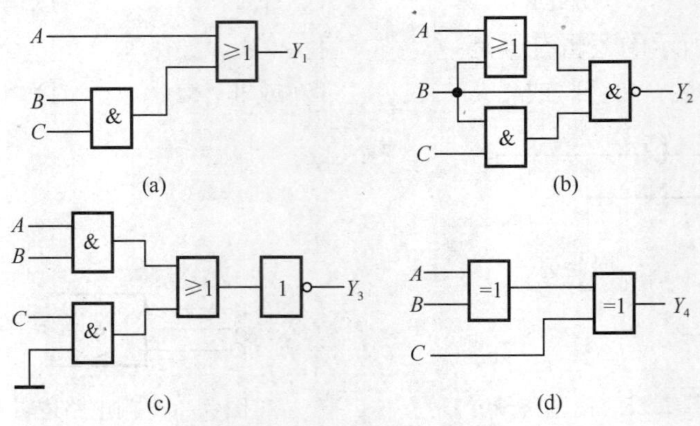

图 7.29　题六电路图

七、画出体现下列函数表达式的逻辑电路图。

1. $Y=(A+B)\cdot\overline{AB}$。

2. $Y=AB+AC$。

3. $Y=(A+B)\cdot(C+D)$。

4. $Y=\overline{AB}\cdot\overline{CD}$。

5. $Y=\overline{A}\,\overline{B}\cdot\overline{CD}$。

八、写出图 7.30 所示电路的输出量逻辑表达式，列出真值表，并分析电路的功能。

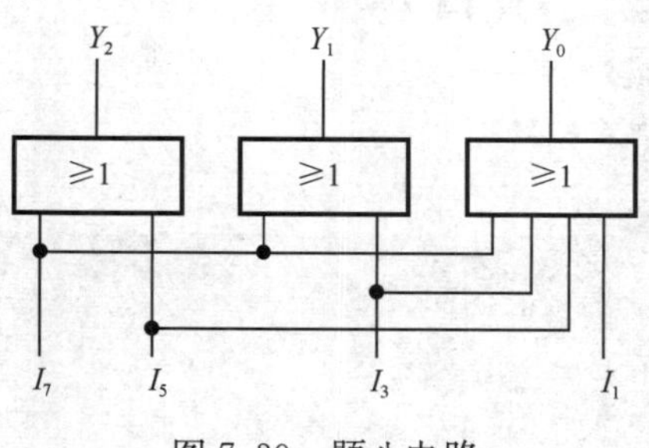

图 7.30　题八电路

九、试画出由两片 3—8 线译码器构成的4—16 线译码器的电路图。

项目八

数 字 钟

随着数字电子技术的发展，各类数字钟广泛应用于家庭或公共场所，甚至嵌入各种电子设备中，用于指示时间或控制其他电器设备。

数字钟形式和内部结构有多种多样，但它离不开以下几个基本组成部分：电源电路、振荡电路、分频电路、计数电路、译码驱动电路、显示电路。

本项目的学习围绕数字钟的计数器、分频器展开，利用最简单的二进制计数器构成时钟分频器、计数器，学习重点是根据已有的各种二进制、十进制集成计数器改为任意进制分频器、计数器。

知识目标

- 知道触发器工作原理。
- 了解集成寄存器、计数器、分频器的工作过程。
- 能应用触发器和集成计数器、分频器设计简单数字电路。

技能目标

- 能根据数字集成电路手册识别集成电路引脚功能。
- 装调一个数字钟，掌握数字电路的制作、检测、调试的基本方法。

■ 8.1 触发器的基本电路 ■

☞学习目标

1）知道触发器具有记忆功能。

2）知道 RS、JK、D、T 触发器的符号和功能。

3）能分析 RS、JK、D、T 触发器的工作波形。

触发器是数字逻辑电路中的另一类基本单元电路。从本质上看，触发器也是由各种逻辑门电路组成的，但因其中引入了“正反馈”，使得触发器具有了与普通的逻辑门完全不同的性质——具有了记忆功能。它能存储一位二进制数字信号。

触发器有两个稳定状态：称为“0”态和“1”态（代表电路的低电平和高电平）。在没有外来信号作用时，将一直保持某一种稳定状态。只有在一定的输入信号控制下，才有可能从一种稳定状态转换到另一种稳定状态（这一过程称为翻转），并保持到下一个输入信号使它翻转为止。

触发器按逻辑功能分类，可分为 RS 触发器、JK 触发器、D 触发器、T 触发器等，本项目着重介绍这些触发器的组成和逻辑功能，并学习由此构成的寄存器、计数器、分频器等的结构、逻辑功能以及相关应用。

8.1.1 基本 RS 触发器

1. 电路结构

RS（RS 是指复位（Reset）和置位（Set）之意）触发器是触发器中最基本的组成单元。如图 8.1（a）所示，它是由两个与非门 G_1 和 G_2 的输入端和输出端相互交叉连接构成的。

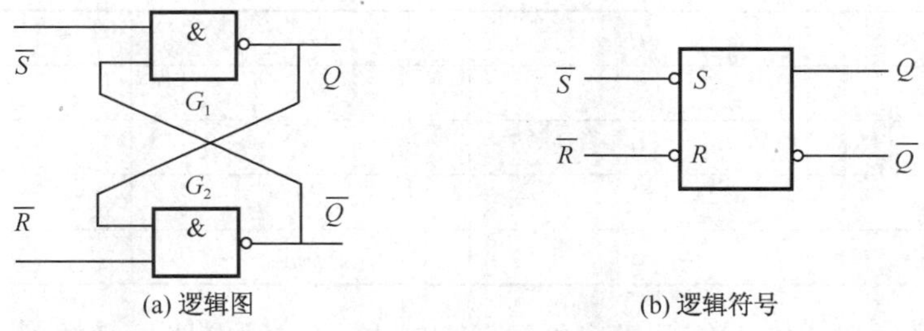

图 8.1 基本 RS 触发器

RS 触发器有两个信号输入端$\overline{R}$和$\overline{S}$，$\overline{S}$叫置“1”输入端或置位端，$\overline{R}$叫置“0”输入端或复位端，$\overline{R}$和$\overline{S}$上面加“－”表示输入“低电平有效”。在其逻辑符号的边框外加小圆圈表示低电平有效，如图 8.1（b）所示。RS 触发器有两个以互补形式为输出的 Q

和$\overline{Q}$端，一般规定，当$Q=1$，$\overline{Q}=0$时称触发器处于“1”态，当$Q=0$，$\overline{Q}=1$时称触发器处于“0”态。通常把触发器输入信号作用前所处的状态称为原态，用Q_n表示；把触发器在输入信号作用后所处的状态称为现态，用Q_{n+1}表示（在以后的有关讨论中符号约定同此，不再说明）。

2. 逻辑功能分析

(1) $\overline{S}=1$，$\overline{R}=1$，触发器保持原态

当$\overline{S}=1$，$\overline{R}=1$时，根据与非门的逻辑功能可知：门G_1和G_2的输出状态由反送到它们输入端的Q和$\overline{Q}$的状态决定。设原态为$Q_n=1$，$\overline{Q}_n=0$，即触发器为1态，因G_1的一个输入端$\overline{Q}_n=0$，它的输出$Q_{n+1}=1$；而G_2的两个输入端$\overline{R}$及Q_n均为1，则G_2输出$\overline{Q}_{n+1}=0$，触发器的现态与原态相同，保持不变。若原态是$Q_n=0$，$\overline{Q}_n=1$，即触发器为0态。读者可自行分析，触发器保持0态不变。所以当$\overline{S}=1$，$\overline{R}=1$，触发器保持原态。

(2) $\overline{S}=0$，$\overline{R}=1$，触发器置1态

当$\overline{S}=0$，G_1的输出$Q_{n+1}=1$，这时G_2的两个输入端均为1，故$\overline{Q}_{n+1}=0$，触发器为1态。

(3) $\overline{S}=1$，$\overline{R}=0$，触发器置0态

当$\overline{R}=0$，G_2的输出$\overline{Q}_{n+1}=1$，这时G_1的两个输入端均为1，故$Q_{n+1}=0$，触发器为0态。

(4) $\overline{S}=0$，$\overline{R}=0$，触发器状态不确定

当$\overline{S}=0$，$\overline{R}=0$时，由电路得知$Q=1$，$\overline{Q}=1$，破坏了触发器的逻辑关系（输出为互补信号）；且当$\overline{R}$、$\overline{S}$的低电平消失后，触发器的状态是随机的。因为$\overline{R}$、$\overline{S}$低电平撤消时间和G_1、G_2门传输延迟时间不可能绝对相等，所以触发器的输出状态不能确定，故称为不定态。因此，触发器正常工作时不允许出现$\overline{S}=0$、$\overline{R}=0$的这种输入状态。对基本RS触发器的输入信号来说，应遵守$\overline{R}+\overline{S}=1$的约束。

根据以上分析，基本RS触发器的逻辑功能如表8.1所示。

表8.1 基本RS触发器的逻辑功能表

$\overline{S}$	$\overline{R}$	Q_{n+1}	功能
1	1	Q_n	保持
1	0	0	置0
0	1	1	置1
0	0	不定	不定

基本RS触发器的输入信号是以电平信号直接控制触发器的翻转的，在实际应用中，当采用多个触发器工作时，往往要求各触发器在同一时刻翻转，这就需要引入一个时钟控制信号，简称为时钟脉冲，用CP表示。这种触发器只有当时钟脉冲信号到达时，才能根据输入信号的条件在同一时刻发生翻转。这种具有时钟脉冲控制的触发器称为同步RS触发器。

8.1.2　同步 RS 触发器

1. 电路结构

同步 RS 触发器逻辑电路如图 8.2（a）所示，（b）是其逻辑符号。同步 RS 触发器是在基本 RS 触发器的基础上增加了时钟（*CP*）控制电路构成的，与非门 G_3 和 G_4 组成时钟控制门。*CP* 为时钟脉冲引入端，$\overline{R}_D$ 和 $\overline{S}_D$ 是异步置 0、置 1 端，它不受时钟脉冲 *CP* 控制，平时应接高电平或悬空。

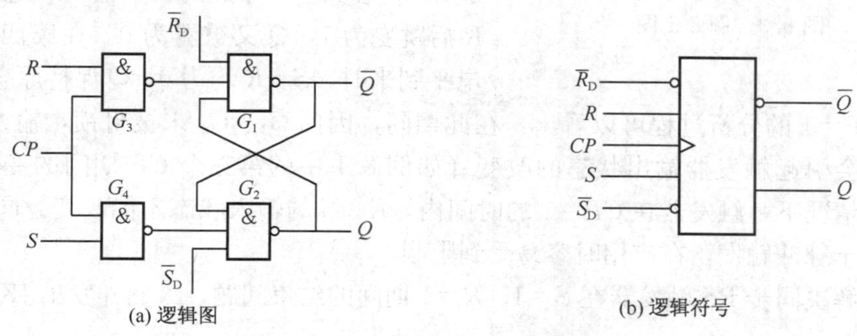

图 8.2　同步 RS 触发器

2. 逻辑功能分析

(1) $CP=0$

门 $G_3=G_4=1$，输入信号 *R*、*S* 不起作用，即门 G_3、G_4 被封锁。此时相当于基本 RS 触发器的输入为 1，所以触发器的状态保持不变，输出 $Q_{n+1}=Q_n$。

(2) $CP=1$

1）当 $S=0$、$R=0$ 时，与非门 $G_3=1$、$G_4=1$，此时相当于基本 RS 触发器的输入为 1，输出 $Q_{n+1}=Q_n$，即触发器保持原态。

2）当 $S=0$、$R=1$ 时，与非门 $G_3=1$、$G_4=0$，根据基本 RS 触发器功能可知 $Q_{n+1}=0$，即触发器置 0 态。

3）当 $S=1$、$R=0$ 时，与非门 $G_3=0$、$G_4=1$，根据基本 RS 触发器功能可知 $Q_{n+1}=1$，即触发器置 1 态。

4）当 $S=1$、$R=1$ 时，与非门 $G_3=0$、$G_4=0$，根据基本 RS 触发器功能可知：触发器处于不定状态。所以同步 RS 触发器应该遵守 $R\cdot S=0$（*R*、*S* 不能同时为 1）。

根据上述分析，同步 RS 触发器的逻辑功能归纳为表 8.2。

表 8.2　同步 RS 触发器的逻辑功能

CP	*S*	*R*	Q_{n+1}	说明
0	×	×	Q_n	保持
1	0	0	Q_n	保持
1	0	1	0	置 0
1	1	0	1	置 1
1	1	1	不定	不定

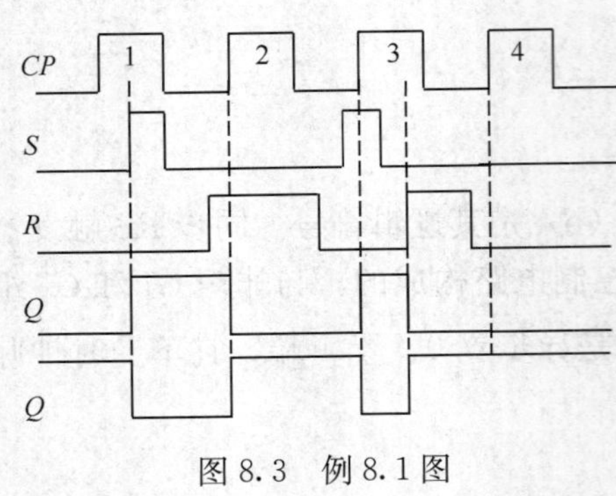

图 8.3 例 8.1 图

【例 8.1】 同步 RS 触发器如图 8.2（a）所示，若 S、R、CP 脉冲如图 8.3 所示，试在它们的下方画出 Q 的波形。

分析 设触发器初态 $Q=0$，在第一个 CP 脉冲高电平期间 S 跳变为 1，Q 被置 1。在第二个 CP 高电平到来时，因 $R=1$，故 Q 被置 0。在第三个 CP 高电平到来时，因 $S=1$，Q 被置成 1，但在第三个 CP 的后半程，S 先跳变为 0，R 后跳变为 1，Q 又被置为 0。在第四个 CP 高电平到来时，S、R 均为 0，Q 保持原态不变。

从 $CP=1$ 的分析过程可以看出：在此期间，因门 G_3、G_4 未被封锁，输入信号 R、S 的改变会引起触发器输出状态的改变（如例 8.1 中的第三个 CP 期间的变化情况）。所以正常情况下，触发器在 $CP=1$ 的时间内，R、S 的输入状态不能改变。同步 RS 触发器是属于脉冲触发，在应用时容易受到限制。

为了解决同步 RS 触发器在 $S=1$、$R=1$ 期间的约束问题，人们开发出 JK 触发器。

8.1.3 JK 触发器

1. 电路结构

JK 触发器是在同步 RS 触发器组成的基础上，再加上两条反馈线构成，为区别于 RS 触发器，把两个信号输入端称为 J 和 K。如图 8.4（a）所示，（b）是它的逻辑符号。$G_1 \sim G_4$ 的四个与非门组成 JK 触发器，它们在时钟脉冲控制下翻转。逻辑符号中的“∧”表示 CP 高电平有效，带小圆圈的表示低电平有效。

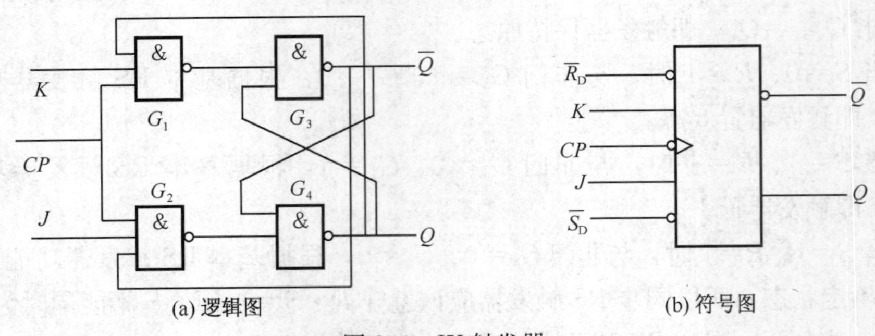

图 8.4 JK 触发器

2. 电路逻辑功能分析

在 $CP=0$ 期间，门 G_1、G_2 被封锁，J、K 不起作用。但原来存在 G_3、G_4 门输出状态不变。

在 $CP=1$ 期间，门 G_1、G_2 随即被打开，输入 J、K 有效。

(1) $J=0$、$K=0$，$Q_{n+1}=Q_n$，触发器保持原态。

在 $CP=1$ 期间，门 G_1、G_2 输出均为高电平，触发器的状态不变。

(2) $J=0$、$K=1$，$Q_{n+1}=0$，触发器置 0 态

在 $CP=1$ 期间，$J=0$，$K=1$，根据同步 RS 触发器功能，触发器置 0。

(3) $J=1$、$K=0$，$Q_{n+1}=1$，触发器置 1 态

在 $CP=1$ 期间，$J=1$、$K=0$，根据同步 RS 触发器功能，触发器置 1。

(4) $J=1$、$K=1$，$Q_{n+1}=\overline{Q}_n$，触发器计数态

在 $CP=1$ 期间，$J=1$，$K=1$，若 $Q_n=0$，$\overline{Q}_n=1$，则触发器各门状态为 $G_1=1$，$G_2=0$，$G_3=0$，$G_4=1$，即触发器翻转为 1 态；若 $Q_n=1$，$\overline{Q}_n=0$，则主触发器各门状态为 $G_1=0$，$G_2=1$，$G_3=1$，$G_4=0$，即触发器翻转为 0 态。

当 $J=K=1$ 时，触发器在 CP 作用下，输出状态总是与原来状态相反即 $Q_{n+1}=\overline{Q}_n$，这种情况称为计数。

综上所述，JK 触发器的逻辑功能如表 8.3 所示。在此需强调的是：当 $J=K=1$，CP 高电平期间，$Q_{n+1}=\overline{Q}_n$，说明 JK 触发器具有计数功能（1→0 或 0→1）。一个 JK 触发器能计一位二进制数，所以 JK 触发器不仅有保持记忆、置 1、置 0 功能，且有计数功能。JK 触发器的性能比 RS 触发器更完善，解决了 RS 触发器存在的状态不定问题，故它的应用更广泛。

表 8.3　JK 触发器的功能表

CP	J	K	Q_{n+1}	说明
↓	0	0	Q_n	保持
↓	0	1	0	置 0
↓	1	0	1	置 1
↓	1	1	$\overline{Q}$	计数

【例 8.2】　设如图 8.5 所示 JK 触发器的初始状态为 0，试根据图 8.5 给出的 CP、J、K 的波形，画出 Q 的波形。

分析　JK 触发器的工作过程：在 $CP=1$ 期间，触发器接收输入信号，触发器根据 J、K 状态决定下一个状态 Q_{n+1}，如图 8.5 所示，在第一个 $CP=1$ 期间，$J=1$，$K=0$，触发器将被置 1，在第二个 $CP=1$ 期间，$J=0$，$K=1$，触发器被置 0。以此类推，可画出 Q 的波形，如图 8.5 所示。

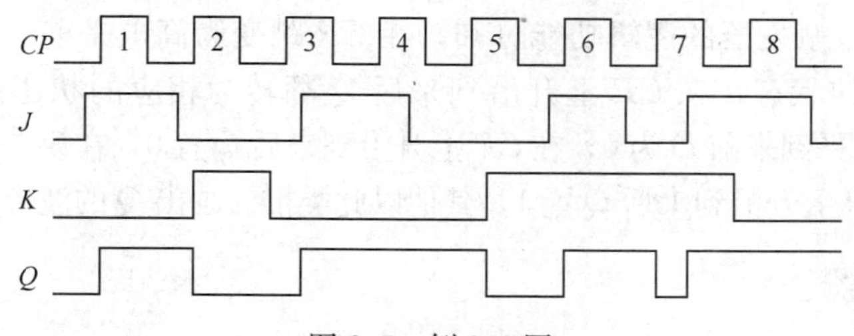

图 8.5　例 8.2 图

以上介绍的是 JK 触发器，其使用过程存在抗干扰能力弱的缺点，在实际应用中更

多的是使用抗干扰能力优良的边沿 JK 触发器。边沿 JK 触发器功能与上述 JK 触发器的功能完全相同，边沿 JK 触发器和输出状态翻转是在 CP 脉冲的上升沿或下降沿触发有效，避免了空翻现象，在这里不多介绍。

8.1.4 D 触发器

1. 定义

在 CP 脉冲的作用下，根据输入信号 D 的不同状态，凡是具有置 0、置 1 功能的电路，称为 D 触发器，电路符号如图 8.6 所示。D 为触发器输入端，CP 为时钟脉冲控制端；$\overline{R}_D$ 和 $\overline{S}_D$ 为异步置位端，平时接高电平。

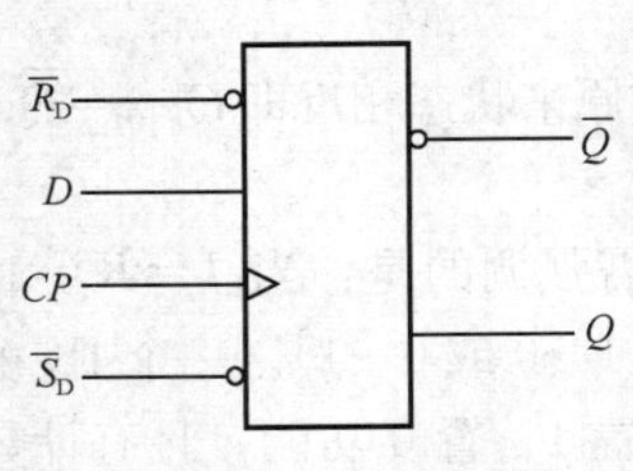

图 8.6 D 触发器逻辑符号

值得一提的是：常用触发器大多为集成电路，使用触发器时也无须过多了解其内部的结构，只须明确其功能和触发条件，故在此对 D 触发器及下一节要讨论的 T 触发器的电路构成和具体工作原理不予分析，只对其逻辑功能及工作波形进行说明。

2. 逻辑功能和工作波形

D 触发器的功能可以表述为 $Q_{n+1}=D$，即 D 触发器的输出状态由输入信号 D 决定。

1）$D=0$，CP 上升沿到来后 $Q_{n+1}=0$，触发器置 0。

2）$D=1$，CP 上升沿到来后 $Q_{n+1}=1$，触发器置 1。

D 触发器的逻辑功能如表 8.4 所示。

表 8.4 D 触发器的功能表

CP	D	$Qn+1$	说明
↑	0	0	置 0
↑	1	1	置 1

【例 8.3】 已知 D 触发器的初态为 0，CP、D 的波形如图 8.7 所示，试分析 Q 的波形。

分析 根据 D 触发器的逻辑功能可知，在 CP 跳变为高电平前一瞬间 D 的状态决定触发器输出 Q 的状态，在 CP 上升沿到来后 Q 翻转为相应的状态。如图 8.7 所示，在第一个 CP 高电平到来前 D 为 0，在 CP 上升沿到来后 Q 置 0，在第二个 CP 上升沿到来前 D 为 1，在 CP 上升沿到来后 Q 置 1，其他以此类推。画出 Q 的波形如图 8.7 所示。

8.1.5 T 触发器

1. 定义

在 CP 脉冲的作用下，根据输入信号 T 的不同状态，凡是具有保持和翻转功能的电路，称为 T 触发器，电路符号如图 8.8 所示。T 为触发器输入端，CP 为时钟脉冲控制端；$\overline{R}_D$ 和 $\overline{S}_D$ 为异步置位端，平时接高电平。

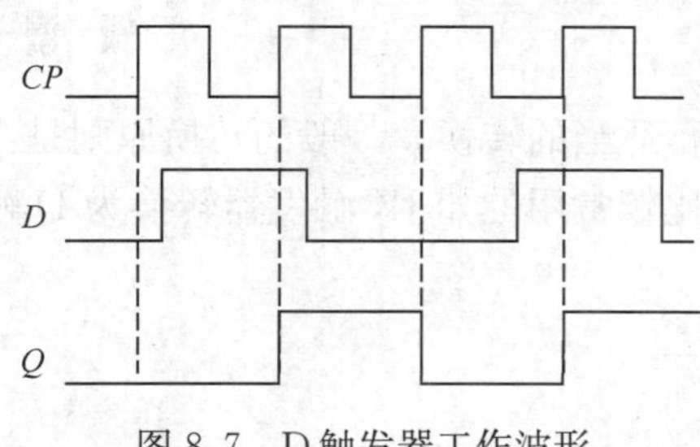

图 8.7 D 触发器工作波形

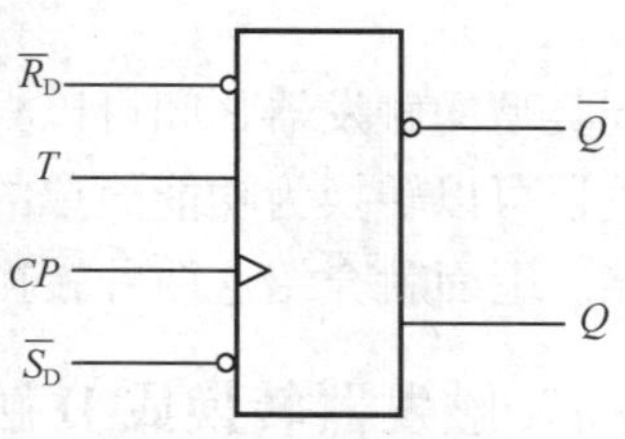

图 8.8 T 触发器逻辑符号

2. *逻辑功能和工作波形*

T 触发器的功能可以表述如下。

1）$T=0$，C 上升沿到来后 $Q_{n+1}=Q_n$，触发器保持原态不变。

2）$T=1$，C 上升沿到来后 $Q_{n+1}=\overline{Q}_n$，触发器状态计数翻转。

T 触发器的逻辑功能如表 8.5 所示。

表 8.5 T 触发器的功能表

CP	Q_n	T	Q_{n+1}	说明
↓	0	0	0	保持 0
↓	0	1	1	翻转为 1
↓	1	0	1	保持 1
↓	1	1	0	翻转为 0

【例 8.4】 已知 T 触发器的初态为 0，CP、T 的波形如图 8.9 所示，试分析 Q 的波形。

分析 根据触发器的逻辑功能可知，在 CP 跳变为高电平前一瞬间，T 的状态决定触发器输出，Q 的状态是保持或翻转；在 CP 上升沿到来后 Q 发生相应的状态变化。在第一个 CP 高电平到来前 T 为 1，在 CP 上升沿到来后 Q 从 0 态翻转 1 态，在第二个 CP 上升沿到来前 T 也为 1，在 CP 上升沿到来后 Q 又从 1 计数翻转为 0，其他以此类推。分析结果如图 8.9 所示。

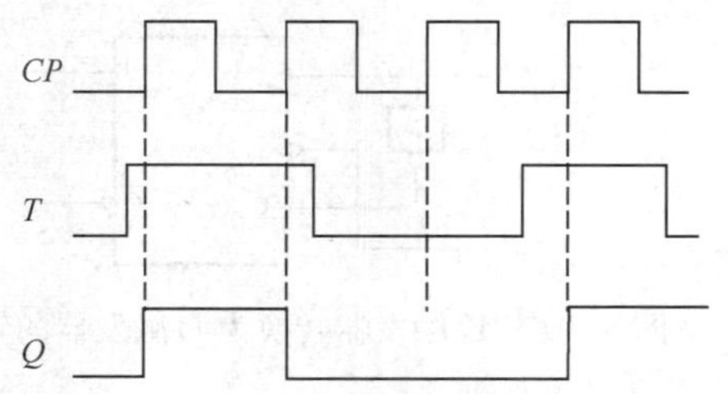

图 8.9 T 触发器工作波形

■ 8.2 触发器的功能转换 ■

☞**学习目标**

1）知道不同类型触发器的相互转换方法。

2）能把JK触发器转换为D、T触发器。

不同类型的触发器之间可以根据需要进行适当的转换。一般的转换原则是：功能复杂的触发器可以转换为功能简单的触发器。比较常用的如JK触发器转换为D触发器和T触发器。下面就介绍这两种转换。

8.2.1 JK触发器转换成D触发器

JK触发器具有保持、置0、置1、计数四个功能，而D触发器只有置0和置1两种功能。对JK触发器来说，当$J=0$、$K=1$时，触发器置0态，当$J=1$、$K=0$时，触发器置1态；也即在此两种情况下，JK触发器功能与D触发器功能相同。如图8.10所示，D直接连接J端，D再通过非门接K端，就把JK触发器转换为D触发器。即当$D=0$时，$J=0$，$K=1$，在CP下降沿作用下，触发器置0，当$D=1$时，$J=1$，$K=0$，在CP下降沿作用下，触发器置1。如此实现了JK触发器转换为D触发器，若要在CP的上升沿触发，只需在CP输入线上加一非门即可。

8.2.2 JK触发器转换成T触发器

对JK触发器来说，当$J=0$、$K=0$时，触发器保持原态，当$J=1$、$K=1$时，触发器计数翻转；也即在此两种情况下，是JK触发器的功能与T触发器的功能相同。如图8.11所示，把JK触发器的两输入端J、K连在一起接到T端，就把JK触发器转换为T触发器。即当$T=0$时，$J=0$，$K=0$，在CP下降沿作用下，触发器保持原态，当$T=1$时，$J=1$，$K=1$，在CP下降沿作用下，触发器计数翻转。如此实现了JK触发器转换为T触发器，若要在CP的上升沿触发，只需在CP输入线上加一非门即可。

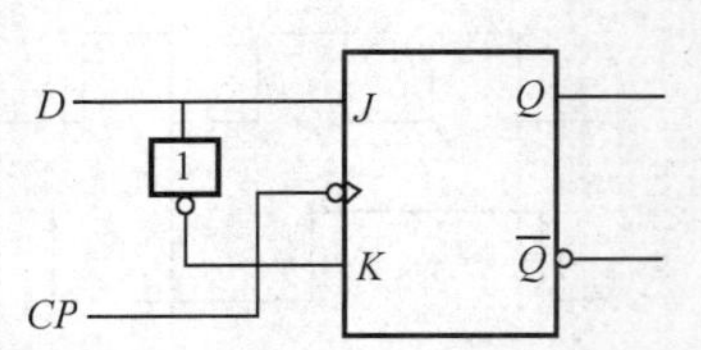

图8.10 JK触发器转换为D触发器的转换图

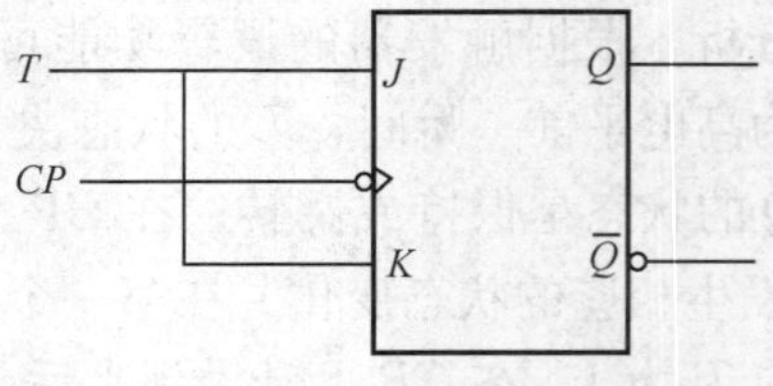

图8.11 JK触发器转换为T触发器的转换

■ 8.3 常用集成触发器及应用 ■

☞**学习目标**

1）了解常用集成触发器型号。

2）能识别常用集成触发器引脚上符号的含义。

3）掌握触发器的基本应用电路。

1. 常用集成触发器

集成触发器与其他数字集成电路情况类似，可分为 TTL 电路和 CMOS 电路两大类。通过查阅数字集成电路手册，可以获得各种类型集成触发器的相关资料。对于一般使用者来说，只需知道集成触发器的外围引脚排列及相应的功能，而无需了解集成电路内部结构。图 8.12 给出了几种常用的 JK 和 D 触发器的引脚排列图；下面就对相关引脚的功能与符号加以说明。

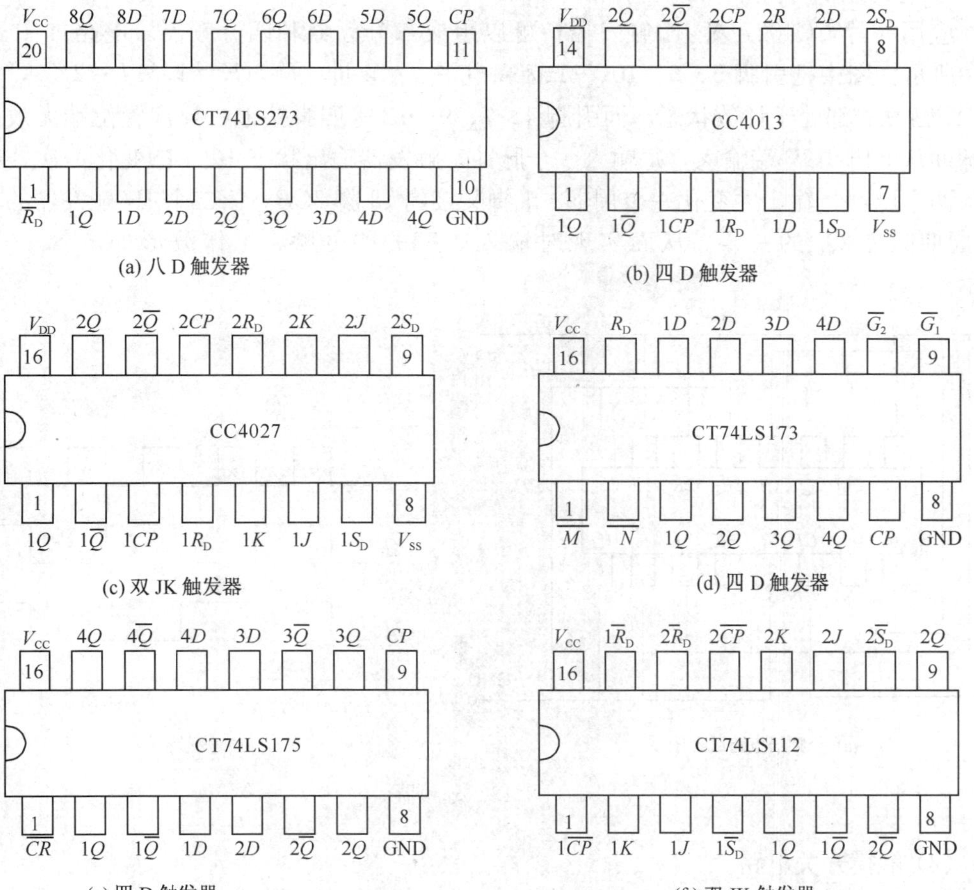

V_{CC} 8Q 8D 7D 7Q 6Q 6D 5D 5Q CP (20 … 11)
CT74LS273
$\overline{R}_D$ 1Q 1D 2D 2Q 3Q 3D 4D 4Q GND (1 … 10)

(a) 八 D 触发器

V_{DD} 2Q $2\overline{Q}$ 2CP 2R 2D $2S_D$ (14 … 8)
CC4013
1Q $1\overline{Q}$ 1CP $1R_D$ 1D $1S_D$ V_{SS} (1 … 7)

(b) 四 D 触发器

V_{DD} 2Q $2\overline{Q}$ 2CP $2R_D$ 2K 2J $2S_D$ (16 … 9)
CC4027
1Q $1\overline{Q}$ 1CP $1R_D$ 1K 1J $1S_D$ V_{SS} (1 … 8)

(c) 双 JK 触发器

V_{CC} R_D 1D 2D 3D 4D $\overline{G}_2$ $\overline{G}_1$ (16 … 9)
CT74LS173
$\overline{M}$ $\overline{N}$ 1Q 2Q 3Q 4Q CP GND (1 … 8)

(d) 四 D 触发器

V_{CC} 4Q $4\overline{Q}$ 4D 3D $3\overline{Q}$ 3Q CP (16 … 9)
CT74LS175
$\overline{CR}$ 1Q $1\overline{Q}$ 1D 2D $2\overline{Q}$ 2Q GND (1 … 8)

(e) 四 D 触发器

V_{CC} $1\overline{R}_D$ $2\overline{R}_D$ $2\overline{CP}$ 2K 2J $2\overline{S}_D$ 2Q (16 … 9)
CT74LS112
$1\overline{CP}$ 1K 1J $1\overline{S}_D$ 1Q $1\overline{Q}$ $2\overline{Q}$ GND (1 … 8)

(f) 双 JK 触发器

图 8.12 几种常用集成触发器

1）集成电路型号前字母是 CT，则表示这个集成电路为 TTL 电路，CC 或 CD 表示这个集成电路为 CMOS 电路。

2）符号上加横线的表示低电平或下降沿有效，如$\overline{R}_D=0$ 触发器被置 0、$\overline{S}_D=0$ 触发器被置 1，$\overline{CP}$表示该时钟脉冲为下降触发。不加横线表示高电平有效。

3）双触发器及多触发器的器件的输入、输出符号前加同一数字，则说明这些引脚为同一触发器所有。

4）部分触发器存在使能端，如 LS173 的 G_1、G_2 为数据选通端，M、N 为三态控制端（均为低电平有效）。

5）GND 为 TTL 类电路的接地引脚，V_{CC}为 TTL 类电路的电源引脚；V_{SS}为 CMOS 类电路的接地引脚，V_{DD}为 CMOS 类电路的电源引脚。

6）TTL 电路的电源 V_{CC} 电压一般为＋5V；CMOS 电路的电源 V_{DD} 电压为＋3～＋18V，在许多情况下可以选＋5V，以便于与 TTL 类电路电源共用。

2. 触发器应用举例

(1) 分频器

应用一片 CC4027 双 JK 触发器，可以组成二分频器和四分频器。电路如图 8.13 (a) 所示，图中把引脚 5、6、10、11 接高电平 V_{DD}，即 $1J=1K=1$、$2J=2K=1$，两个 JK 触发器都处于计数状态。而引脚 4、7、9、12 等四脚接地，异步置位端无效。输入脉冲从 3 脚 $1CP$ 端输入，每输入一个脉冲，触发器输出状态 $1Q$ 1 脚变化一次，所以输入两个脉冲，输出才变化一个周期。1 脚又接到 13 脚 $2CP$，第二个 JK 触发器的输出 Q_2 周期只有 Q_1 的一半。从而实现对输入频率的四分频。工作波形如图 8.13 (b) 所示。

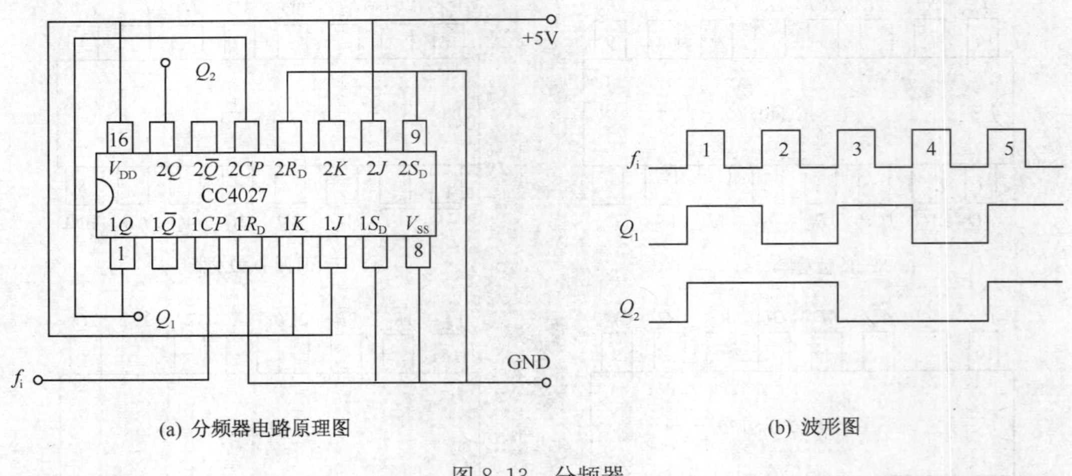

(a) 分频器电路原理图　　(b) 波形图

图 8.13　分频器

(2) 触摸开关电路

电路用一片 CC4013 双 D 触发器组成，电路如图 8.14 所示。B 为触摸电极，其中第二个 D 触发器连成计数状态：$Q_{n+1}=D=\overline{Q}_n$。

工作原理分析如下：当手指触摸电极 B 时，由于人体感应作用，在 3 脚 $1CP$ 端产生一个正跳变脉冲，因为 5 脚 $1D$ 接电源为高电平，此时 1 脚 $1Q$ 输出高电平；此时相当于在 11 脚 $2CP$ 上获得了一个正跳变脉冲，13 脚 $2Q$ 输出一个高电平通过 R_4 加在单向可控硅 SCR 的触发极，SCR 导通，灯亮。在此同时，1 脚通过 R_3 给 C_1 充电，4 脚 $1R_D$ 电平升高使 1 脚复位。再摸一次电极 B，灯灭。这个工作过程可由读者自行分析。

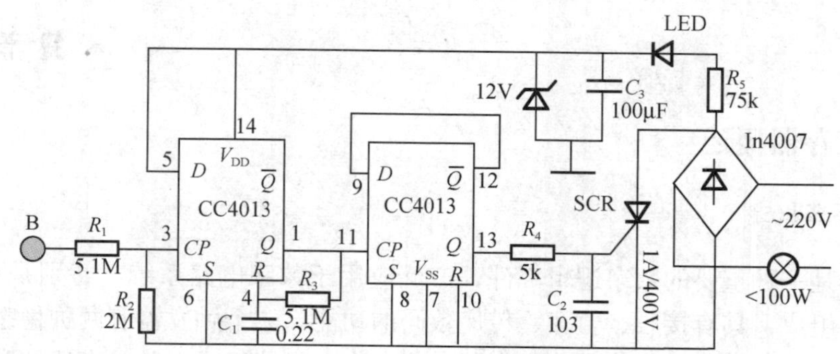

图 8.14　触摸开关电路原理图

（3）定时器

电路核心是一个 D 触发器，如图 8.15 所示，因 D 端接地，$D=0$，接通电源，电源 V_{DD}经 R_4 给 C_2 充电（C_2 很小，充电时间很短），相当于在 CP 端产生了一个正跳变脉冲，使 $Q=0$，$\overline{Q}=1$，$\overline{Q}$的高电平经 R_2 加在三极管 V 的基极，V 饱和，指示灯 LED 不亮。同时，Q 的低电平通过二极管 VD 使 R_D 端钳位在低电平无效。当按下按钮 N 时，SD 端为高电平，触发器被异步置 1，$Q=1$，$\overline{Q}=0$，$\overline{Q}$的低电平通过 R_2 使 V 截止，V 的集电极高电平使 LED 亮。此时，电源 V_{DD}经 RP、R_1 给 C_1 充电，使 R_D 端电平逐渐上升，当 R_D 端电平上升到高电平时，使触发器异步置 0，$Q=0$，$\overline{Q}=1$，LED 灭。调节 R_P 可以改变充电快慢，从而改变定时时间。

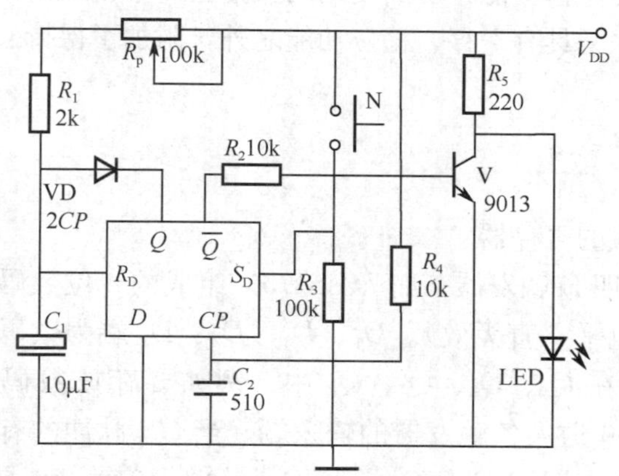

图 8.15　定时器电路原理图

8.4 寄 存 器

☞学习目标

1）知道寄存器的作用、组成和分类。

2）了解移位寄存器的工作过程。

8.4.1 寄存器概述

1. 寄存器概述

寄存器是一种重要的数字逻辑部件，广泛应用于数字电路系统，特别是计算机中。它由触发器组成，具有接收、暂存、传递数码的功能。一个触发器有两种稳态，可以存储一位二进制数码，因此 n 位数码寄存器应由 n 个触发器组成。凡具有置 0 和置 1 两种功能的触发器都可作为寄存器使用。本书主要介绍由 JK 触发器、D 触发器组成的寄存器，当然，许多寄存器还需加上由门电路构成的控制电路，以保证信号的接收和清除。

寄存器接收数码的方式有两种：一种是单拍接收方式，另一种是双拍接收方式。所谓双拍接收方式，是指第一拍清零，第二拍接收存放数码；而单拍方式是只用一拍即可完成寄存数码的过程，无需在接收数码前给寄存器清零。

寄存器有数码寄存器和移位寄存器。移位寄存器除了具有接收、暂存数码之外，还具有对所存储的数码进行有规则移动的功能。按照数码移动方向的不同一，移位寄存器分左移寄存器、右移寄存器、双向移位寄存器。

按数码输入与输出方式的不同，移位寄存器有四种工作方式：串行输入—串行输出、串行输入—并行输出、并行输入—串行输出、并行输入—并行输出。

为了扩展寄存器的逻辑功能，增加使用的灵活性，TTL 型和 CMOS 型中规模集成电路产品种类很多，除了具有寄存、移位功能之外，附加了保持、同步清零、异步清零等功能。

2. 数码寄存器

(1) 单拍接收方式的寄存器

图 8.16 是由一片四 D 触发器（如 74LS175）组成的 4 位数码寄存器。它无需先清零（异步置 0 端接高电平一直无效）。D_4、D_3、D_2、D_1 端为数码寄存器的输入端，寄存的一组数码被存放在 Q_4、Q_3、Q_2、Q_1 中。例如要存放数码 1010，则将 $D_4=1$、$D_3=0$、$D_2=1$、$D_1=0$ 送入各触发器的输入端，当 CP 脉冲的有效边沿到来时，直接将数码存放在寄存器中，即 $Q_4Q_3Q_2Q_1=D_4D_3D_2D_1=1010$，完成了数码寄存工作。

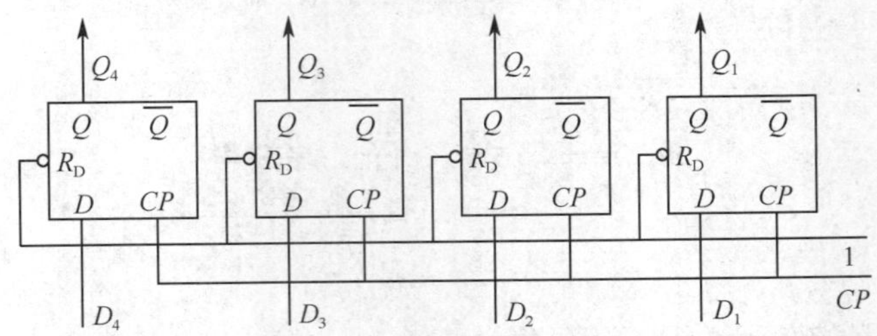

图 8.16 4 位单拍数码寄存器

(2) 双拍接收方式的寄存器

图 8.17 是由一片四 D 触发器（如 LS175）组成的 4 位数码寄存器，其工作过程如下。

1）异步清零。使 $R_D=0$，则寄存器被强制清零使 $Q_4Q_3Q_2Q_1=0000$。

2）接收数码。当 $R_D=1$ 时，异步清零端无效，把数码送入寄存器的 D_4、D_3、D_2、D_1 端，当 CP 脉冲上升沿到来时，完成了数码寄存工作，使 $Q_4Q_3Q_2Q_1=D_4D_3D_2D_1$。

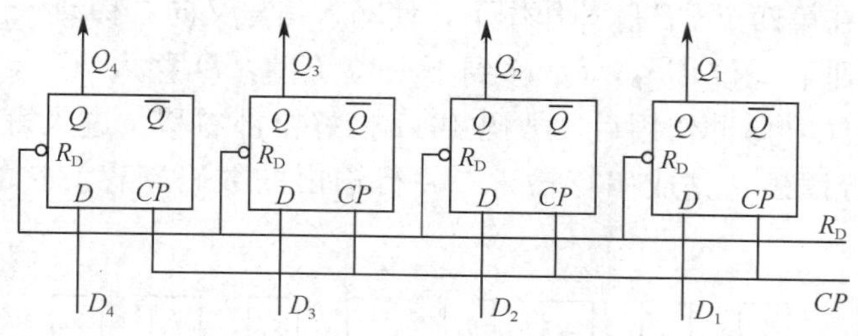

图 8.17 4 位双拍数码寄存器

当然寄存器也可以由 JK 触发器组成，用 JK 触发器组成寄存器的方法由读者自己考虑。

8.4.2 移位寄存器

在现代数字电子技术中，信息在线路上远距离传送通常采取串行方式，而在计算机中处理加工时又往往是并行的。移位寄存器正可以满足这一需求，它可用于数码寄存、传递、脉冲的分配，实现数据的串行—并行或并行—串行转换等。

1. 右移寄存器

(1) 电路组成

图 8.18 是用 4 个 D 触发器组成的四位右移寄存器。其中 FF_4 为最高位触发器，FF_1 为最低位触发器，依次排列。每个高位触发器的输出端 Q 与低位触发器的输入 D 端相连，只有最高位触发器的输入端 D 接收数码。

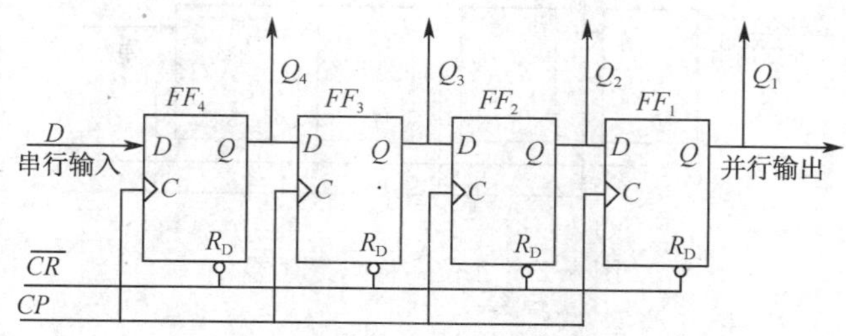

图 8.18 4 位移位寄存器

(2) 工作过程

首先，异步清除。接收数码前，寄存器应清零，令 $\overline{CR}=0$，则 $Q_4Q_3Q_2Q_1=0000$。工作时应使 $\overline{CR}=1$。

其次，移位寄存。若要存放数据 $D_4D_3D_2D_1=1011$，其做法是：第一步，送最低位

数据 $D_1=1$ 到 D，在第一个 CP 脉冲作用下，使输入信号向右移动一位，$Q_4Q_3Q_2Q_1=1000$；第二步，送第二个数据 $D_2=1$ 到 D，在第二个 CP 脉冲作用下，使输入信号又向右移动一位，即 Q_4 移到下一位 FF_3，D 移入 FF_4，使 $Q_4Q_3Q_2Q_1=1100$；第三步，在 $D_3=0$ 送入到 D，在第三个 CP 脉冲作用下，使输入信号又向右移动一位，即 Q_3 移到下一位 FF_2，Q_4 移到下一位 FF_3，D 移入 FF_4，使 $Q_4Q_3Q_2Q_1=0110$；第四步，在 $D_4=1$送入到 D，在第四个 CP 脉冲作用下，使输入信号又向右移动一位，即 Q_2 移到下一位 FF_1，Q_3 移到下一位 FF_2，Q_4 移到下一位 FF_3，D 移入 FF_4，使 $Q_4Q_3Q_2Q_1=1011$，这样在四个 CP 脉冲作用后，数码 1011 恰好全部右移位进入寄存器，从四个触发器的输出端并行读出，完成串行输入—并行输出的数码寄存。它的时序如图 8.19 所示。

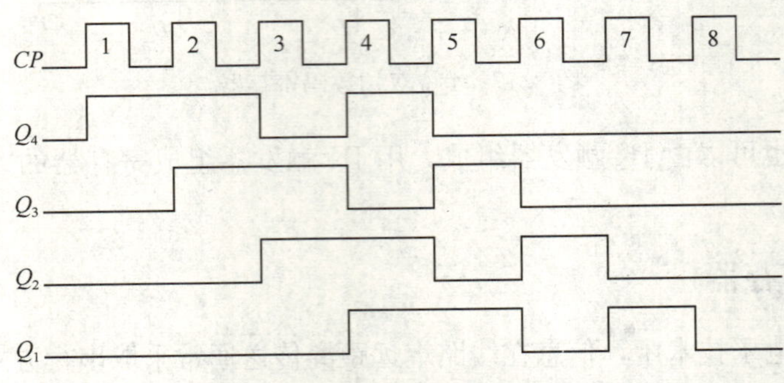

图 8.19 右移寄存器时序图

如果要完成向右移位的串行输入—串行输出的功能，还需继续加入四个时钟脉冲，才能使寄存器中的 1011 状态依次移出。

同理，也可组成左移寄存器，如图 8.20 所示，其与右移寄存器的区别在于输入数据时先送高位后送低位，其他操作方式与右移寄存器相同。读者可试着分析它的工作过程。

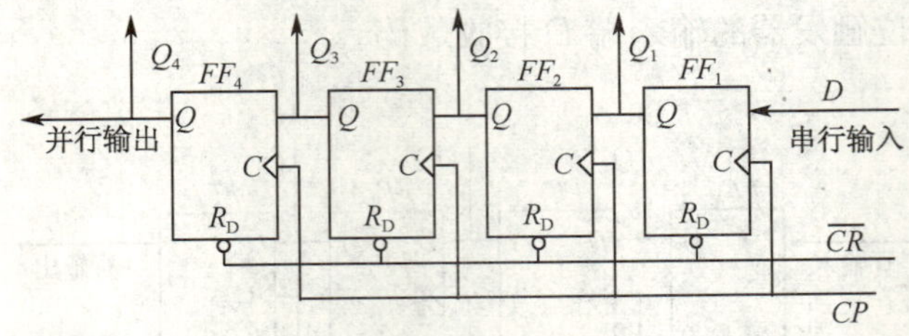

图 8.20 4 位左移码寄存器

(3) 双向移位和多功能移位寄存器

在数字电路中，常需要寄存器按不同的控制信号，能够向左或向右移位。具有这种既能左移又能右移两种工作方式的寄存器称为双向移位寄存器。双向移位寄存器除了具有双向移位功能外，常常还有置数、保持、清除等功能。

在现代数字电路技术中，中规模集成寄存器价格低廉、类型多、规格全、应用广泛，不同规格产品功能、工作特点也不尽相同。这里，对双向移位寄存器的工作原理不作介绍，只着重讨论集成移位寄存器的有关问题。表 8.6 列出了几种 TTL 型和 CMOS 型中等规模移位寄存器。

表 8.6 几种 TTL 型和 CMOS 型移位寄存器

型 号	输入/输出方式	位数	触发器输入方式	方式和功能				清 除	置数方式
				右移	左移	置数	保持		
74LS164	串入一并出	8	门控 D	有				异步、低	
74LS165	串/并入一串出	8	D	有		有	有	无	异步、低
74LS166	串/并入一串出	8	D	有		有	有	异步、低	同步、低
74LS194	串/并入一串/并出	4	D	有	有	有	有	异步、低	同步
74LS195	串/并入一串出	4	JK	有		有	有	异步、低	同步、低
74LS323	并入一串出	8	D	有	有	有	有	异步、低	同步、低
CD40194	串/并入一串/并出	4	D	有	有	有	有	异步、低	同步、低
CD4014	位串入/并入一串出	8	D	有		有	有	异步、高	同步、高

表 8.6 说明：输入/输出方式中的串入是指串行输入、并出是指并行输出；触发器输入方式中的 D 是单端输入，门控 D 是指具有“与”关系的两个输入端，JK 触发器是有两个输入端；清除、置数方式中的异步是指在有效清除脉冲、置数脉冲作用下直接进行清除或置数，同步是指在清除脉冲、置数脉冲有效的情况下，还要等有效的时钟脉冲到达时才进行清除或置数。

图 8.21 是 CD40194 双向移位寄存器实物图，它的引脚排列、功能与 74LS194 完全相同，区别在于一个是 CMOS 型、一个是 TTL 型。它们具有左移、右移、并行置数、保持、清除等多种功能。各引脚功能如下。

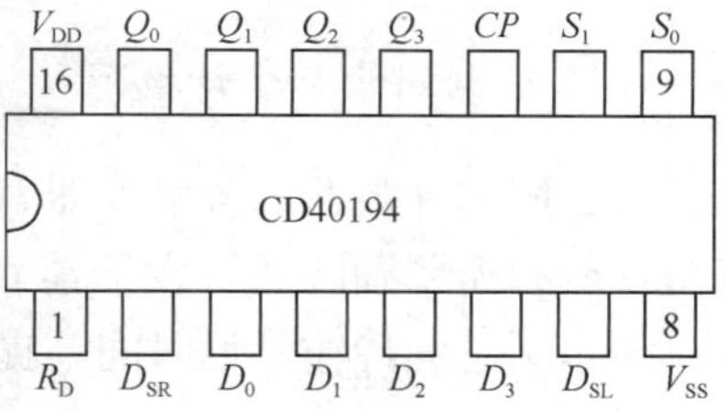

V_{DD} Q_0 Q_1 Q_2 Q_3 CP S_1 S_0
16 9
CD40194
1 8
R_D D_{SR} D_0 D_1 D_2 D_3 D_{SL} V_{SS}

图 8.21 双向移位寄存器

引脚 1（R_D）：异步清除端，低电平有效。

引脚 2（D_{SR}）：右移串行数码输入端。

引脚 3～6（D_0～D_3）：并行数码输入端。

引脚 7（D_{SL}）：左移串行数码输入端。

引脚 8（V_{SS}）：电源负极，接地。

引脚 9、10（S_0、S_1）：工作方式控制端。

$S_1S_0=00$——四位寄存器保持原态。

$S_1S_0=01$——同步右移。

$S_1S_0=10$——同步左移。

$S_1S_0=11$——并行置数。

引脚 11（CP）：移位时钟脉冲输入，上升沿触发。

引脚 12～15（Q_3～Q_0）：并行数码输出端。

引脚 16（V_{DD}）：电源正极，+3～+18V。

■ 8.5 计 数 器 ■

☞学习目标

1）知道计数器的分类。

2）熟悉二进制、十进制计数器的工作过程。

8.5.1 二进制计数器

统计输入脉冲的个数叫计数，能实现计数操作的电路称为计数器。计数器不仅用于计数，也用于分频、定时、测量和数字运算。

计数器种类很多：按计数进制不同分为二进制、十进制、N 进制计数器；按计数过程中计数器的数值增减可分加法计数器、减法计数器、可逆计数器；按计数时各触发器的状态转换与计数脉冲是否同步分为异步计数器、同步计数器。二进制计数器是各种计数器的基础。

1. 二进制同步加法计数器

组成同步计数器的各触发器，其时钟脉冲输入端都连到计数脉冲上，在计数脉冲到来时，所有需要翻转的触发器能在同一时间翻转。即触发器的状态变化与计数脉冲同步，缩短了总的传输延迟时间，提高了计数器的工作频率。

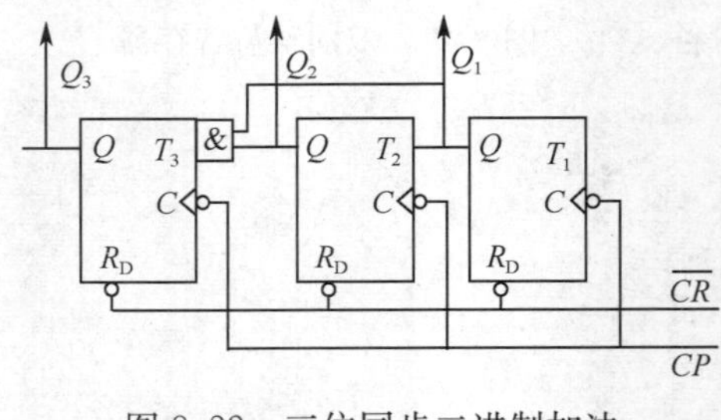

图 8.22 三位同步二进制加法

(1) 电路组成

用 JK 触发器和 T 触发器都可组成计数器。如图 8.22 所示是由三个 T 触发器组成的三位同步二进制加法计数器。从电路图中可以看出，各触发器的时钟脉冲输入端连在一起接到计数脉冲 CP 上，组成了同步计数器，各个触发器的 T 端分别为：因 T_1 悬空，故有 $T_1=1$，$T_2=Q_1$、$T_3=Q_2Q_1$。

(2) 工作原理

计数器工作前应先清零。令 $\overline{CR}=0$，$Q_3Q_2Q_1=000$。然后使 $\overline{CR}=1$，开始计数工作。

对于 T_1 触发器，因 $T_1=1$，触发器处于计数态，在每个 CP 计数脉冲下降沿，T_1 触发器均翻转一次。

$T_2=Q_1$，当 $Q_1=1$ 时，在 CP 计数脉冲下降沿到来时，Q_2 触发器计数翻转；当 $Q_1=0$ 时，Q_2 触发器保持原态不变。

$T_3=Q_2Q_1$，只有当 $Q_1=Q_2=1$ 且 CP 计数脉冲下降沿到来时，Q_3 触发器才计数翻转，否则 Q_3 就保持原态不变。计数器的工作时序图如图 8.23 所示。

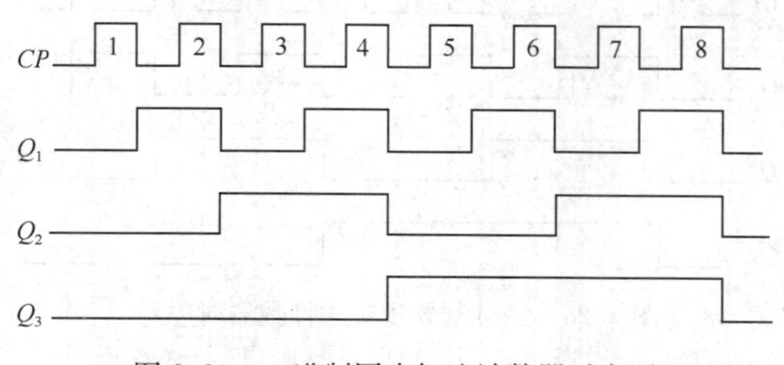

图 8.23　二进制同步加法计数器时序图

从时序图中可以看出：计数器从 $Q_3Q_2Q_1=000$ 开始计数，当第一个 CP 下降沿到来时，计数输出 $Q_3Q_2Q_1=001$，第二个 CP 下降沿到来时，计数输出 $Q_3Q_2Q_1=010$，以此类推，当第七个 CP 下降沿到来时，计数输出 $Q_3Q_2Q_1=111$，当第八个 CP 下降沿到来时，计数输出以回到 $Q_3Q_2Q_1=000$。至此，完成了 0～7 的二进制加法计数过程。

适当改变一下图 8.24 线路连接（把接 Q_2、Q_1 改接到$\overline{Q}_2$、$\overline{Q}_1$），就可以变成减法计数器，它又如何工作？可自行分析。

2. 二进制异步减法计数器

（1）电路组成

如图 8.24 所示，电路三个 JK 触发器组成，低位的$\overline{Q}$与高一位的 CP 端相连；J、K 端悬空，相当于高电平，即 $J=K=1$，每个触发器都处于计数状态；只要控制端 CP 信号由 1 变 0，触发器的状态就翻转。

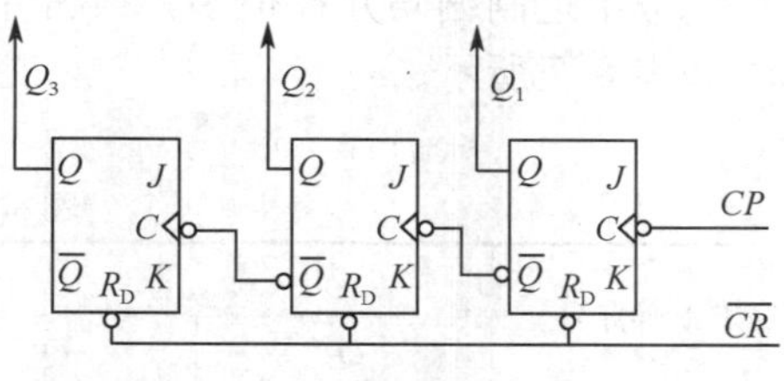

图 8.24　二进制异步减法计数器

（2）工作原理

计数器工作前应先清零。令$\overline{CR}=0$，$Q_3Q_2Q_1=000$。然后使$\overline{CR}=1$，开始计数工作。

当低位触发器的状态 Q 由 0 变 1，其 $\overline{Q}$ 由 1 变 0，高一位触发器的 C 端将收到负跳变脉冲，这一位触发器的状态就翻转。而低位触发器的状态由 1 变 0 时，高一位触发器收到正跳变脉冲而不翻转。

当第一个 CP 下降沿到来时，Q_1 从 0 翻转为 1，Q_2 在$\overline{Q}_1$ 的下降沿作用下也从 0 翻转为 1，Q_3 在$\overline{Q}_2$ 的下降沿作用下也从 0 翻转 1，即计数输出 $Q_3Q_2Q_1=111$。第二个 CP 下降沿到来时，Q_1 从 1 翻转 0 下，Q_3Q_2 保持不变，计数输出 $Q_3Q_2Q_1=110$，以此类推，当第八个 CP 下降沿到来时，计数输出 $Q_3Q_2Q_1=000$，计数器完成 7～0 的减法计数。计数器的工作时序图如图 8.25 所示。

异步计数器与同步计数器相比，异步计数器电路结构较为简单，在纯计数场合应用较多；同步计数器具有传输延迟时间短，工作频率高的特点，在计数且需控制的场合应用更为广泛。

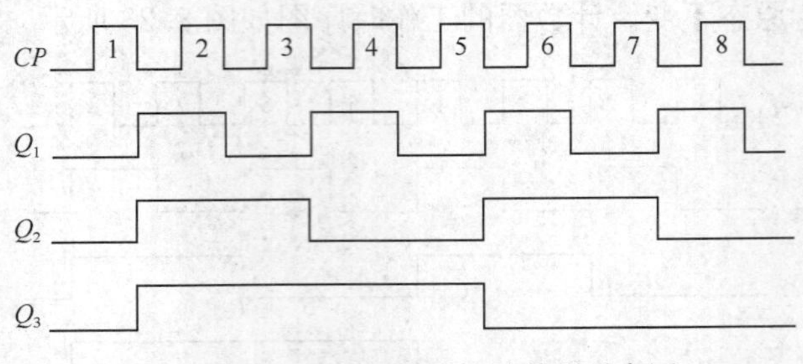

图 8.25 二进制异步减法计数器时序图

8.5.2 十进制计数器

二进制计数器结构简单，运算方便，但人们更习惯于使用十进制。在日常生活中，用十进制计数器显得更为方便。

1. 8421BCD 码

用二进制数码表示十进制数的方法，称为二—十进制编码，即 BCD 码。十进制数有 0，1，2，…，9 共十个数码。四位二进制计数器有十六状态，要去掉六个状态，才能用四位二进制来表示一位十进制数。

二—十进制编码方式很多，最常用的是 8421BCD 码，去掉 1010～1111 这六个状态，如表 8.7 所示。

表 8.7 8421BCD 码

CP 脉冲序号	二进制数码				对应的二进制数
	Q_3	Q_2	Q_1	Q_0	
0	0	0	0	0	0
1	0	0	0	1	1
2	0	0	1	0	2
3	0	0	1	1	3
4	0	1	0	0	4
5	0	1	0	1	5
6	0	1	1	0	6
7	0	1	1	1	7
8	1	0	0	0	8
9	1	0	0	1	9
↓	1	0	1	0	不用
	1	0	1	1	
	1	1	0	0	
	1	1	0	1	
	1	1	1	0	
	1	1	1	1	
16	0	0	0	0	0

2. 异步十进制计数器

（1）电路组成

电路如图 8.26 所示。它由四个 JK 触发器组成，其中 FF_3 输出端 Q_3 与 FF_1 的输出端 Q_1 连接到与非门上，与非门的输出与四个触发器异步置 0 端相连。触发器低位输出接高位的时钟脉冲输入端，所以电路为异步工作方式。

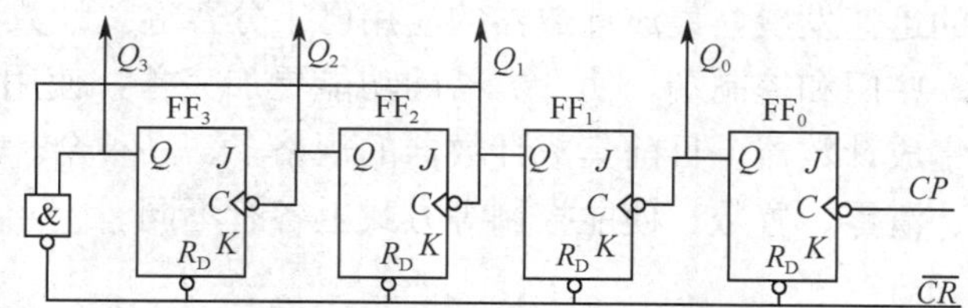

图 8.26　十进制异步加法计数

（2）工作原理

计数器工作前应先清零，使 $Q_3Q_2Q_1Q_0=0000$。

开始计数工作时，所有触发器处于计数状态，第一个 CP 下降沿到来时，计数输出 $Q_3Q_2Q_1Q_0=0001$，第九个 CP 下降沿到来时，计数输出 $Q_3Q_2Q_1Q_0=1001$，第十个 CP 下降沿到来时，计数输出 $Q_3Q_2Q_1Q_0=1010$，利用其自身状态 1010 中 $Q_3=1$、$Q_1=1$，通过与非门反馈送到 R_D 端清零，使计数器状态由 1010 变为 0000，计数器输出 $Q_3Q_2Q_1Q_0=0000$。至此，计数器完成一位十进制的计数。时序图如图 8.27 所示。根据此方法对电路稍加改进，可以连接成任意进制计数器。

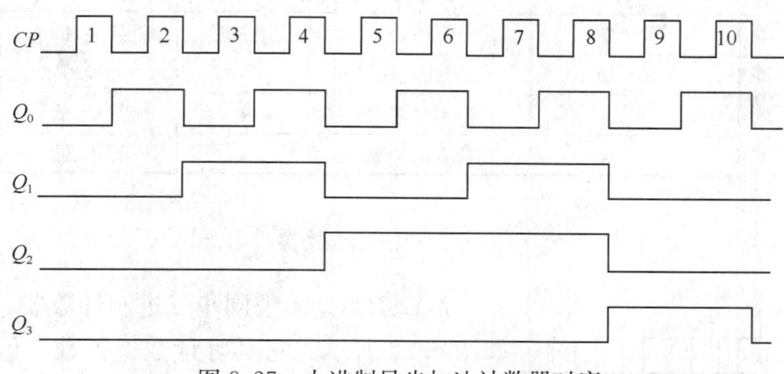

图 8.27　十进制异步加法计数器时序

■ 8.6　集成计数器与分频器的应用 ■

☞学习目标

1）学会识别集成计数器、分频器各引脚上标识的含义。

2）会用集成电路设计任意进制的计数器、分频器。

8.6.1 集成计数器

1. 集成计数器简介

随着集成技术的迅速发展，集成计数器的应用已十分普遍。计数器集成化后，在集成电路上同时增加一些门和控制端，使计数器的功能更加完善，使用更为方便。表 8.8 列出了几种常用的集成计数器。目前集成计数器的规格多、品种全。从表中可看出，各种产品在时钟输入、清零、置数、使能控制等方式上各有不同。

表 8.8 几种常用计数器

型 号	工作方式	计数顺序	位数、进制	触发脉冲	清 零	预 置
74LS160	异步	加法	十进制	↑	异步、低	异步、低
74LS190	同步	加、减	十进制	↑	无	异步、低
74LS192	同步	双 CP 可逆	十进制	↑	异步、高	异步、低
74LS568	同步	加、减	4 位十进制	↑	异/同、低	无
74LS93	异步	加	4 位二进制	↓	异步、高	无
74LS161	同步	加	4 位二进制	↓	异步、低	异步、低
74LS191	同步	加、减	4 位二进制	↑	无	异步、低
74LS193	同步	双 CP 可逆	4 位二进制	↑	异步、高	异步、低
74LS290	异步	加	二、五、十	↓	异步、高	异步置 9、低
74LS196	异步	加	二、五、十	↓	异步、低	异步、低
CD4518	同步	加	双十进制		异步、高	无
CD4060	同步	加	14 位二进制	↓	异步、低	无
CD4040	同步	加	12 位二进制	↓	异步、低	无

2. 集成计数器 74LS161

74LS161 是 4 位同步二进制计数器。其引脚排列如图 8.28 所示。它具有计数、置数、保持、清零等多种功能。$Q_3Q_2Q_1Q_0$ 是计数输出端，Q_{CC} 是计数进位输出端，P、T 是功能控制端。

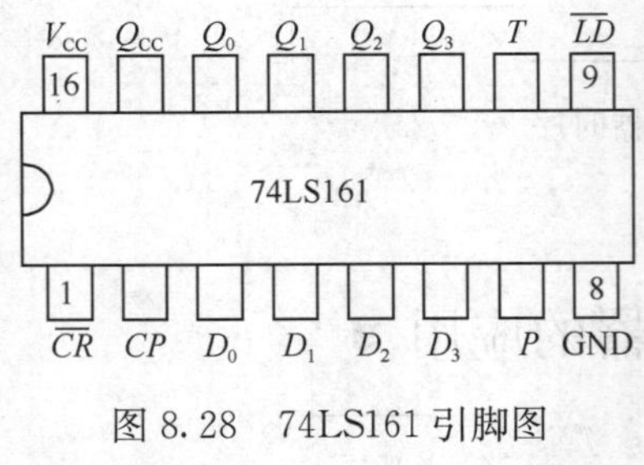

图 8.28 74LS161 引脚图

74LS161 的功能见表 8.9，功能叙述如下。

1）当 $\overline{CR}$ 为低电平时，触发器清零，即 $Q_3Q_2Q_1Q_0=0000$。开始计数时$\overline{CR}$端必须为高电平。

2）当 $\overline{LD}=0$ 时在 CP 上升沿作用下，将 $D_3D_2D_1D_0$ 的数据置入计数器，$Q_3Q_2Q_1Q_0=D_3D_2D_1D_0$。

3）当$\overline{LD}=1$，且 $P=T=1$ 时，计数器在 CP 上升沿作用下进行二进制加法计数。

4）Q_{CC}为进位输出端，当第 15 个脉冲作用后，$Q_3Q_2Q_1Q_0=1111$，同时进位 Q_{CC}输出高电平。利用进位位可以进行多个计数器级联，扩展计数范围。

5）当 T、P 和任一端为零，且$\overline{CR}=\overline{LD}=1$ 时，无论 CP 如何变化，计数器保持原态。

6）利用 74LS161 构成 N 进制计数器，比较简单的方法是利用$\overline{CR}$端反馈清零。

表 8.9　74LS161 功能表

输　入					输　出
CP	$\overline{CR}$	$\overline{LD}$	P	T	Q
×	0	×	×	×	清零
↑	1	0	×	×	预置数
↑	1	1	1	1	计数
×	1	1	0	×	保持
×	1	1	×	0	保持

3. 集成计数器 CD4518

CD4518 为双 BCD 十进制计数器。其引脚排列如图 8.29 所示。它具有双十进制计数、保持、清零等多种功能。$Q_{3a}Q_{2a}Q_{1a}Q_{0a}$为第一个十进制计数器的输出端，CP_{0a}、$\overline{CP}_{1a}$为第一个计数器的时钟脉冲输入端，CP_{0a}、为上升沿触发，$\overline{CP}_{1a}$下降沿触发。CR 为复位端，高电平有效。

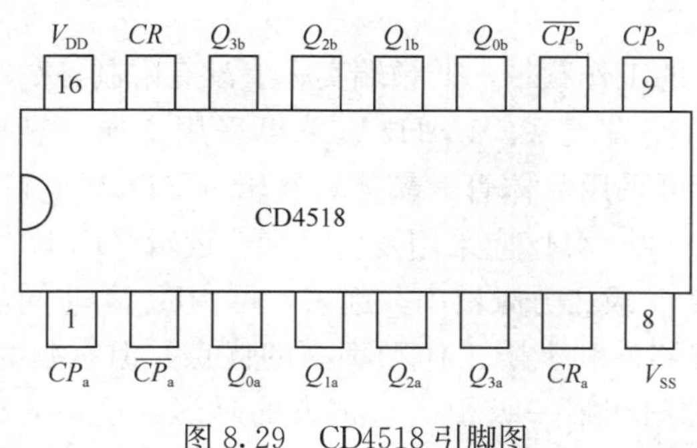

图 8.29　CD4518 引脚图

CD4518 中的每一个计数器都是由四个 D 触发器和一些控制门电路组成。电源电压为 3～18V。

【例 8.5】　应用 CD4518 构成 24 进制计数器。

利用反馈归零法获得 N 进制计数器的方法如下。

1）按照计数器的码制写出模 M 的二进制代码。

2）求出反馈复位逻辑的表达式。

3）画出集成电路外部接线图。

分析　CD4518 为双十进制异步加法计数器，用一片 CD4518 通过不同的连接方式可以构成 100 以内的多种进制计数器。本例难点在于需解决计数到 24 时如何清零的问题。用反馈归零法构成大模数的计数器时，低位通常接成十进制，即当低位计满十个 CP 脉冲时，低位变成 0000，同时向高位送出一个计数脉冲，高位计数一次。第一个接成十进制计数器，当从 000000 开始计数，到 $23=(10\ 0011)_{BCD}$，再来一个计数脉冲到 $24=(10\ 0100)_{BCD}$ 计数器应清零 000000。接着进行下一个计数循环。图 8.30 为 24 进制计数器示意图。

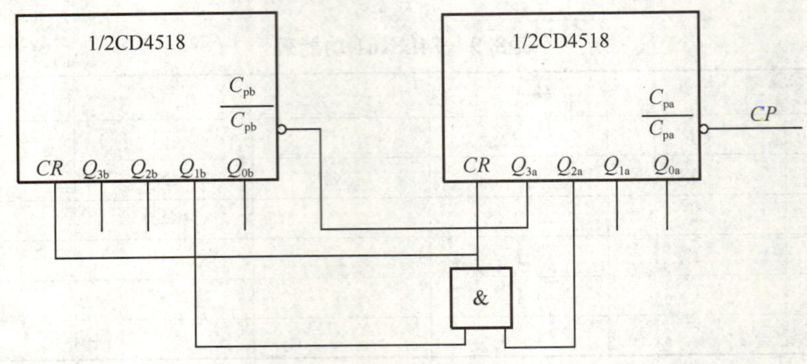

图 8.30　24 进制计数器示意图

8.6.2　分频器电路

使输出信号频率为输入信号频率整数分之一的电子电路称为分频器电路。在许多电子设备中如电子钟、频率合成器等，需要各种不同频率的信号协同工作，常用的方法是以稳定度高的晶体振荡器为主振源，通过变换得到所需要的各种频率成分，分频器是一种主要变换手段。

脉冲分频器有很宽的工作频带，低频端实际上没有限制，高端极限频率主要决定于使用的器件，但也与电路有关系。1MHz 以下可采用金属—氧化物—半导体（MOS）集成电路，1～30MHz 可采用晶体管—晶体管逻辑（TTL）电路，30～60MHz 则宜采用高速 TTL 电路，60～300MHz 应采用发射极耦合逻辑（ECL）电路。

在实际应用中，将 N 级二分频器串联起来，可构成 2^N 非同步分频器。这种一级推一级的分频器具有节省器件和上限工作频率高的优点，但有延时积累的缺点，当级数 N 很大时，末级翻转时刻和第一级相比有很大的延迟，这在时序电路中是不允许的。此外，分频次数局限于 2^N 也欠灵活。采用级间反馈归零法可实现任意次数的分频。

在实际应用中分频器电路可由具有计数功能的集成电路构成，或采用专用的集成分频器电路。表 8.10 列出了几种常用的集成分频器，图 8.31 是其中常用的两种集成分频器的引脚排列图（其他数字集成电路资料可查阅相关手册）。CD4060 为 14 级二进制串行计数器/分频器/振荡器，它的输出端只有 10 个，所以它的最低输出分频次数为 $2^4=16$，最高分频次数为 $2^{14}=16384$ 次，没有 $2^{11}=2048$ 次分频。在分频器电路中缺了某几级分频也是常见的，使用时应加注意。CD4060 还自带振荡器，其 9、11 脚为外接晶体振荡器用，引脚 11 为信号输入端，引脚 9 为信号输出端，引脚 10 为信号反馈用。自带振荡器为固定频率工作电路提供了极大方便。引脚 12 为复位端，高电平有效，不用时应接地。CD4040 为 12 二进制串行计数器/分频器，其分频次数从 2^1～2^{12} 十二级分频齐备。

表 8.10　常用的集成分频器

型　号	功　能
CD4017	十进制计数/分配器
CD4020	14 级二进制串行计数器/分频器
CD4022	八进制计数/分配器
CD4024	7 级二进制串行计数器/分频器
CD4040	12 级二进制串行计数器/分频器
CD4059	四—十进制 N 分频器
CD4060	14 级二进制串行计数器/分频器和振荡器

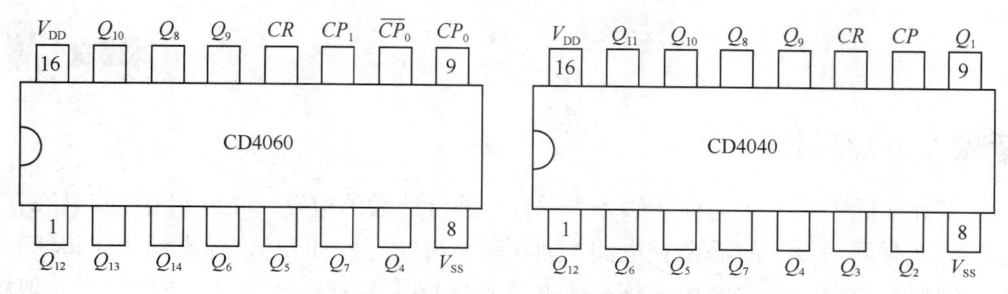

图 8.31　CD4060 和 CD4040 引脚排列图

【例 8.6】　请用一片 CD4040 构成一个 60 次分频器。

分析　任意级分频电路设计也可用反馈归零法，它与任意进制的计数器的设计类似。$(60)_{10}=(111100)_2$，把 CD4040 的 $Q_6Q_5Q_4Q_3$（引脚 2、3、5、6）通过与门接到复位端（引脚 11）。分频脉冲从引脚 10 输入，下降沿有效，当从 000000 开始分频计数，到 $(111011)_2=(59)_{10}$，再来一个计数脉冲到 60 分频器应清零，同时从与门可以输出一个 60 分频的脉冲。电路示意图如图 8.32 所示。

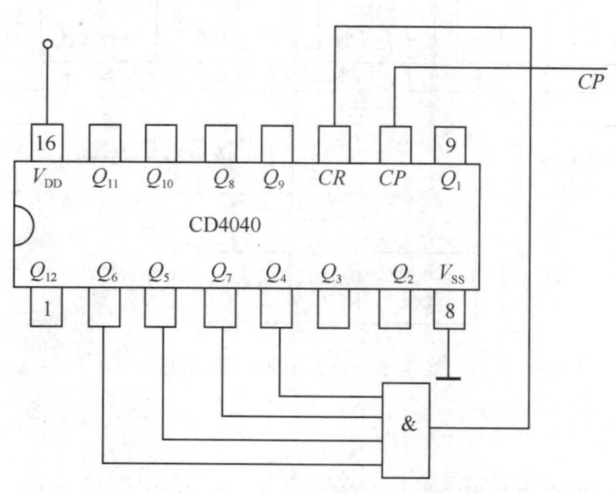

图 8.32　60 进制分频器

此外还有一种脉冲分频器，由单片机电路构成，其分频次数可由外界信号设定，称为程序分频器。这种分频电路已广泛应用于频率合成器。

■ 动手做　数字钟的制作 ■

☞学习目标

1）复习计数器、分频器工作原理。
2）熟悉、掌握数字电路应用。
3）掌握数字钟的工作原理、装调方法。
4）进一步提高电路的组装、工具的使用技能。

动手做1　电路剖析

数字钟实际上是一个对标准频率（1Hz）进行计数的电路。由于计数的起始时间不可能与标准时间一致，故需要在电路上加一个校时电路。同时，标准的1Hz时间信号必须做到准确稳定，通常使用石英晶体振荡器电路来实现。图8.33是数字钟一般构成框图。图8.34是数字钟的电路原理图。对照框图分析如下。

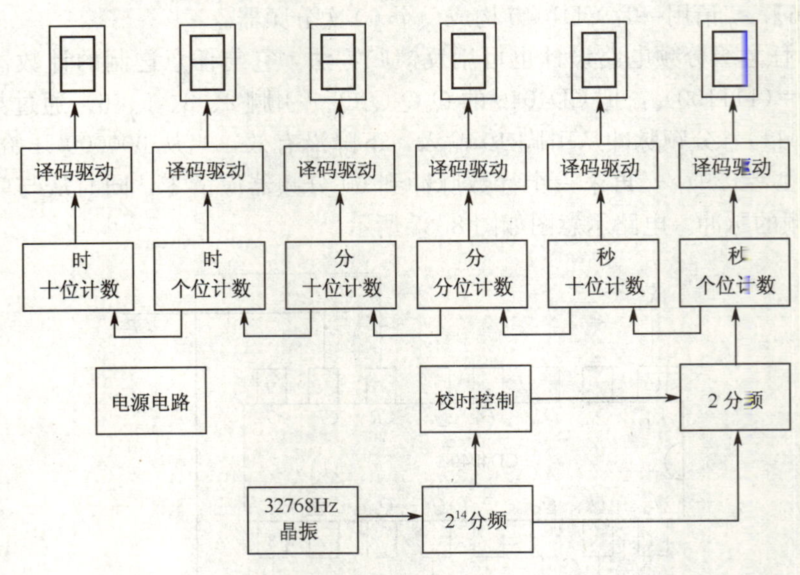

图8.33　数字钟组成框图

1. 晶体振荡器电路

晶体振荡器电路给数字钟提供一个频率稳定准确的32768Hz的方波信号，可保证数字钟的走时准确及稳定。指针式的电子钟（如石英手表）或数字显示的电子钟都广泛使用了晶体振荡器电路。本电路把32768Hz的晶振外接于CD4060的9和11脚间，产生的时钟信号直接作用于CD4060内部的分频电路上。

47 R5
DS2
DS1
R6
47
LED1
LED2
R9
DS4
DS3
R7
100k
R10
47
R12
DS6
R13
DS5
IC7
IC6
IC9
IC8
IC11
IC10
CD4511
IC3
IC4
IC5
CD4518
VD6
VD5
R3
47k
R4
1M
VD7
VD8
R8
1M
VD9
R11
100k
VD10
IC2
CD4040
R2
1M
Y
R15
100k
R14
220k
V1
9012
IC1
CD4060
S4
暂停
S3
校秒
S2
R1
220k
校分
S1
校时
C3
0.1μF
+5V
GND
Vin
LM7805CT
C2
0.33μF
C1
220μF
VD3
VD4
VD1
VD2

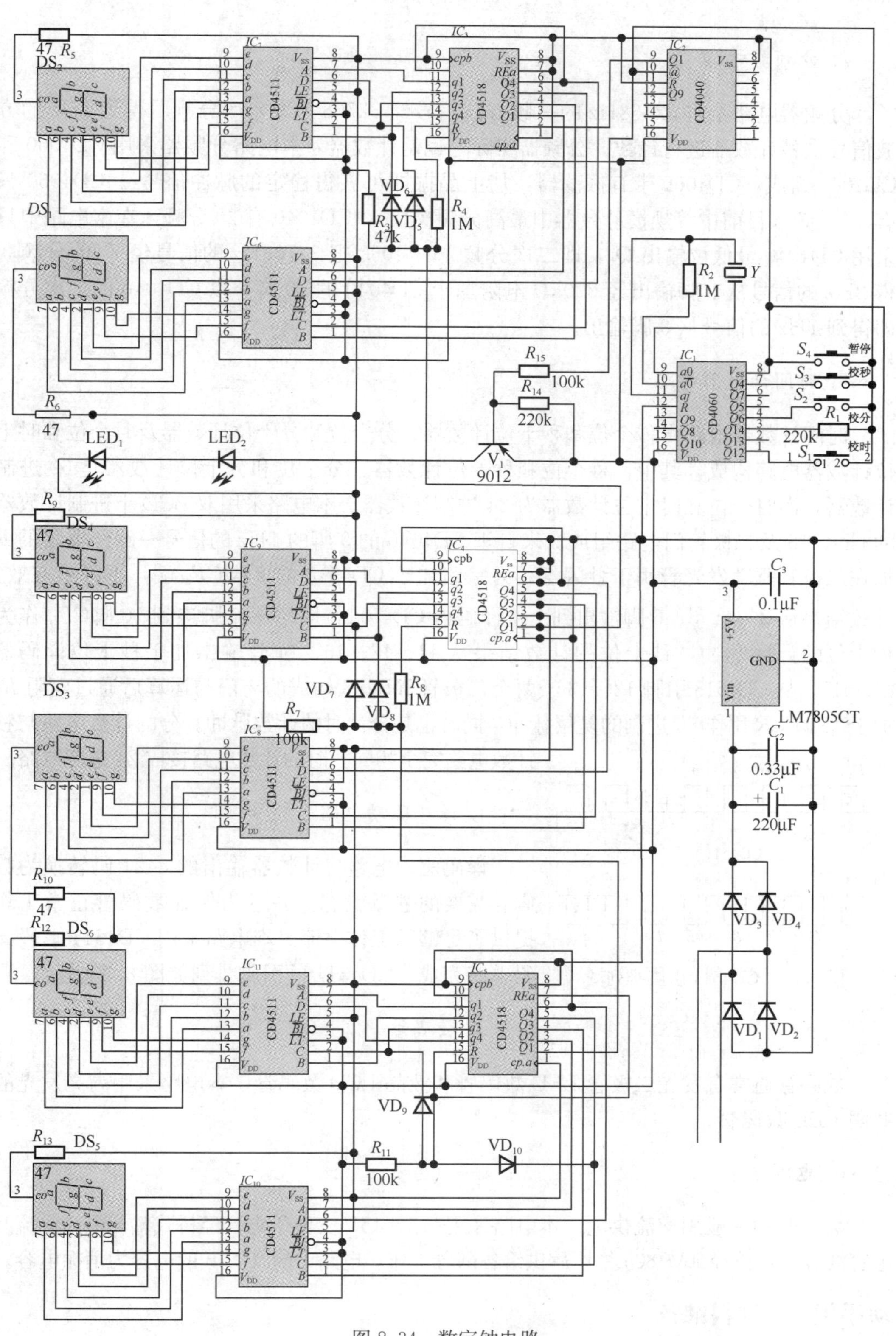

图 8.34 数字钟电路

2. 分频器电路

分频器电路是将 32768Hz 的高频方波信号经 32768（2^{15}）次分频后得到 1Hz 的方波信号供秒计数器进行计数。分频器实际上也是计数器。本电路分频器采用 CD4060 和 CD4040 组成，CD4060 带有振荡器，加上晶振即可获得稳定的脉冲信号 。CD4060 只有 2^{14} 分频（目前中等规模计数器中最高分频次数），CD4040 有 2^{12} 分频，在本电路中只采用 CD4040 最低位输出 Q_1，即二次分频。CD4060 把 32768Hz 的信号经 2^{14} 的分频获得 2Hz 的信号从 3 脚输出经 220kΩ 电阻加于 CD4040 的 10 脚，以 CD4040 的二次分频即得到 1Hz 的信号从 9 脚输出。

3. 时间计数器电路

时间计数器电路由秒个位和秒十位计数器、分个位和分十位计数器及时个位和时十位计数器电路构成，其中，秒个位和秒十位计数器、分个位和分十位计数器是 60 进制计数器，而时个位和时十位计数器为 24 进制计数器。本电路采用双 BCD 十进制计数器的 CD4518 及二极管门电路组成。来自于 CD4040 的 9 脚的 1Hz 的信号一路经电阻的 R 加在三极管驱动发光管用于秒闪烁；另一路加于 CD4518 的 2 脚$\overline{CP_a}$ 端，下降沿有效，计数结果从 3、4、5、6 脚输出到个位译码器 CD4511；同时从 6 脚连到 10 脚$\overline{CP_b}$ 作为秒十位的计数脉冲，秒十位的计数结果从 11、12、13、14 脚输出加于秒十位译码器 CD4511。从 CD4518 引脚 12、13 经两个二极管 IN4148 构成的与门与运算后通过电阻 R_2 加于 15 脚 CR 用作 60 进制的复位脉冲，同时也是分计时的计数脉冲。分的计数电路与秒计数电路完全相同。时的计数电路接成 24 进制电路。

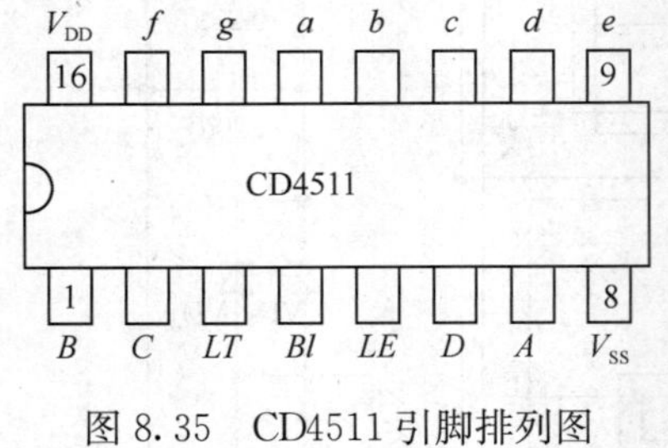

图 8.35 CD4511 引脚排列图

4. 译码驱动电路

译码驱动电路将计数器输出的 8421 码转换为数码管需要的逻辑状态。并且为保证数码管正常工作提供了足够的工作电流。本电路采用 CD4511 七段译码电路完成。CD4511 的引脚排列如图 8.35 所示。

5. 数码管

数码管通常有发光二极管 LED 数码管和液晶 LCD 数码管，本电路采用高亮发光的共阴 LED 数码管。

6. 电源电路

数字时钟一般用交流供电。本电路采用 7.5～15V 交流供电，经桥式整流电路整流及电容滤波后，再经 LM7805 稳压后供给各部分工作。电路中的 0.1μF 的电容为消振电容。

动手做 2 材料准备

1）根据数字钟原理图列出材料清单，如表 8.11 所示。

表 8.11 数字钟材料清单

序 号	名 称	数 量	序 号	名 称	数 量
1	CD4060	1	10	32768Hz 晶振	1
2	CD4040	1	11	16p 集成插脚	11
3	CD4518	3	12	共阴数码管	6
4	CD4511	6	13	220kΩ	4
5	LM7805	1	14	100kΩ	6
6	红 LED	1	15	47Ω	
7	IN4007	4	16	1MΩ	1
8	IN4148	6	17	220μF	2
9	9012	1	18	0.1μF	9

2）由于数字钟电路比较复杂，最好采用成品 PCB 板。如用万能板做实验，须格外仔细装调，防止错装。也可以采用市售数字钟套件，只是原理图可能与图 8.34 有差异，能达到实践目的即可。

动手做 3 装调步骤

1. 元件检测

1）检测电阻的标称参数与电路要求参数是否相符。

2）检测电容质量是否良好，并判断电解电容的极性。

3）检测二极管、三极管的质量是否符合要求，并判断其极性。

4）检查集成电路外观是否良好，各引脚是否存在弯曲或折断等。

5）检测晶振是否良好，若晶振两端电阻不为无穷大，则说明该晶振已漏电或短路。

2. 安装工艺

1）电阻、整流二极管、开关二极管采用卧式安装，应紧贴线路板安装。

2）电容和发光二极管、三极管采用立式安装，电解电容应紧贴线路板不留空隙。

3）本电路用到的集成电路较多，安装时应注意几点：

- 先安装集成电路插脚。
- 各集成电路不能装错位置，也不能装错方向。
- 焊接结束时应检查集成电路引脚间不能短路。

3. 调试

1）安装结束，检查无明显的断路或短路后可通电调试。

2）观察各数码管是否有显示，若某个数码管无显示，则检查该数码管的共阴极限流电阻是否接触良好，相应的译码驱动电路 CD4511 电源和地是否接好。若某个数码管中的某个笔段无显示或常亮不灭，则应检查该笔段对应的驱动引脚是否存在对电源或地短路或开路。

3）有显示而不计数，则应检查振荡电路和分频电路是否已工作，可用示波器观测

CD4060 的 3 脚 Q_{14} 和 CD4040 的 9 脚 Q_1 输出状态，以及从 CD4040 的 9 脚到 IC_3 CD4518 的 2 脚是否存在开路。

4）若计时不准则应检查晶体振荡器，它的质量直接关系到数字钟计时的准确性。

■ 项 目 小 结 ■

本项目主要为触发器、寄存器、计数器、分频器的基础知识，并学习了数字钟电路的分析及安装、调试方法。

1）数字电路处理的是非连续变化的数字信号（0、1），学习方法与模拟电路既有联系又有区别，分析数字电路的时序（常用时序波形来表示数字电路的工作状态）是学习的重点与难点。

2）了解触发器的电路结构。按触发器的功能不同，触发器分为 RS 触发器、JK 触发器、D 触发器、T 触发器。

3）熟悉各种触发器的功能：

- RS 触发器具有置 0、置 1 和保持功能。
- JK 触发器具有置 0、置 1、计数和保持功能。
- D 触发器具有置 0、置 1 和保持功能。
- T 触发器具有计数和保持功能。

4）掌握寄存器、计数器、分频器的逻辑功能和工作过程：

• 寄存器具有接收数码、寄存和输出数码的功能，分为数码寄存器和移位寄存器；其输入、输出方式有串行和并行。

• 计数器具有对输入时钟脉冲进行计数的功能。计数器按不同的分类方法可分为加法和减法计数器，同步和异步计数器，二进制、十进制和 N 进制计数器。

• 分频器具有对输入时钟脉冲进行计数并分频输出的功能。

5）掌握集成寄存器、计数器、分频器电路的识读方法和使用方法。

6）掌握数字电路安装、调试的基本方法基本步骤。

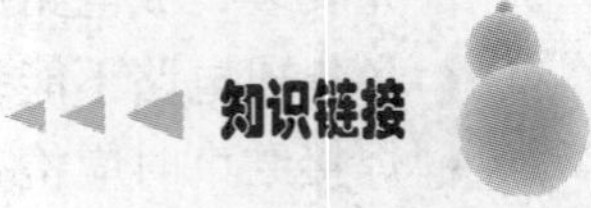

Flash RAM 与 U 盘

RAM(Random Access Memory）的全名为随机存取记忆体，它相当于 PC 机上的移动存储，用来存储和保存数据。它在任何时候都可以读/写，RAM 通常是作为操作系统或其他正在运行程序的临时存储介质（可称为系统内存）。

不过，当电源关闭时 RAM 不能保留数据，如果需要保存数据，就必须把它们写入到一个能长期存储数据的存储器中（例如硬盘）。正因为如此，有时也将 RAM 称作“可变存储器”。RAM 内存可以进一步分为静态 RAM 内存（SRAM）和动态内存（DRAM）

两大类。DRAM 由于具有较低的单位容量价格，所以被大量用作系统的主记忆体。

RAM 和 ROM 相比，两者的最大区别是 RAM 在断电以后保存在上面的数据会自动消失，而 ROM 就不会。32MB 的 RAM 对于小应用程序可以运行，如要运行较大的应用程序，256MB 的 RAM 容量也只能够算是基本要求。现在高的已达 1GB。

Flash ROM / Flash EEPROM 是目前最常见的可擦写 ROM，广泛用于主板和显卡/声卡/网卡等扩展卡的 BIOS 存储上。而现在各种邮票尺寸的半导体存储卡，包括 Compact Flash/CF、Smart Media/SM、Security Digital/SD、Multimedia Card/MMC、Memory Stick/MS，以及 FUJI 新出的标准 vCard，还有各种钥匙链大小的 USB 移动硬盘和 USB Drive/优盘，内部用的都是 Flash ROM。绝大多数 PDA 掌上电脑也用它来存储操作系统和内置程序。还有数码相机、数码摄像机、MD/MP3 播放器内部的 Fireware（用于存储 DSP/ASIC 程序），也大多使用 Flash ROM 了。与 EEPROM 相比，Flash ROM 有写入速度快、写入电压低的优点。不过它的成本也是较高的。不论是哪种 Flash，其数据的存入（或改写）和读出都需通过专用程序进行，较 RAM 麻烦，速度也较 RAM 慢。

U 盘是一种新型的移动存储交换产品，可用于存储任何数据文件和在电脑间方便地交换文件。U 盘采用闪存存储介质（Flash ROM）和通用串行总线（USB）接口，具有轻巧精致、使用方便、便于携带、容量较大、安全可靠、时尚潮流等特征。U 盘支持 USB 接口，可直接插入电脑的 USB 接口，也可以通过一个 USB 转接电缆与电脑连接。U 盘可用来在电脑之间交流数据。从容量上讲，U 盘的容量从 128MB 到 2GB 可选，突破了软盘 1.44MB 的局限性。从读写速度上讲，U 盘采用 USB 接口标准，读写速度较软盘大大提高。从稳定性上讲，U 盘没有机械读写装置，避免了移动硬盘容易碰伤、跌落等原因造成的损坏。部分 U 盘款式具有加密等功能，令用户使用起来更具个性化。U 盘外形小巧，易于携带。其使用寿命主要取决于存储芯片（Flash Memory）寿命，存储芯片至少可擦写 1×10^{6} 次。

知识巩固

一、填空。

1. 触发器是具有________功能的电路；它有两种可能的稳定状态：________态（即 $Q=$________，$\overline{Q}=$________）和________态（$Q=$________，$\overline{Q}=$________）。

2. 触发器按是否受时钟脉冲控制可分为：(1) ________触发器和 (2) ________触发器，其中的 (2) 又可分为________触发器、________触发器、________触发器。

3. 触发器符号图中，引脚端标有小圆圈表示输入信号________电平有效；字母符号上加横线的表示________有效，字母符号上没有横线的表示________有效。

4. RS 触发器具有________、________、________的功能。JK 触发器具有________、________、________、________等功能。

5. D触发器的功能是______、______，T触发器的功能是______、______。

6. 基本RS触发器动作的特点是：输入信号在任何时间里都______输出状态。

7. 在数字电路中，常要求多个触发器在同一时刻翻转，为此必须引入______信号，使这些触发器在该信号到达时才按输入信号改变状态，通常称这信号为______，简称为______。

8. 同步触发器动作特点是：在______的全部时间里 S 和 R 的变化都将引起触发器输出的变化。

9. JK触发器的性能比RS触发器更完善与优良，它不但消除了______，同时也解决了RS触发器存在的______问题，所以它的应用更为广泛。

10. 集成触发器与其他电路一样，按构成晶体管的不同分______型和______型。

11. TTL集成触发器电路图中，V_{CC} 表示电源______，GND表示电源的______；其工作电源一般为______V。在CMOS集成电路图中，表示电源正极的符号是______，负极的符号是______，其工作电源为______～______V。

12. 寄存器是一种重要的数字逻辑部件，它具有______、______、______数码等功能，一个触发器能存放______位二进制数码，存放N位二进制数码需______个触发器。

13. 移位寄存器按数码移动方向的不同分______移寄存器和______寄存器，其输入和输出方式有______、______、______和______四种。

14. 计数器除了具有计数功能外，还具有______、______、______等功能。

按进制不同可分为______进制计数器、______进制计数器、______计数器等。

二、若输入信号的波形如图8.36所示，试画出由与非门组成的基本RS触发器 Q 的波形。

三、图8.37所示的同步RS触发器，若初态是 $Q=0$，请根据图8.37所示的 CP、S、R 端的输入波形，已知 Q 的初态为0，画出输出 Q 的波形。

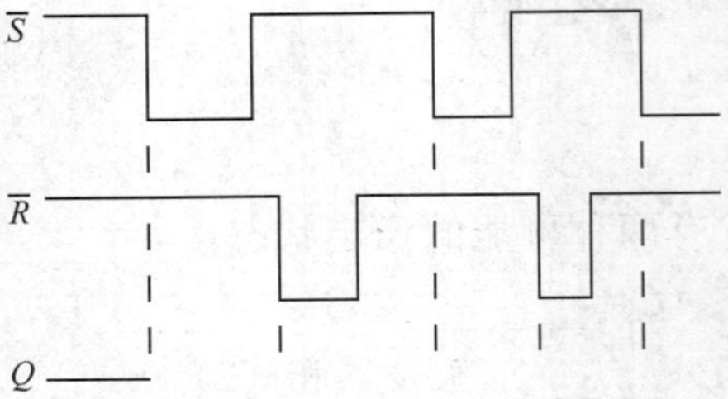

$\overline{S}$ $\overline{R}$ Q

图8.36 题二波形

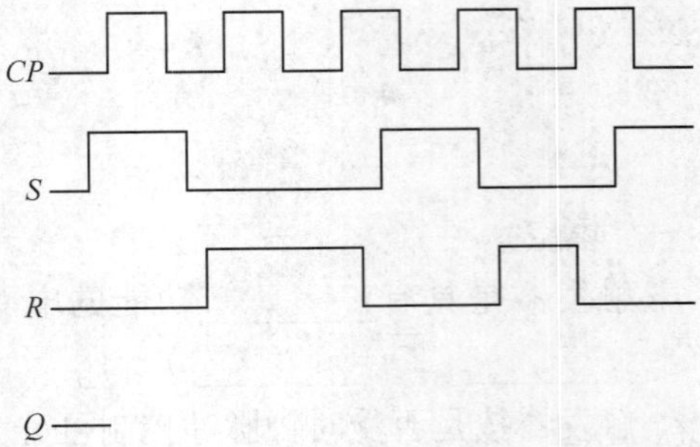

CP S R Q

图8.37 题三波形

四、按下面的约定画出相应的JK触发器和符号。

1. 时钟脉冲 CP 下降沿触发，异步置位端高电平有效。

2. 时钟脉冲 CP 上升沿触发，异步置位端低电平有效。

五、某JK触发器的初态 $Q=0$，CP 下降沿有效，请根据图 8.38 所示的 CP、J、K 端的输入波形，画出 Q 的波形。

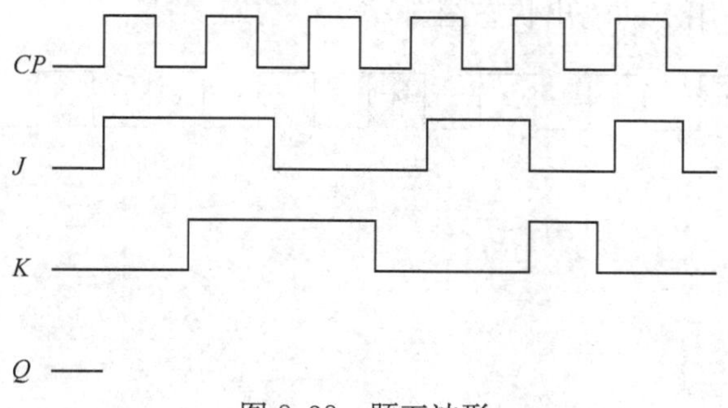

图 8.38 题五波形

六、根据题图 8.39（a）所示的电路原理图，设触发器初态 $Q=0$，根据（b）图画出相应的输出波形。

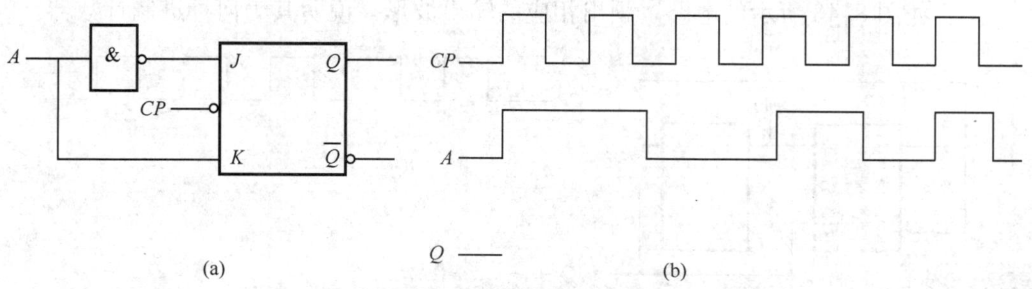

图 8.39 题六电路及波形图

七、如图 8.40（a）所示 D 触发器，初态 $Q=1$，请依据图（b）所给的时钟脉冲 CP 波形，画出输出端 Q 的波形。

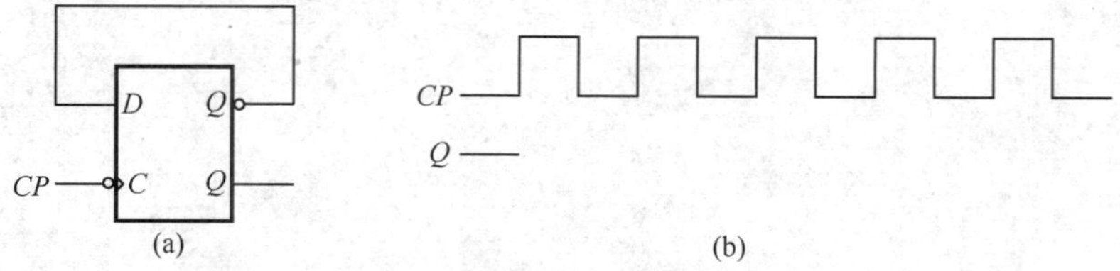

图 8.40 题七电路及波形图

八、如图 8.41 所示数码寄存器电路，若电路初态为 $Q_3Q_2Q_1=010$，现输入数码 $D_3D_2D_1=101$，当 CP 脉冲到来后，电路输出状态如何变化？

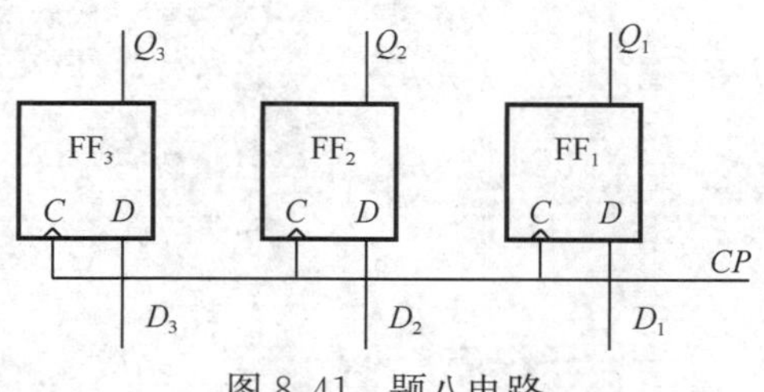

图 8.41 题八电路

九、如图 8.20 所示的 4 位左移寄存器，电路初态为 $Q_4Q_3Q_2Q_1=000$。现要输入 1101，当第三个 CP 脉冲到来后，$Q_4Q_3Q_2Q_1=$______，输入波形如图 8.42 所示，请画出在 8 个 CP 脉冲作用下的输出状态图。

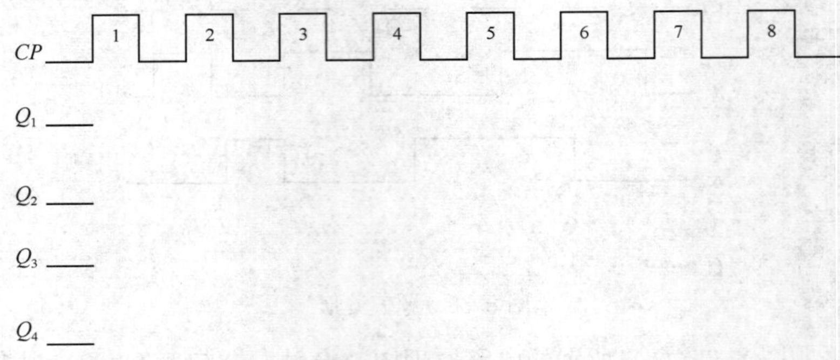

图 8.42 题九波形

十、如图 8.43 所示的电路，画出相应的输出波形，说明其为何种进制计数器。

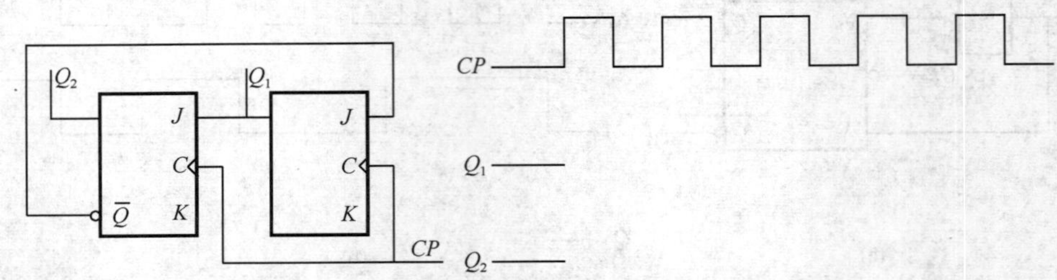

图 8.43 题十电路及波形

十一、用一片 74LS161 四位二进制计数器设计一个十二进制计数器。

十二、用一片 CD4060 集成电路设计一个三十进制分频器。

实 验 须 知

一、使用方法

1. 电路的拼接方法：根据电路实验内容，选择元件使用实验箱配置的连线连接成电路（或用实验板搭焊电路），接好后与电路图认真校对（尤其是复杂的实验电路）。

2. 通电实验过程：按电路图指定的电源电压接入电源，更换元件或改变电路参数应切断电源。

3. 在做各个实验时，应正确使用输入信号的幅度（0～500mV 或 0～12V），如果实验波形不理想应该改变信号源的幅度。

二、注意事项

1. 使用各类仪器时，手要干净、干燥，保持电路板（实验箱插板）的绝缘。

2. 做复杂电路实验时，应特别注意在电路连接正确后再接通电源。

3. 实验前准备。

(1) 在实验课开始之前，应编好实验小组，并指定小组长一名（一般二人一组）。

(2) 每次实验课前，要求认真复习教材中有关内容，搞清实验原理和有关理论知识，对某些实验还应进行必要的计算和回答一些问题，认真学习各实验所提供的电路原理说明，并明确本次实验的目的、内容、实验步骤及应注意的事项。

4. 实验课的进行。

(1) 首先，应认真听取指导老师对实验的介绍。

(2) 分组后应事先检查仪器，设备是否齐全完好，如发现问题应报告指导老师，接线前应熟悉实验设备仪器和仪表，了解它们的性能和使用方法。

(3) 根据实验要求连接实验线路和仪表，完成接线后，互相检查连线是否正确，然后请老师检查，经老师检查无误后，方可通电进行实验。

(4) 实验时，小组成员应有分工，一人指挥测量及记录数据，另一人进行操作，记录者若发现数据有疑问，应重新测试及讨论、分析原因，直至得到正常结果。为使每一个同学都受到实验技能训练，在每完成一个实验内容后，二人应调换分工。

(5) 实验过程中，不应只求读数和记录数据，更应注意观察是否出现异常现象。如有异常现象，首先应切断电源，然后查找原因，问题解决后再继续进行实验。

(6) 在数据测量完毕后，应切断电源，但不要忙于拆除电路，首先检查数据有无遗漏和分析结果是否正确，然后送交老师检查无误后，方可拆除线路进行整理。

5. 实验总结。

在实验的基础上，对实验现象和数据进行整理计算和总结分析，然后写出实验报告，编写报告的过程是一个从感性认识到理性认识的提高过程，也是一个加深理解和巩固所学理论知识的过程，因而必须认真重视写好实验总结报告。

其内容和格式如下：

(1) 实验名称：____________ 日期：____________ 班级：____________。

实验者：____________ 同组实验者：____________

(2) 实验目的：____________。

(3) 实验线路：____________。

(4) 实验数据与观察到的实验现象：

(5) 实验总结体会：

实验一　常用元件测量

一、实验目的

1）正确掌握电阻器的识读和检测。

2）学会电容器的万用表检测。

3）学会二极管和三极管的万用表检测方法。

二、实验器材

1）万用表。

2）各种元件（电阻、电容、二极管和三极管若干）。

三、实验内容与步骤

1. 电阻器的识读与万用表检测

（1）电阻器的识读

制作色环电阻板若干块，每块可放置10～20只色环电阻，然后分组识读，注明该板各色环电阻的阻值，并相互交换，反复练习。

（2）电阻器的万用表检测

选用无色环、无数值标志的不同阻值电阻若干个，通过万用表的测量，按E12系列区分。要求测量快速、准确，并正确记录。

（3）电位器的万用表检测

1）测量固定端之间的阻值。

2）用万用表检测固定端与滑动片之间的电阻变化情况（在检测中旋转或滑动把柄，观测阻值变化情况）。

2. 电容器的万用表检测

（1）小电容器的检测（以0.01～0.047μF为例）

用万用表的R×10k挡，将表笔接触电容器的两极，表针先向顺时针偏转一下，然后逆时针复原，则稳定后的读数表示电容器的漏电阻（应该为无穷大）。

（2）大电容器的检测（以50～1000μF为例）

用万用表的R×1k挡，将表笔接触电容器的两极，表针先向顺时针偏转一个较大的角度后，然后向逆时针复原。否则该电容器漏电。

3. 二极管的万用表检测

1）用万用表的R×100或R×1k挡，测量晶体二极管（2AP9、2CZ11、1N4001）

正反向电阻并填入实验表 1.1。

2）根据测量数据判断二极管的好坏。

实验表 1.1 二极管数据

项目 阻值 二极管型号	R×1k		R×100		质量判别
	正向	反向	正向	反向	
2AP9					
2CZ11					
1N4001					

4. 三极管的万用表的检测

(1) NPN 管（以 3DG6 为例）

用万用表的 R×100 或 R×1k 挡，黑表笔接基极，红表笔分别接发射极和集电极测两个 PN 结的正向电阻，互换两表笔测量两个 PN 结的反向电阻。把测量结果记入实验表 1.2 中。根据测量结果判断三极管的好坏。

(2) PNP 管（以 3CG21 为例）

用万用表的 R×100 或 R×1k 挡，红表笔接基极，黑表笔分别接发射极和集电极测两个 PN 结的正向电阻，互换两表笔测量两个 PN 结的反向电阻。把测量结果记入实验表 1.2 中。根据测量结果判断三极管的好坏。

实验表 1.2 三极管数据

项目 阻值 二极管型号	集电极		发射极		质量判别
	正向	反向	正向	反向	
3DG6					
3CG21					

四、提高

1）用万用表判定二极管的极性。

2）用万用表判定三极管的类型、电极以及材料。

五、实验报告

1）完成实验数据记录。

2）做好实验小结。

实验二　整流/滤波电路

一、实验目的

1）掌握单相桥式整流、电容滤波电路的安装和测试。

2）学会用万用表测量电压、用示波器观测整流及滤波输出的电压波形。

3）提高焊接、检测等实践能力。

二、实验器材

1）示波器 1 台。

2）万用表 1 台。

3）电烙铁、剥线钳等常用工具 1 套。

4）整流滤波器件 1 套、焊锡丝、导线若干。

三、实验电路

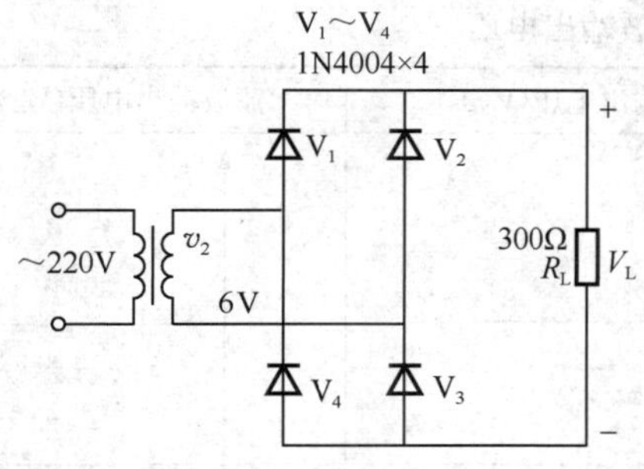

实验图 2.1　整流电路

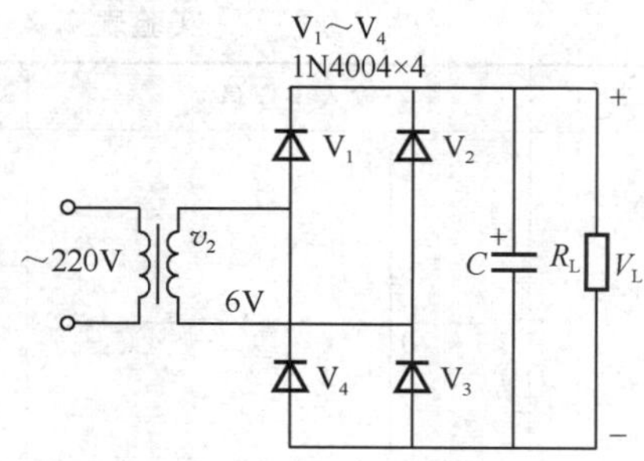

实验图 2.2　滤波电路

四、实验内容与步骤

1. 整流电路

1）检测电子元件。

2）按实验图 2.1 所示在线路板（或实验板）上焊接（或搭接）电路。

3）检查电路的连接正确与否。

4）接通电源，用示波器观察变压器次级电压 V_2 和负载电阻 R_L 上的电压 V_L 波形，并在实验表 2.1 中画出波形。

5）用万用表测量变压器次级电压 V_2，整流输出电压 V_L，将数据记录在实验表 2.1中。

实验表 2.1 电压测量记录

	输入电压(V_2)	输出电压(V_L)
波形	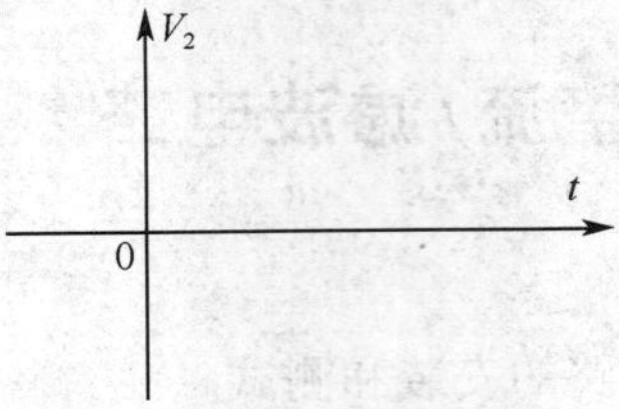 V_2 0 t	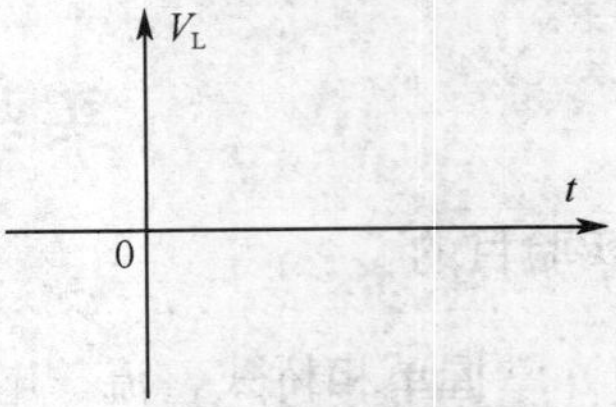 V_L 0 t
电压值		

2. 滤波电路

1）如实验图 2.1 所示，在负载电阻 R_L 两端（整流输出端）并接电容，如实验图 2.2所示。

2）接通电源，用示波器观察负载电阻 R_L 上的电压 V_L 波形，并在实验表 2.2 中画出波形。

3）用万用表测量输出电压 V_L，将数据记录在实验表 2.2 中。

4）比较两次输出波形和输出电压的大小，进行简要分析。

实验表 2.2 整流、滤波输出电压

	输入电压(V_2)	整流输出电压(V_L)	滤波输出电压(V_L)
波形	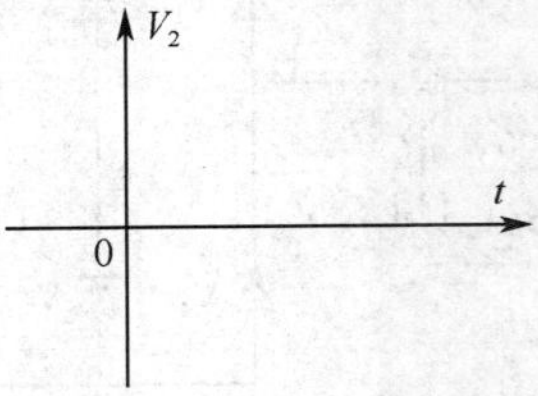 V_2 0 t	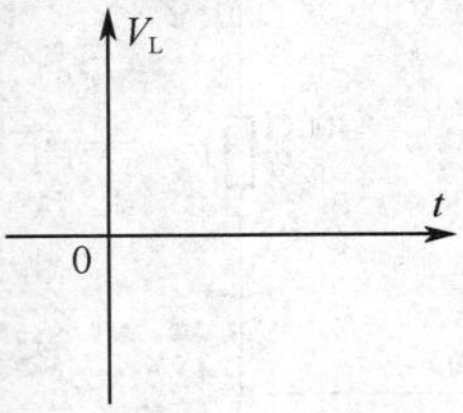 V_L 0 t	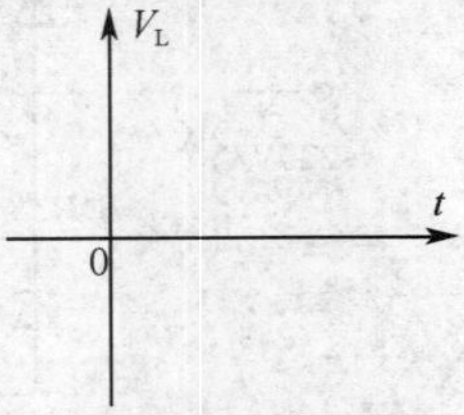 V_L 0 t
电压值			

五、实验报告

1）整理实验结果：完成实验数据，画出有关波形。

2）总结实验心得体会。

实验三　共射极放大电路实验

一、实验目的

1）学习设置和调整放大电路的静态工作点。

2）掌握放大电路放大倍数、输入阻抗和输出阻抗的测量方法。

3）观察 R_b、R_L 的变化对输出波形和放大倍数的影响。

二、实验内容

1）静态工作点的调试与测量。

2）放大倍数 A_V 的测量。

3）观察并分析静态工作点对放大器输出波形的影响。

4）观察 R_b 和 R_L 的变化对输出波形和放大倍数的影响。

三、预习要求

1）复习单级放大电路的原理。

2）弄清放大电路的调试步骤和测试方法。

3）思考：

- 当电路输出波形出现饱和失真和截止失真时，电路应如何调整？
- 对电路而言如果输入信号 V_i加大，输出波形将出现何种失真？
- 在测量放大电路的放大倍数时，使用的是晶体管毫伏表，而不是用万用表的交流档。

四、实验步骤

1. 连接电路

按照实验图 3.1 所示原理图连接电路

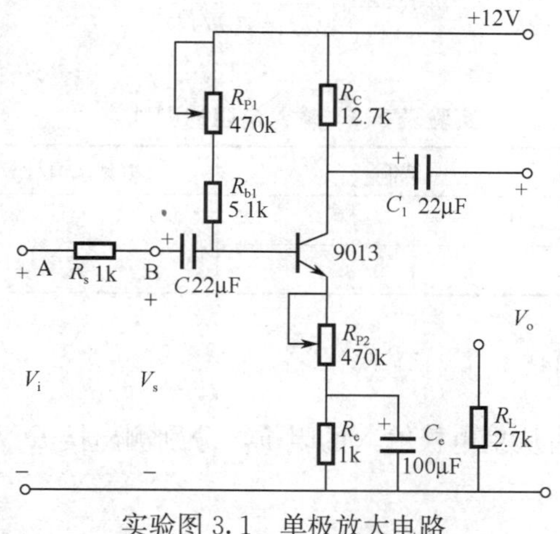

实验图 3.1　单极放大电路

2. 静态工作点的调试与测试

检查连线无误后接通+12V直流电源，在无输入信号的情况下，调节 R_{P1}，使三极管 $V_{CE}=6V$，即可认为工作点调好，然后用直流电压表和直流电流表分别测量静态工作点 Q。

实验表 3.1 静态工作点测试

测试条件	测试值				计算值			
	V_B	V_E	V_C	I_C	V_{BE}	V_{CE}	I_C	R_{BE}
$V_{ce} \cong 6V$								

3. 基本放大电路的放大倍数测试

在A点输入端加 $f=1kHz$、$v_i=5mV$ 的正弦交流信号，用示波器观察输出波形 v_o（必须不失真）。用晶体管毫伏表测试 v_o、v_i 的值，并记录即可求得 A_v。

$$A_v = \frac{v_o}{v_i}$$

实验表 3.2 电压放大倍数和输出阻抗的测试值表

	测试条件		测试数据		由测试值计算		理论计算
V_O 不失真	R_c	R_L	V_i	V_o	A_v	R_o	$A_v=-\frac{\beta R'_L}{r_{be}}$

4. 输入电阻 R_i 的测试

在A点输入端加入输入信号，在 v_o 不失真的情况下，测出 v_s 和 u_i 的值，则根据下式可计算出 R_i。

$$R_i = \frac{v_i}{(v_s - v_i)/R_S}$$

实验表 3.3 输入电阻的测试值

测试条件	测试值		由测试值计算	理论值
v_o 不失真				

5. 输出阻抗 R_o 的测试

电路的输出阻抗是指从集电极输入的阻抗，分别测出接 R_L 时的 v_o 与不接 R_L 时的 v'_o，根据下式可求得 R_o。

$$R_o = \frac{v'_o - v_o}{R_L}$$

6. 工作点对波形失真的影响

调整 R_{P1}，增大时，观察输出波形为截止失真，减小时，则为饱和失真，记录示波器的波形。

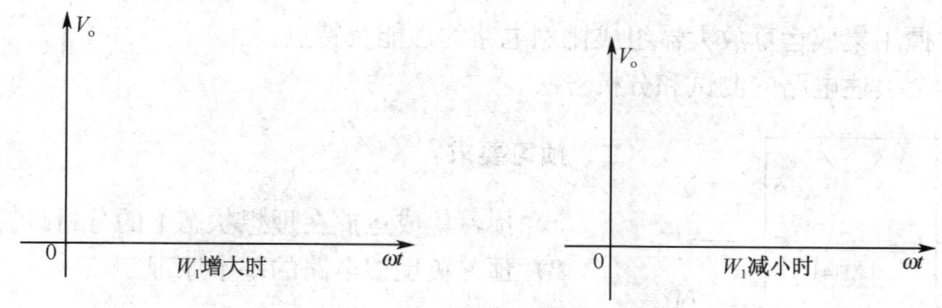

实验图 3.2 放大器输出波形

7. 故障现象观察和分析

1）偏置电阻开路时，在放大器的输入端加 100mV 的正弦交流信号，用示波器观察输出波形，并分析 R_{b1} 开路对电路的影响。

2）集电极 R_C 开路时，在放大器的输入端加 100mV 的正弦交流信号，用示波器观察输出波形，并分析 R_C 对开路对电路的影响。

五、实验报告要求

1）报告应包括实验目的、实验内容、实验步骤等。

2）简述该实验的原理，画出电路图。

3）列出各测量的数据表格，进行计算，画出波形图，比较所测量的数据与理论值，分析误差原理。

实验四　集成运放比例放大器

一、实验目的

1）掌握用集成运算放大器组成比例电路的性能及特点。

2）学会上述电路的测试和分析方法。

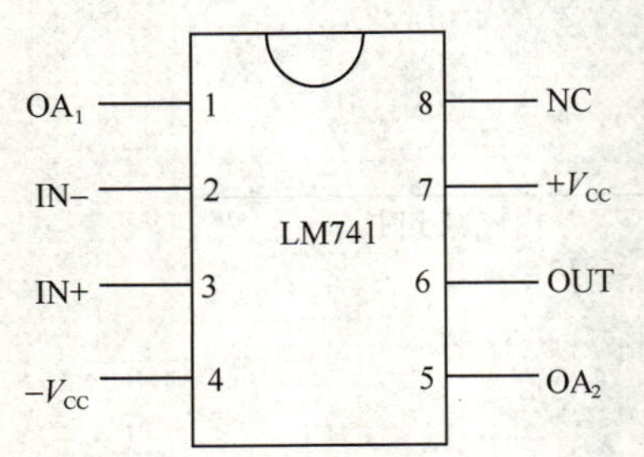

实验图 4.1　LM741 引脚

二、预习要求

1）预习集成运放在理想状态下的分析计算。

2）预习负反馈电路的基本原理。

三、实验内容

1. 熟悉 LM741 的管脚及功能

熟悉 LM741 的管脚排列和管脚功能，如实验图 4.1所示。实验表 4.1 列出了引脚功能。

实验表 4.1　管脚及对应功能

管脚	1	2	3	4	5	6	7	8
功能	调零	反相输入	同相输入	负电源	调零	输出	正电源	空脚

2. 电压跟随器

1）实验电路按实验图 4.2 所示接线，检查无误后，接通±12V 电源。

2）按实验表 4.2 要求进行实验，观察现象并总结电压跟随器的主要特点。

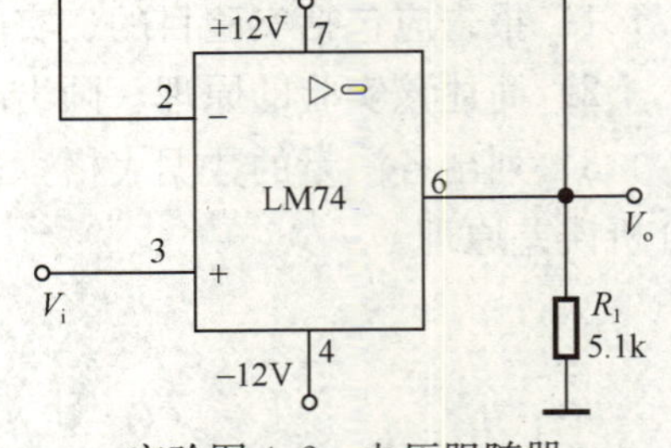

实验图 4.2　电压跟随器

实验表 4.2　射随器输入输出电压

v_i/V		−2	−1.5	0	+1.5	+2
v_O/V	$R_L=\infty$					
	$R_L=5.1\text{k}\Omega$					

3. 反相比例放大器

1）假设运算放大器为理想运放，理论计算此电路的电压放大倍数为

$$A_{VF}=\frac{v_o}{v_i}=-\frac{R_f}{R_1}$$

2）实验电路按实验图 4.3 所示接线，检查无误后，接通±12V 电源。

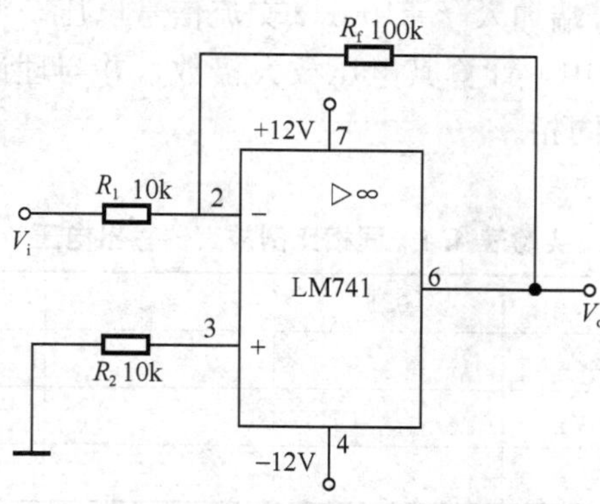

实验图 4.3 反相比例放大器

3）在电路输入端加入 $f=100\text{Hz}$ 交流信号电压，，调节 v_i 的大小，测量输出电压 v_o，填入实验表 4.3 中，计算其电压放大倍数，并与理论值比较。用双踪示波器观察输入、输出波形是否反相。

实验表 4.3 反相比例放大器输出电压

直流输入电压 v_i/V		0.1	0.2	0.3	0.4
输出电压 v_o	理论估算/V				
	实测值/V				
	误 差				

4. 同相比例放大器

1）实验电路按实验图 4.4 所示其电压放大倍数为

$$A_{VF}=\frac{v_o}{v_i}=1+\frac{R_f}{R_1}$$

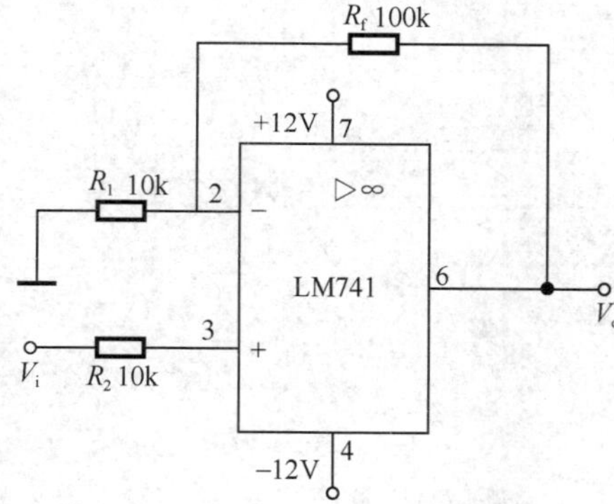

实验图 4.4 同相比例放大器

2）按实验图 4.4 接线，检查无误后，接通±12V 电源。

3）同样，在电路输入端加入 $f=100\text{Hz}$ 交流信号电压，调节 v_i 的大小，测量输出电压 v_o，填入实验表 4.4 中，计算其电压放大倍数，并与理论值比较。用双踪示波器观察输入、输出波形是否同相。

实验表 4.4　同相比例放大器输出电压

直流输入电压 v_i/V		0.1	0.2	0.3	0.4
输出电压 v_o	理论估算/V				
	实测值/V				
	误　差				

四、实验报告

1）总结本实验中三种运算电路的特点及性能。

2）分析理论计算与实验结果误差的原因。

实验五　555 时基电路应用

一、实验目的

1）熟悉 555 时基电路的管脚分布和引脚功能。
2）掌握 555 时基电路的基本功能。
3）了解 555 时基电路的应用。

二、实验器材

1）直流稳压电源。
2）示波器。
3）万用表。
4）555 时基电路及实验电路元件一套。

三、实验电路

实验电路如实验图 5.1 与实验图 5.2 所示。

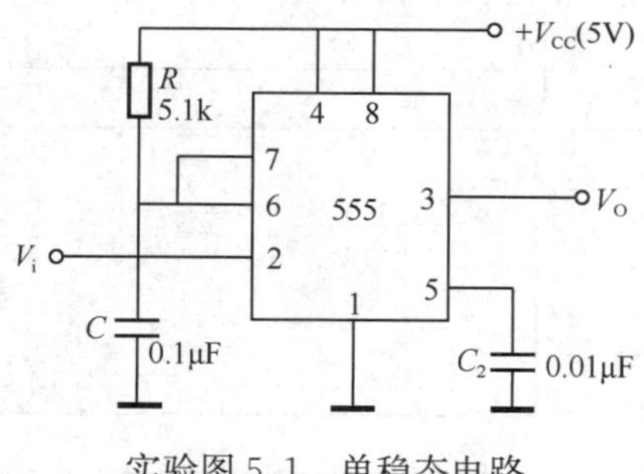

实验图 5.1　单稳态电路

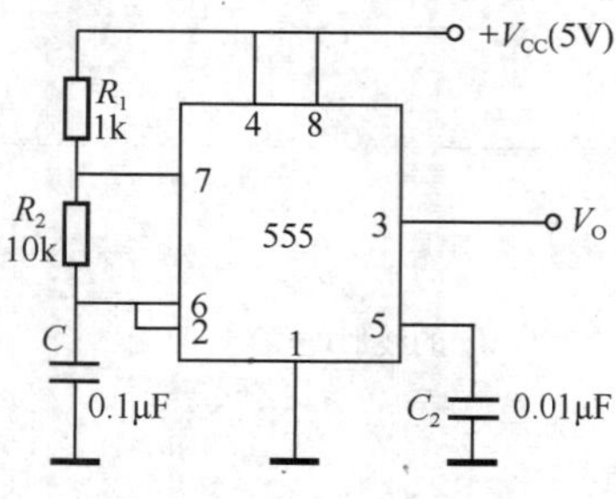

实验图 5.2　多谐振荡器

四、实验内容与步骤

1. 熟悉 555 时基电路及管脚功能

熟悉 555 时基电路的管脚排列和引脚功能，如实验图 5.3所示。

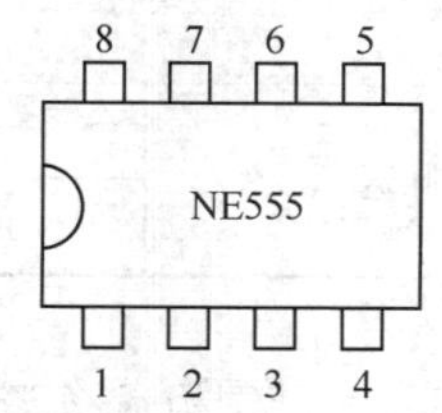

实验图 5.3　555 电路引脚

1 脚：接地。

2 脚：$\overline{\mathrm{TL}}$低触发端。

3 脚：输出端 V_{o}。

4 脚：$\overline{R}_{\mathrm{D}}$ 是直接清零端。当$\overline{R}_{\mathrm{D}}$ 端接低电平，则时基电路不工作，此时不论$\overline{TL}$、TH 处于何种电平，时基电路

输出为“0”，该端不用时应接高电平。

5 脚：V_C 为控制电压端。若此端外接电压，则可改变内部两个比较器的基准电压，当该端不用时，应将该端串入一只 0.01μF 电容接地，以防引入干扰。

6 脚：TH 高触发端。

7 脚：放电端。该端与放电管集电极相连，用作定时器时电容的放电。

8 脚：外接电源 V_{CC}，一般用 5V。

2. 用 555 构成单稳态触发电路

1）按实验图 5.1 连接好电路。

2）在检查无误后接通电源。

3）V_i 用窄负脉冲触发，用示波器观察、记录 V_i、V_C 及 V_O 的波形，测出 V_O 的脉冲宽度 t_W，且与理论值相比较。将实验结果填入实验表 5.1。

实验表 5.1 单稳态电路的波形及数据

名称		内容
V_i 的波形		V_i 0 t
V_C 的波形(电容 C 两端)		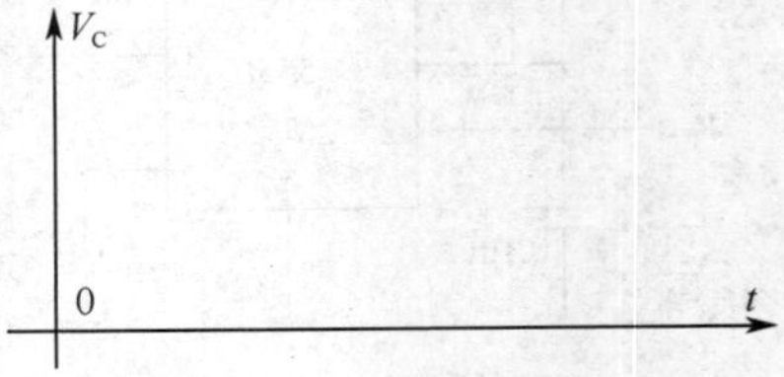 V_C 0 t
V_O 的波形		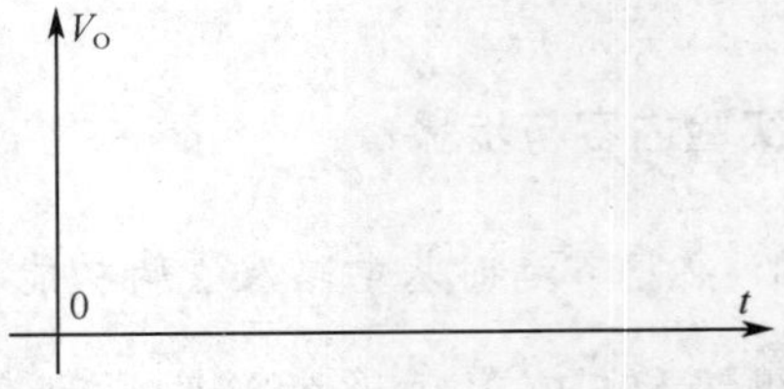 V_O 0 t
脉宽(t_W)	实测值	
	理论值(t_W= 1.1RC)	

3. 用 555 构成多谐振荡电路

1）按实验图 5.2 连接好电路。

2）在检查无误后接通电源。

3）用示波器观察、记录 V_C 及 V_O 的波形，测出输出高电平时间 t_{PH}、输出低电平时间 t_{PL} 和脉冲周期 T，且与理论值相比较。将结果填入实验表 5.2 中。

实验表 5.2　多谐振荡电路的波形及数据

名　称		内　容
V_C 的波形		V_C 0　t
V_O 的波形		V_O 0　t
高电平时间(t_{PH})	实测值	
	理论值 $t_{PH}=0.7(R_1+R_2)C$	
低电平时间(t_{PL})	实测值	
	理论值 $t_{PL}=0.7R_2C$	
周期(T)	实测值	
	理论值 $T=t_{PH}+t_{PL}$	

五、实验报告

1）记录实验相关数据、画出相应的波形图。

2）认真总结，谈谈实验心得体会。

实验六 电压比较器实验

一、实验目的

1）掌握电压比较器的电路构成及特点。

2）掌握比较器的使用方法。

二、实验原理

电压比较器是集成运放非线性应用电路，它将一个模拟量（电压信号）和一个参考电压相比较，在二者幅度相等的压值附近，输出电压将产生跃变，相应输出高电平或低电平。比较器可以组成非正弦波形变换电路及应用于模拟与数字信号转换等领域。由于集成运放在 $R_F=\infty$时，放大倍数也近似 $A_V=\infty$，可以认为是电压比较器。所以本实验都用采用集成运放 LM741 在 $R_F=\infty$时作比较器。

实验图 6.1 所示为一最简单的电压比较器，V_R 为参考电压，加在运放的同相输入端，输入电压 v_i加在反相输入端。

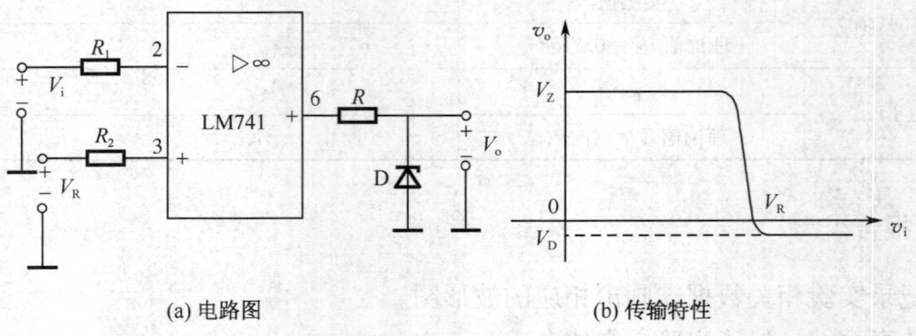

实验图 6.1　电压比较器

当 $v_i<V_R$ 时，运放输出高电平，稳压管 D 反向稳压工作。输出端电位被其箝位在稳压管的稳定电压 V_Z，即 $v_o=V_Z$。

当 $v_i>V_R$ 时，运放输出低电平，稳压管 D 正向导通，输出电压等于稳压管的正向压降 V_D，即 $v_o=-V_D$。

因此，以 V_R 为界，当输入电压 v_i 变化时，输出端反映出两种状态。高电位和低电位。

表示输出电压与输入电压之间关系的特性曲线，称为传输特性。实验图 6.1（b）为（a）图比较器的传输特性。

常用的电压比较器有过零比较器、具有滞回特性的过零比较器等。

1. 过零比较器

电路如实验图 6.2 所示为加限幅电路的过零比较器，D_Z 为限幅稳压管。信号从运放的反相输入端输入，参考电压为零，从同相端输入。当 $V_i>0$ 时，输出 $v_o=-(6.2+0.7)=-6.9$（V），当 $V_i<0$ 时，$V_o=6.2+0.7=6.9$（V）。其电压传输特性如实验图 6.2（b）所示。过零比较器结构简单，灵敏度高，但抗干扰能力差。

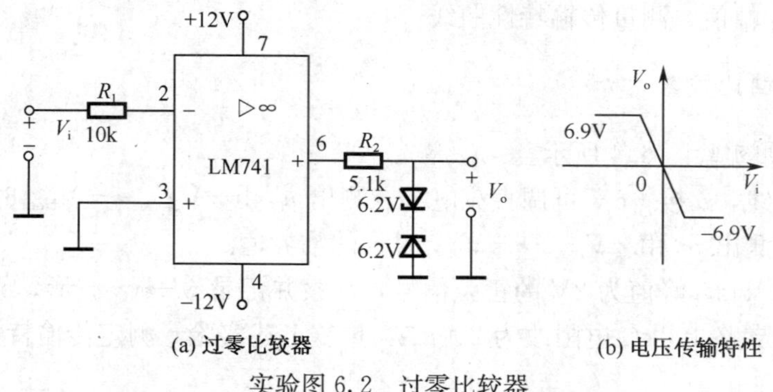

(a) 过零比较器　　(b) 电压传输特性

实验图 6.2　过零比较器

2. 滞回比较器

实验图 6.3 为具有滞回特性的过零比较器。

过零比较器在实际工作时，如果 V_i 恰好在过零值附近，则由于零点漂移的存在，v_o 将不断由一个极限值转换到另一个极限值，这在控制系统中，对执行机构将是很不利的。为此，就需要输出特性具有滞回现象。如实验图 6.3 所示，从输出端引一个电阻分压正反馈支路到同相输入端，若 V_o 改变状态，Σ点（LM741 3 脚）也随着改变电位，使过零点离开原来位置。

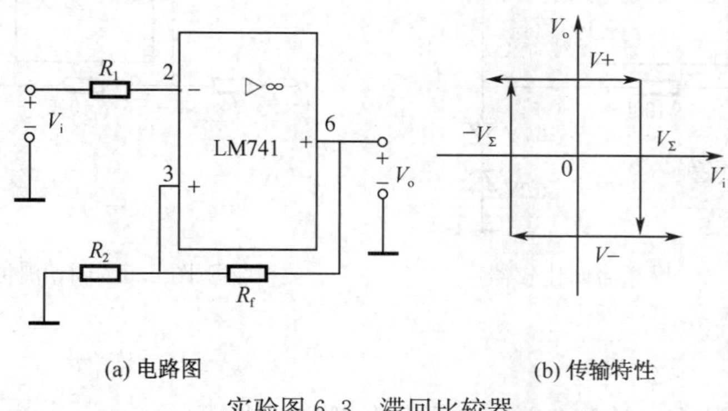

(a) 电路图　　(b) 传输特性

实验图 6.3　滞回比较器

当 V_o 为正（记作 $V+$），则当 $V_i>V_\Sigma$ 后，V_o 即由正变负（记作 V_-），此时 V_Σ 变为 $-V_\Sigma$。故只有当 V_i 下降到 $-V_\Sigma$ 以下，才能使 V_o 再度回升到 V_+，于是出现实验图 6.3（b）中所示的滞回特性。$-V_\Sigma$ 与 V_Σ 的差别称为回差。改变 R_2 的数值可以改变回差的大小。

三、实验内容

1. 过零比较器

实验电路如实验图 6.2 所示。

1）接通±12V 电源。

2）测量 v_i悬空时的 V_O 值。

3）v_i输入 500Hz、幅值为 2V 的正弦信号，观察 $v_i \to v_O$ 波形并记录。

4）改变 v_i 幅值，测量传输特性曲线。

2. 反相滞回比较器

实验电路如实验图 6.4 所示。

1）按图接线，v_i接+5V 可调直流电源，测出 v_O 由$+V_{omcx} \to -V_{omcx}$时 v_i的临界值。

2）同上，测出 v_O 由$-V_{omcx} \to +V_{omcx}$时 v_i的临界值。

3）v_i接 500Hz，峰值为 2V 的正弦信号，观察并记录 $v_i \to v_O$ 波形。

4）将分压支路 100kΩ 电阻改为 200kΩ，重复上述实验，测定传输特性。

3. 同相滞回比较器

实验线路如实验图 6.5 所示。

1）参照实验图 6.2，自拟实验步骤及方法。

2）将结果与实验图 6.2 进行比较。

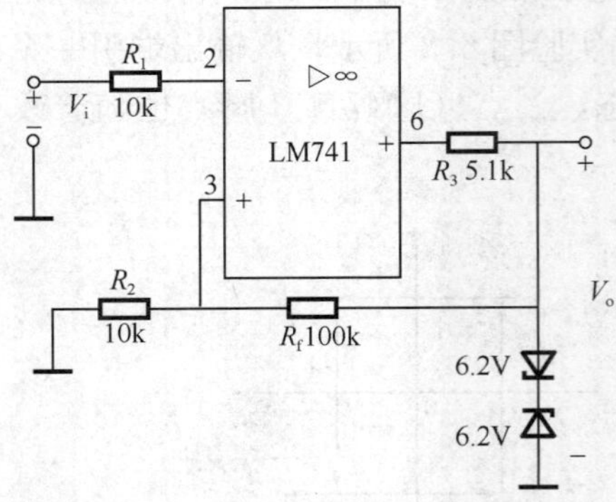

实验图 6.4 反相滞回比较器

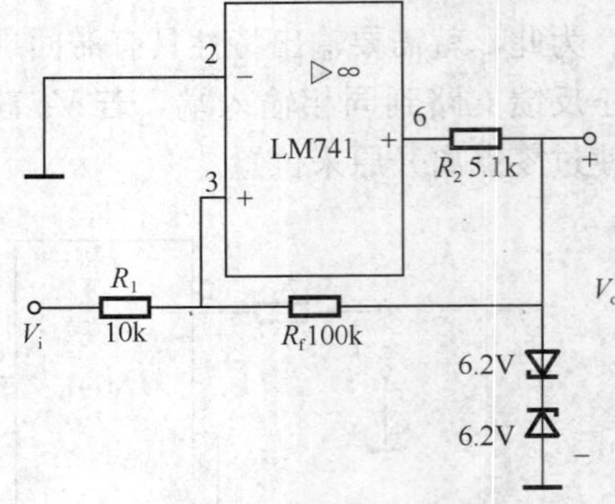

实验图 6.5 同相滞回比较器

四、实验报告

1）整理实验数据，绘制各类比较器的传输特性曲线。

2）总结几种比较器的特点，阐明它们的应用。

实验七　可控硅应用电路

一、实验目的

1）熟悉单向可控硅与单结晶体管的基本工作原理。

2）掌握单向可控硅的基本应用电路。

3）学习单向可控硅及单结晶体管的应用及可控特性。

二、实验仪器

1）双踪示波器。

2）万用表。

3）连接导线若干。

三、预习要求

1）学习有关单向可控硅和单结晶体管的基本工作原理，了解其内部构成。

2）通过预习知道控制角与导通角的关系。

四、实验内容

1）根据实验图 7.1 所示的电路，完成实验电路连接。

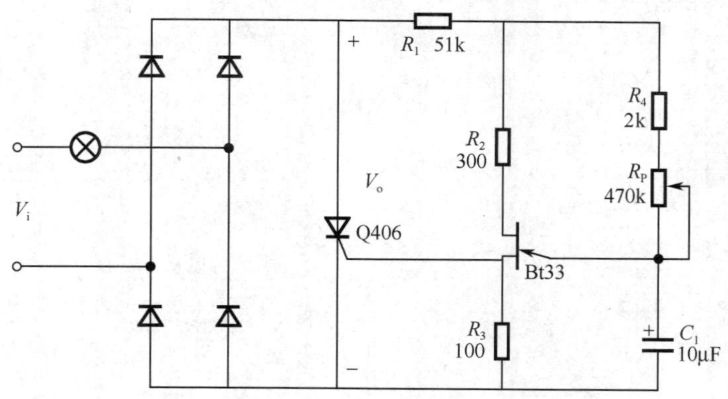

实验图 7.1　单相可控硅的基本应用电路

2）先拆去单向可控硅，将桥式整流电路输入交流 8V，先用万用表测量整流后小灯上的电压，然后再用示波器观察电路的输入电压与灯泡两端电压的波形。

3）接入单相可控硅和单结晶体管，其中单结晶体管组成的触发电路采用直流 8V 供电，调节电位器并用万用表观察电路的输出电压，用示波器观察电路的输入端与小灯上的电压波形，并调节电位器改变电路的导通角和控制角，将导通角与输出电压的关系记入实验表 7.1 中。

实验表 7.1　电压测量记录

导通角	0	30	60	90	120	150	180
输出电压							

4）将单结晶体管的定时电容改为 4.7μF，其他条件不变，并用万用表测量电路中小灯泡上的输出电压，用示波器观察灯泡两端的输出波形，填入实验表 7.2 中。

实验表 7.2　电压测量记录

导通角	0	30	60	90	120	150	180
输出电压							

五、实验报告

1）根据实验过程总结单相可控硅的控制特性。

2）比较可控硅整流电路与普通整流电路的异同。

实验八　晶体管串联稳压电源

一、实验目的

1）学习晶体管串联稳压电路的特性测试。
2）熟悉晶体管串联稳压电源的基本构成。
3）掌握晶体管串联稳压电源的工作原理。

二、实验仪器

1）双踪示波器。
2）万用表。
3）连接导线若干。

三、预习要求

1）复习有关稳压电路的基本工作原理，了解各功能电路的作用。
2）根据实验图 8.1 所示的电路计算电源的输出电压范围。

四、实验内容

1）按实验图 8.1 连接电路，经老师检查无误后，输入 12V 交流电压，用示波器观察电压输出，调节 R_P，使输出电压为 6V，并测量电路的有关参数将数据记入实验表 8.1中。

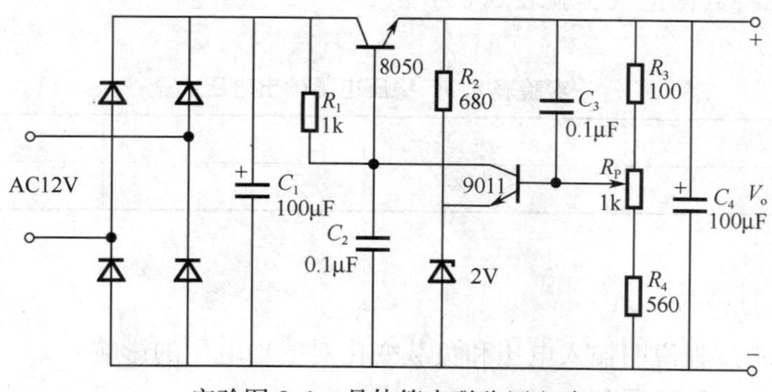

实验图 8.1　晶体管串联稳压电路

实验表 8.1　稳压电源电压测试

输入端交流电压/V	C_1 两端电压	8050		9011		稳压管两端电压/V	空载输出电压/V
		V_{be}	V_{ce}	V_{be}	V_{ce}		
三极管 PN 结偏置状态							

2）测试负载变化对电路的影响。使输入 12V 交流电压保持不变，输出 6V。然后按实验表 8.2 改变负载电阻，测量下面的数据并将结果填入实验表 8.2 中。

实验表 8.2 负载对电源的影响

输入电压/V	C_1 两端电压/V	8050V_{ce}	9011V_{ce}	输出电压/V	稳压性能	R_L/kΩ
12						200
						500
						1
						∞

稳压性能计算公式为

$$稳压性能 = \frac{|输出电压 - 6|}{6} \times 100\%$$

将双踪示波器分别接入稳压电源输入 AC12V 端及输出端，观察电压波形，并画在下面的实验图 8.2 中。

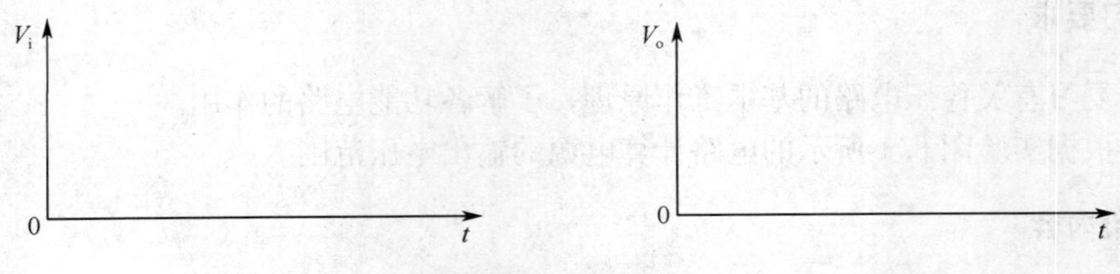

实验图 8.2 电压波形

3）负载电阻为 510Ω，调节 RP 使输出电压为 4V，然后改变输入交流电压测量电路的输出电压，将数据记入实验表 8.3 中。

实验表 8.3 稳压电源输出电压

输入电压/V	5	8	12
输出电压/V			

五、实验报告

1）根据实验过程说明输入电压和负载变化对输出电压的影响。

2）总结电路的稳压原理。

实验九　电压/电流转换电路

一、实验目的

1）认识电压、电流转换电路。

2）通过对运放构成的 I/V 转换电路实验，增强对集成运放的认识。

二、实验仪器

1）示波器。

2）微安表。

3）万用表。

4）连接导线若干。

三、实验内容

1）电压/电流转换电路：根据实验图 9.1 连接电路，用可调稳压电源作为输入信号，同时用万用表测量电路的输入电压，将微安表串联在输出回路中测量电路的输出电流。

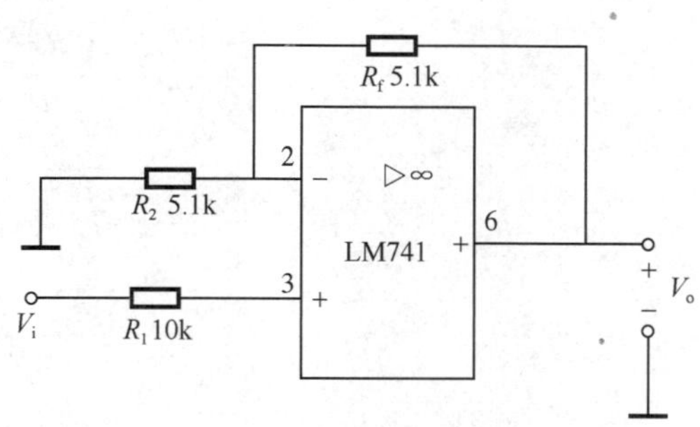

实验图 9.1　电压/电流转换电路

调节输入信号的大小，用万用表测量电路的输出电流，将测量结果记入实验表 9.1中。

实验表 9.1　运放输出电流记录

电压/V	2.0	2.5	3.0	3.5	4.0	4.5
电流/mA						

2）电流/电压转换电路：如实验图 9.2 所示，输入端接入微安表测量电路的输入电流，同时用万用表测量输出电压并将测量的数据填入下面的实验表 9.2 中。

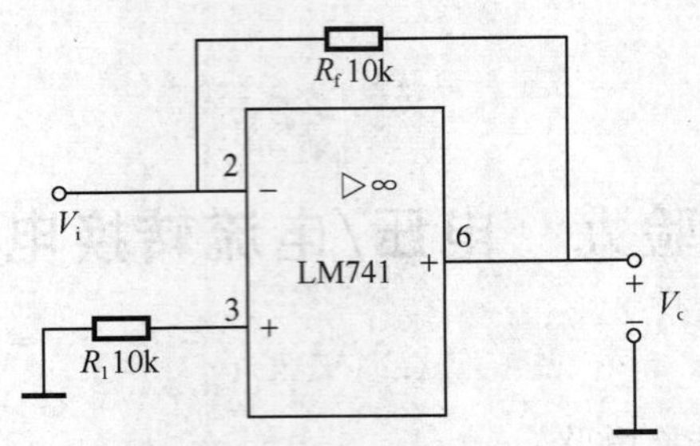

实验图 9.2　电流/电压转换电路

实验表 9.2　运放输出电压记录

输入电流/mA	100	200	300	400
输出电压/V				

四、实验报告

1）根据实验过程总结电压、电流转换电路的特点。

2）由实验过程中的数据画出电压、电流的对应关系图。

实验十　救护车音响电路实验

一、实验目的

1）熟悉 555 时基电路结构、工作原理及其特点。

2）掌握 555 时基电路的基本应用。

二、实验预习要求

1）复习有关 555 定时器的工作原理及其应用。

2）拟定实验中所需的数据、表格。

3）拟定实验的步骤和方法。

三、实验设备与器件

1）＋5V 直流电源。

2）双踪示波器。

3）连续脉冲源。

4）单次脉冲源。

5）数字信号源。

四、实验内容

实验图 10.1 所示是用两个时基电路 555 构成低频对高频调制的救护车音响电路。

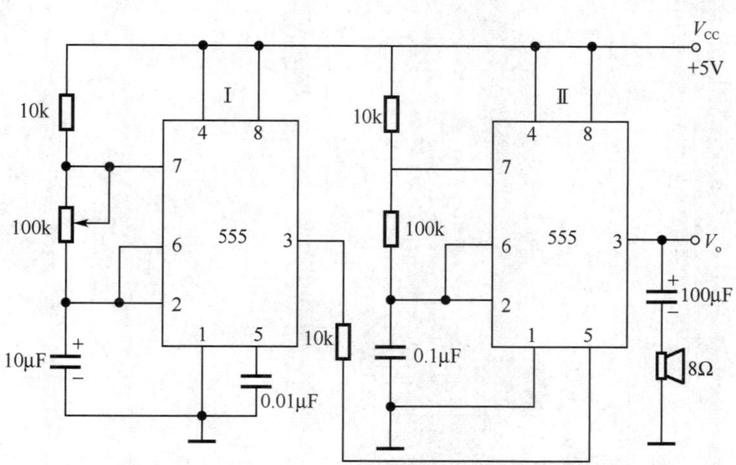

实验图 10.1　由 555 定时器构成的音响电路

1）按实验图 10.1 连接线路，注意喇叭先不接。

2）用示波器观察波形并记录。

3）.接上喇叭，调整参数到声音效果满意为止。

五、实验报告

1）绘出详细的实验线路图，定量绘出观测到的波形。

2）分析、总结实验结。

实验十一　TTL 集成逻辑与非门的功能与参数测试

一、实验目的

1）掌握 TTL 集成与非门的逻辑功能和主要参数的测试方法。

2）掌握 TTL 器件的使用规则。

二、实验预习要求

1）了解 TTL 与非门主要参数的定义和意义。

2）熟悉各测试电路、了解测试原理及测试方法。

3）熟悉 TTL 与非门 74LS00 的引脚排列。

4）自拟实验步骤和数据表格。

三、实验原理

1. TTL 与非门的主要参数

TTL 与非门具有较高的工作速度、较强的抗干扰能力、较大的输出幅度和负载能力等优点，因而得到了广泛的应用。

（1）输出高电平 V_{OH}

输出高电平是指与非门有一个以上输入端接地或接低电平时的输出电平值。空载时，V_{OH}必须大于标准高电平（$V_{SH}=2.4$ V），接有拉电流负载时，V_{OH}将下降。测试V_{OH}的电路如实验图 11.1 所示。

（2）输出低电平 V_{OL}

输出低电平是指与非门的所有输入端都接高电平时的输出电平值。空载时，V_{OL}必须低于标准低电平（$V_{SL}=0.4$V），接有灌电流负载时，V_{OL}将上升。测试V_{OL}电路如实验图 11.2 所示。

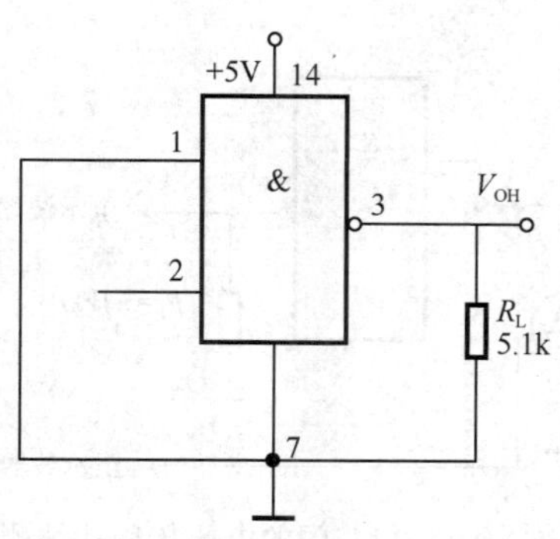

实验图 11.1　V_{OH}的测试电路

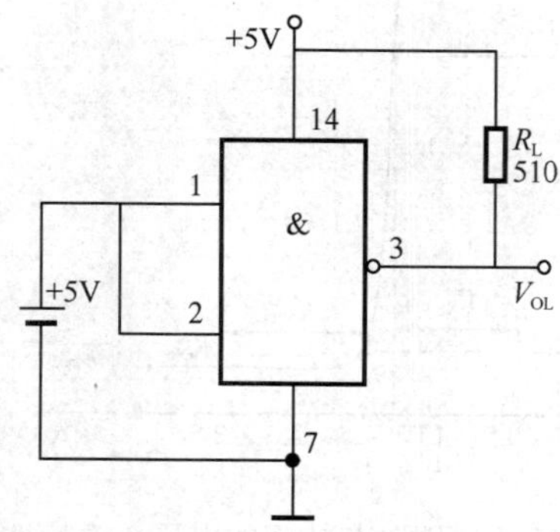

实验图 11.2　V_{OL}的测试电路

(3) 输入短路电流 I_{IS}

输入短路电流 I_{IS}是指被测输入端接地，其余输入端悬空时，由被测输入端流出的电流。前级输出低电平时，后级门的 I_{IS}就是前级的灌电流负载。一般 $I_{IS}<1.6mA$。测试 I_{IS}的电路如实验图 11.3 所示。

(4) 扇出系数 N

扇出系数 N 是指能驱动同类门电路的数目，用以衡量带负载的能力。实验图 11.4 所示电路能测试输出为低电平时，最大允许负载电流 I_{OL}，然后求得 $N=I_{OL}/I_{IS}$。一般 $N>8$ 的与非门才被认为是合格的。

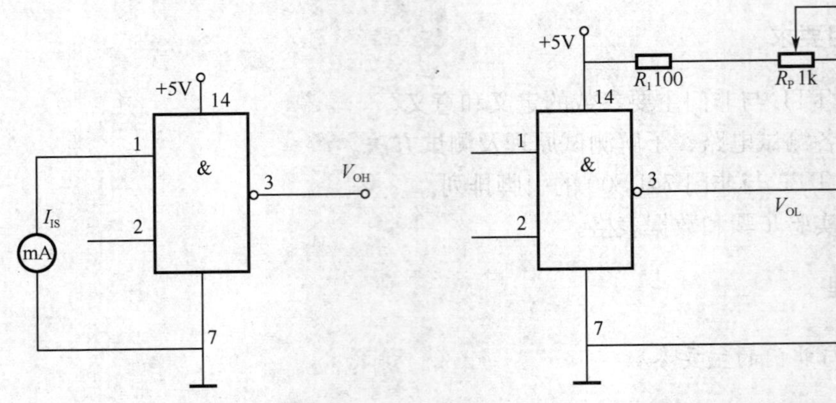

实验图 11.3 I_{IS}的测试电路　　实验图 11.4 扇出系数 N 的测试电路

2. TTL 与非门的电压传输特性

利用电压传输特性不仅能检查和判断 TTL 与非门的好坏，还可以从传输特性上直接读出其主要静态参数，如 V_{OH}、V_{OL}、V_{ON}、V_{off}、V_{NH} 和 V_{NL}。如实验图 11.5 所示。传输特性的测试电路如实验图 11.6 所示。

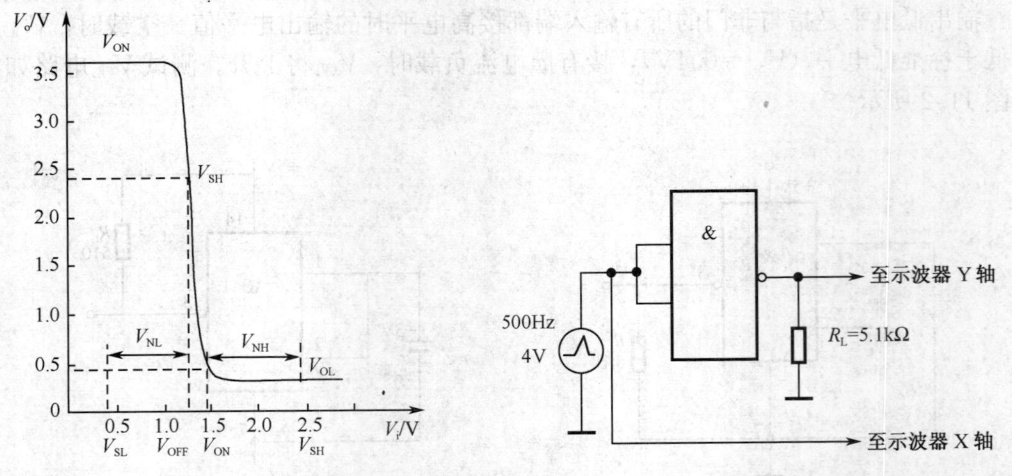

实验图 11.5 TTL 与非门的电压传输特性　　实验图 11.6 TTL 与非门的电压传输特性测试电路

从实验图 11.5 中可知：

开门电平 V_{ON} 是保证输出为标准低电平 V_{SL} 时允许的最小输入高电平值。一般 $V_{ON}<1.8V$。

关门电平 V_{OFF} 是保证输出为标准高电平 V_{SH} 时，允许的最大输入低电平值。

高电平噪声容限 $V_{NH}=V_{SH}-V_{ON}=2.4-V_{ON}$。

低电平噪声容限 $V_{NL}=V_{OFF}-V_{SL}=V_{OFF}-0.4$。

3. 与非门的逻辑功能

与非门的逻辑功能如实验表 11.1 所示，只需按真值表逐项验证即可。

本实验选用的 TTL 与非门为 74LS00，它的引脚排列如实验图 11.7 所示。

实验表 11.1　TTL 与非门功能表

A	B	Y
0	0	1
0	1	1
1	0	1
1	1	0

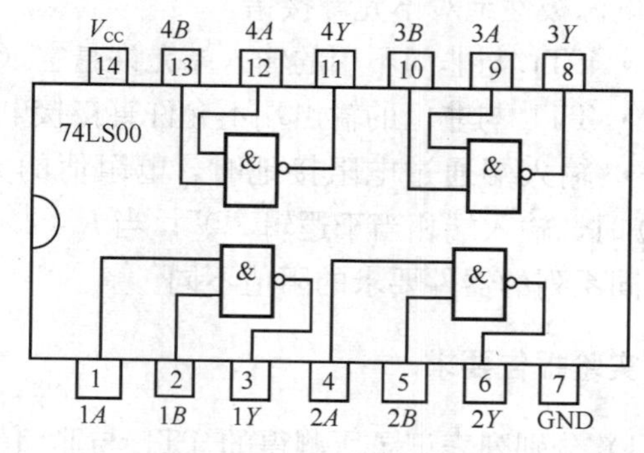

实验图 11.7　74LS00 外引线排列图

四、实验仪器设备

1）数字实验箱（+5V 电源，单脉冲源，连续脉冲源，逻辑电平开关，LED 显示等）1 台。

2）数字万用表 1 块、集成与非门 74LS00 1 片。

3）电阻 5.1kΩ、1kΩ、500Ω、100Ω 各 1 只。

4）电位器 1kΩ、电容 0.1μF 各 1 只。

五、实验内容及方法

1）用数字万用表分别测量 TTL 与非门 74LS00 在带负载和开路两种情况下的输出高电平 V_{OH} 和输出低电平 V_{OL}。测试电路如实验图 11.1 及实验图 11.2 所示。

2）测试 TTL 与非门的输入短路电流 I_{IS}，测试电路如实验图 11.3 所示。

3）测试与非门输出为低电平时，允许灌入的最大负载电流 I_{OL}，然后利用公式 $N=I_{OL}/I_{IS}$，求出该与非门的扇出系数 N。测试电路见实验图 11.4。

具体测试方法有两种。

• 输入端全部悬空，逐渐减小电阻 R_P，读出仍能保持 $V_O=0.4V$ 的最大负载电流，即 I_{OL}。

• 输入端全部悬空，输出端用 500Ω 电阻代替（$100\Omega+R_P$）。用万用表直流电压挡测量 V_O，若 $V_O<0.4V$，则产品合格。然后再用万用表电流挡测出 I_{OL}，通过公式计算

出扇出系数。

4）测量 TTL 与非门的电压传输特性曲线。测量电路如实验图 11.6 所示。在示波器上用 X-Y 显示方式观察曲线，并用坐标纸描绘出特性曲线，在曲线上标出 V_{OH}、V_{OL}、V_{ON}、V_{OFF}，计算 V_{NH} 和 V_{NL}。

5）按 TTL 与非门的真值表逐项验证其逻辑功能。

6）TTL 集成电路使用规则。

- 接插集成块时，要认清定位标记，不得插反。
- TTL 与非门对电源电压的稳定性要求较严，只允许在＋5V 上有上下 10％的波动。电源电压超过＋5.5V，易使器件损坏；低于 4.5V 又易导致器件的逻辑功能不正常。电源极性绝对不允许接错。
- TTL 与非门不用的输入端允许悬空（但最好接高电平），不能接低电平。
- TTL 与非门的输出端不允许直接接电源电压或地，也不能并联使用。
- 输入端通过电阻接地时，电阻值的大小将直接影响电路所处的状态。当 $R \leqslant 680\Omega$ 时，输入端相当于逻辑“0”；当 $R \geqslant 4.7k\Omega$ 时，输入端相当于逻辑“1”。同时对于不同系列的器件要求的阻值不同。

六、实验报告要求

1）分别列表记录所测得的 TTL 与非门的主要参数。

2）分别描绘所观察到的 TTL 与非门的电压传输特性曲线，在曲线上标出有关参数，算出 V_{NH} 和 V_{NL}。

七、思考题

1）与非门不用的输入端应如何处理？为什么？

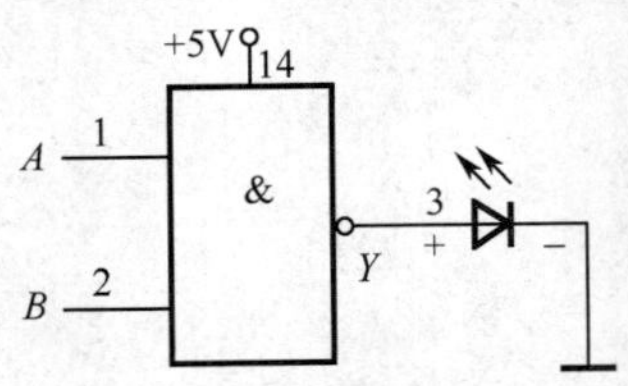

实验图 11.8　TTL 与非门逻辑电路

2）实验图 11.8 所示电路为测试 TTL 与非门逻辑功能的电路。试对应画出：

- A 接 1kHz 正方波，B 接＋5V 电压时的输出电压波形。
- A 接 1kHz 正方波，B 接地时的输出电压波形。
- A 接 1kHz 负方波，B 接＋5V 电压时的输出电压波形。

3）请查阅有关资料，对 TTL 器件和 CMOS 器件的性能进行比较。

实验十二　TTL 集成与非门应用

一、实验目的

1）掌握集成与非门的逻辑功能。

2）熟悉集成与非门的芯片引脚的排列。

二、实验设备及器件

1）＋5V 直流电源。

2）逻辑电平开关。

3）74LS20。

4）导线若干

三、实验要求

设计一个四人表决电路，当表决某一提案时多数人同意（大于或等于 3）设为“1”时，输出才为“1”，提案通过。电路真值表如实验表 12.1 所示。卡诺图如实验表 12.2 所示。

实验表 12.1　表决电路真值

D	0	0	0	0	0	0	0	0	1	1	1	1	1	1	1	1
A	0	0	0	0	1	1	1	1	0	0	0	0	1	1	1	1
B	0	0	1	1	0	0	1	1	0	0	1	1	0	0	1	1
C	0	1	0	1	0	1	0	1	0	1	0	1	0	1	0	1
Z	0	0	0	0	0	0	0	1	0	0	0	1	0	1	1	1

实验表 12.2　卡诺图

DA / BC	00	01	11	10
00				
01			1	
11		1	1	1
10			1	

四、实验步骤

1）根据 74LS20 芯片引脚实验图 12.1 及逻辑电路实验图 12.2 连接电路，14 脚接上+5V电源电压、7脚接地。

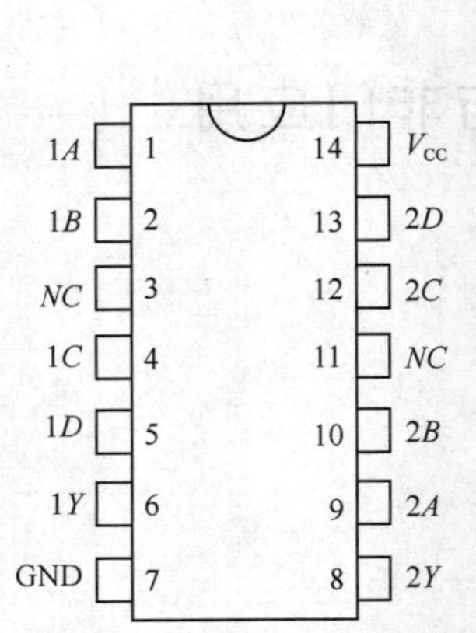

实验图 12.1　74LS20的引脚排列

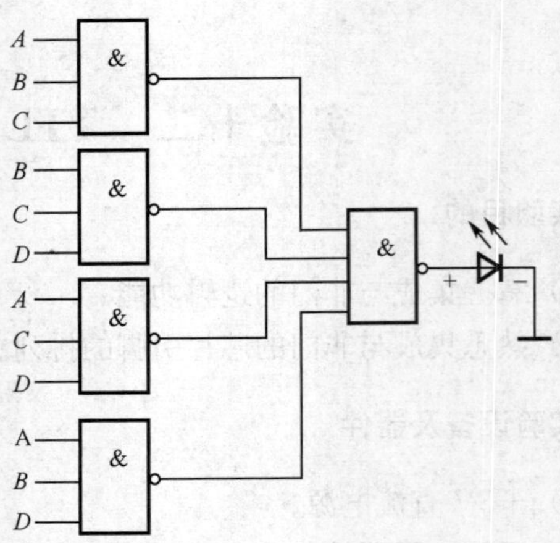

实验图 12.2　表决电路原理图

2）A、B、C、D四输入端接逻辑电平输入端，输出端接逻辑电平指示端并填写卡诺表。

3）根据实验表12.1进行实验，观察逻辑电平输出状态并记录。

五、实验报告

1）根据实验要求，画出实验逻辑图。

2）记录整理实验结果，对结果进行分析。

3）写出实验报告。

实验十三　数码管静态显示驱动实验

一、实验目的

1）掌握数码管的驱动方法。

2）熟悉驱动电路的连接方法。

二、实验电路

实验电路如图 13.1 所示。

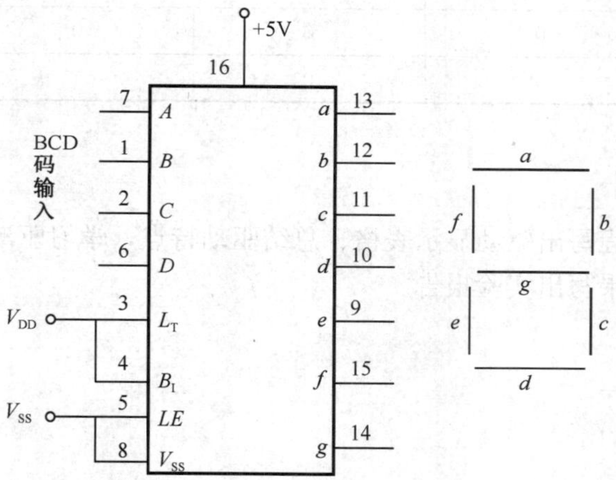

实验图 13.1　CD4511 数码管显示电路

三、实验器材

1）万用表。

2）示波器。

3）信号发生器。

4）实验箱。

四、实验内容及步骤

1）按照电路实验图 13.1 所示连接线路。16 脚电源为＋5V，输入端 1、2、6、7 接钮子开关（开关接“1”相当于接高电平，接“0”相当于接低电平）输出端 9～15 脚直接接数码管，芯片可直接驱动数码管。

2）按实验表 13.1 依次将 4 组开关接通，观察输出数码管的显示，根据实验过程分别将显示数据记入表中。

实验表 13.1　CD4511 逻辑功能数据表

输　入				输　出
A	B	C	D	显示数码
0	0	0	0	
0	0	0	1	
0	0	1	0	
0	0	1	1	
0	1	0	0	
0	1	0	1	
0	1	1	0	
0	1	1	1	
1	0	0	0	
1	0	0	1	

五、实验报告

1）根据实验过程写出驱动显示表格、总结驱动特点，学习驱动电路连线。

2）根据实验结果写出实验报告。

实验十四　简单抢答器实验

一、实验目的

1）掌握抢答器的实验电路。

2）熟悉抢答器的实验原理。

二、实验电路

当所有按键都不按下时，数码管显示为零。当某一按键按下时，相当于输入相应的BCD码，通过内部电路译码驱动数码管显示哪个按键，同时输入信号通过门电路将高电平送入锁存端，实现锁存，其余键按下输出也不会变化，只有复位键按下，解除锁存之后，各按键再次按下，才会改变输出指示值。

三、实验器材

1）万用表1台。

2）示波器1台。

3）CD4511 1片。

4）74LS32 1片。

5）钮子开关4个。

四、实验内容及步骤

1）根据实验图14.1连接线路，输出端a～g接数码管的a～g。输入信号通过门电路将高电平送至锁存端。

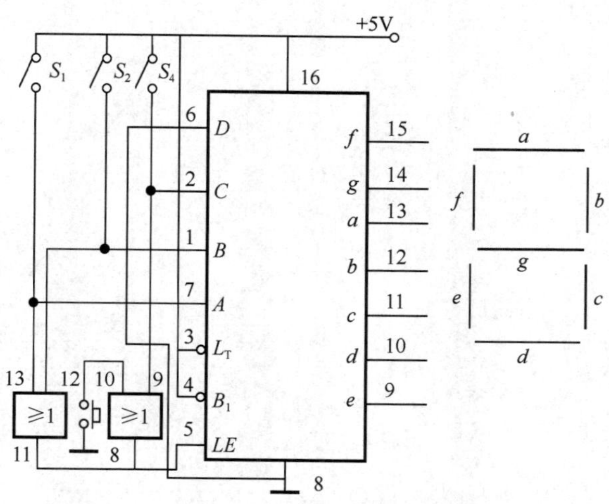

实验图14.1　由CD4511组成的抢答器实验电路

2）按下按键开关进行抢答，观察输出结果确定某个按键先按下并将显示数值记入实验表 14.1 中。

实验表 14.1　抢答器各路抢答数据

输　入			输　出
S_4	S_2	S_1	数　码
0	0	1	
0	1	0	
0	1	1	
0	0	0	

表中，“1”表示按键抢答成功，“0”表示抢答失败。数码管显示哪个数字就表示几号键抢答成功。

五、实验报告

1）根据实验结果，总结 CD4511 的逻辑功能及构成抢答器的方法。

2）在实验报告中写出实验原理、步骤与实验心得。

实验十五　基本 RS 触发器

一、实验目的

1）学会测试触发器逻辑功能的方法。

2）进一步熟悉 RS 触发器逻辑功能。

二、实验预习

1）了解触发器的两种状态。

2）认识触发器的存储功能。

三、实验设备与器件

1）+5V 直流电源。

2）双踪示波器。

3）连续脉冲源。

4）单次脉冲源。

5）逻辑电平开关。

6）74LS00。

四、实验原理

触发器具有两个稳定状态，以逻辑状态“1”和“0”表示。在一定的外界信号作用下，可以从一个稳定状态翻转到另一个稳定状态，它是构成各种时序电路的最基本逻辑单元。

由两个与非门交叉耦合构成的基本 RS 触发器如实验图 15.1 所示。它是一个无时钟控制低电平直接触发的触发器，有两个互补的输出端 Q 和$\overline{Q}$。规定 Q 的状态为触发器的状态，$Q=1$ 时，触发器为 1 态，$Q=0$ 时，触发器为 0 态。当输入端加上信号，触发器偏离原状态时，叫做触发，所加的信号叫做触发脉冲。两个输入端中，$\overline{R}$端叫做置 0 输入端或复位端，$\overline{S}$端叫做置 1 端或置位端。其特性方程为

$$\begin{cases} Q^{n+1} = S + \overline{R}Q^n \\ RS = 0 \end{cases}$$

使用时的情况：$\overline{R}=\overline{S}=1$　输出保持

$\overline{R}=\overline{S}=0$　约束

$\overline{R}=0$，$\overline{S}=1$　置 0

$\overline{R}=1$，$\overline{S}=0$　置 1

基本 RS 触发器也可用两个“或非门”组成，此时为高电平触发有效。

实验图 15.2 为 74LS00 管脚引线图。

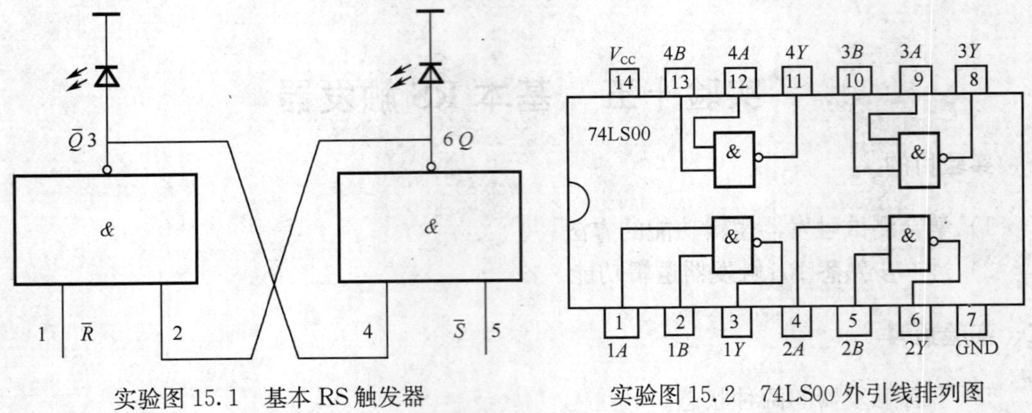

实验图 15.1 基本 RS 触发器　　实验图 15.2 74LS00 外引线排列图

五、实验内容及步骤

1）按实验图 15.1 所示连接线路，14 脚接+5V 电源电压，7 脚接地。
2）将$\bar{R}$接低电平，将$\bar{S}$接低电平并观察输出状态。
3）将$\bar{R}$接低电平，将$\bar{S}$接高电平并观察输出状态。
4）将$\bar{R}$接高电平，将$\bar{S}$接低电平并观察输出状态。
5）将$\bar{R}$接高电平，将$\bar{S}$接高电平并观察输出状态。
6）自拟表格并记录。

六、实验报告

1）总结触发器的逻辑功能。
2）比较时序电路与组合逻辑电路的差异。
3）根据实验现象自拟表格整理实验结果。

实验十六　JK 触发器功能测试

一、实验目的

1）掌握双 JK 触发器 7476 的逻辑功能和触发方式。

2）学习 7476 芯片的使用方法。

二、预习要求

1）查出 7476 芯片的引脚图和功能表。

2）画出实验表格。

三、实验器材

1）+5V 直流电源。

2）逻辑电平开关。

3）7476 芯片。

4）导线若干。

四、实验步骤

1）按照 7476 芯片引脚实验图 16.1 进行连接线路，其中 5 脚接+5V 电源电压，13 脚接地。

2）检查无误后，按照下面功能实验表 16.1 进行验证。

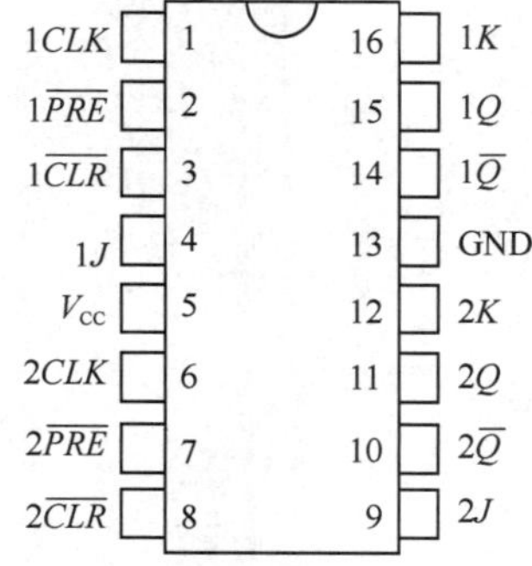

实验图 16.1　7476 芯片引脚图

实验表 16.1　7476 功能验证表

输　入					输　出	
预置	清除	时钟	J	K	Q	$\overline{Q}$
0	1	×	×	×	1	0
1	0	×	×	×	0	1
0	0	×	×	×	1*	1*
1	1	⎍	0	0	Q_0	$\overline{Q}_0$
1	1	⎍	1	0	1	0
1	1	⎍	0	1	0	1
1	1	⎍	1	1	触　发	

注意 $\overline{Q}_0$ 为建立稳态输入条件前状态，* 为不稳态状态。当预置和清除输入回到高电平时，状态将不能保持。

五、实验报告

1）根据实验过程总结 7476 逻辑功能。

2）写出实验心得体会。

实验十七　趣味电路

一、实验目的

1）学会综合运用所学的知识。

2）提高学生的学习兴趣。

3）进一步加强学生的技能水平。

二、实验内容

1. 缺水报警器

缺水报警电路如实验图 17.1 所示。

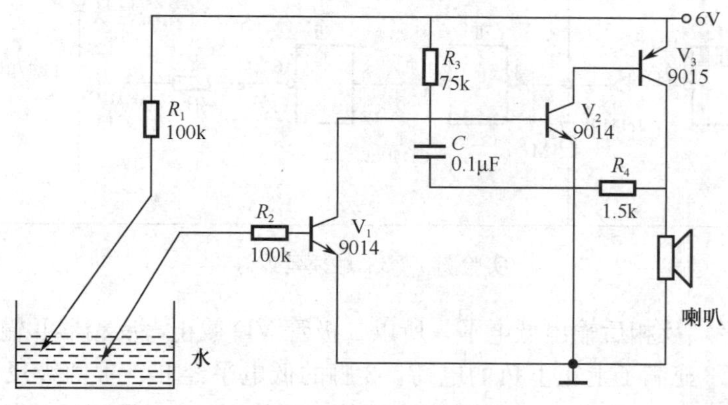

实验图 17.1　缺水报警电路

当有水时，V_1 工作在导通状态，故 V_1 的集电极处于低电位，则 V_2、V_3 都截止，扬声器不发声；当无水时 V_1 由于没有基极偏置，所以处于截止状态，故 V_1 集电极为高电位，V_2、V_3 导通使扬声器发出警报声。

2. 门铃

如实验图 17.2，按下 SB，4 脚得电 555 振荡发声，并且这时 B 点电位高，振荡频率高发出“叮”声，当 SB 恢复断开时，4 脚由电容供电一段时间，B 点电位低，发出“咚”声，延时一段时间门铃无声。

3. 触摸延迟灯

触摸延迟灯的电路如实验图 17.3 所示。

图中 S 为触摸电极片，当手指没有接触到它时，S 两电极片不通，反相器Ⅰ的输入

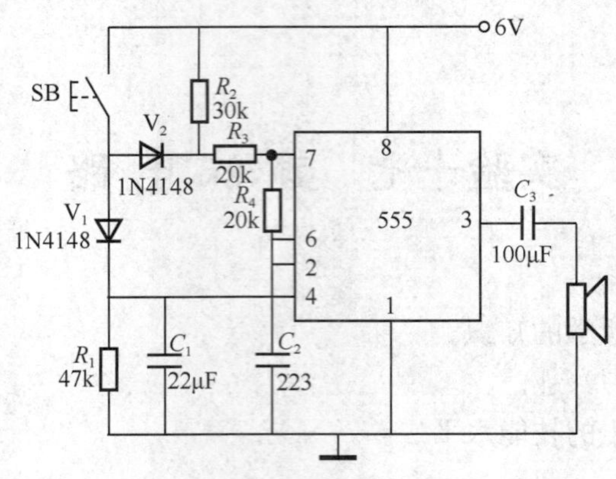

实验图 17.2 门铃电路

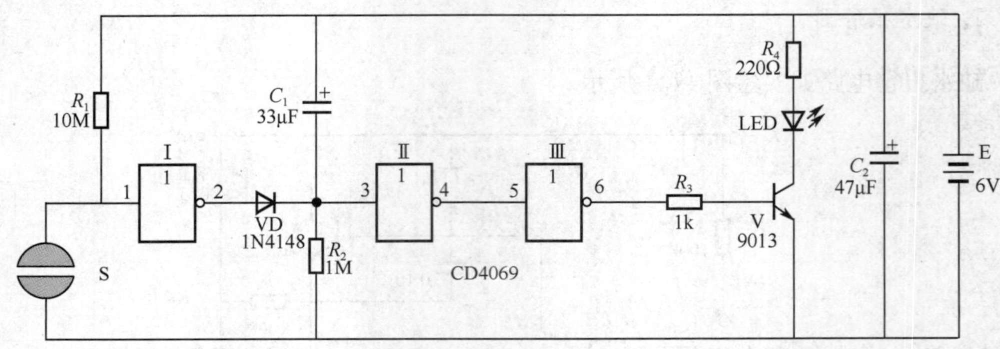

实验图 17.3 触摸延迟灯

端 1 处于高电平，反相后输出低电平，所以二极管 VD 截止，反相器Ⅱ输入端 3 为低电平，这时电容 C_1 充满了上正下负的电荷，3 脚的低电平经Ⅱ、Ⅲ两级反相后输出仍为低电平，所以此时三极管 V 截止，发光二极管 LED 不亮。如果用手指按住电极 S，则情况就发生了变化。由于人体的电阻远小于电阻 R_1，所以反相器Ⅰ的输入端 1 变为低电平，所以反相器Ⅱ输出高电平，二极管 VD 导通，使反相器Ⅱ的输入端 3 也变为高电平，这时电容 C_1 经 VD 放电，并且此高电平经两级反相后，使输出端 6 为高电平，经 R_3 加到 V 的基极使 V 导通，LED 通电发光。人手刚拿开电极 S，虽然反相器Ⅰ的输入和输出端电平发生翻转，VD 截止，但由于电容 C_1 两端电压不能突变，CD4069 的 3 端和 6 端仍能保持电平不变，LED 仍发光。这时电源经 R_2 向 C_1 充电，充电结果使 3 端电平逐渐下降，当电平降至 $1/2V_{DD}$（即 CMOS 电路阈值电平 V_{TR}）时，反相器Ⅱ、Ⅲ输入和输出电平均发生翻转，6 端由原来的高电平变为低电平，三极管 V 截止，LED 熄灭。LED 的点亮时间即电路延迟时间，主要由 R_2 和 C_1 的充电时间常数决定。

CD4069 是一块六反相器的集成电路，本电路只用其中 3 个反相器。另 3 个不用的反相器。可将其输入端接电源正极或电源的负极。

附录　使用热转印法制作印刷电路板

电子爱好者业余制作印刷电路板有很多方法，如刀刻法、油漆画线法、感光胶丝网漏印法和热转印法等，它们各有特点。笔者多次用热转印法制作印刷电路板，其操作简单，掌握好后容易成功，制作成本也较低，印刷电路板的质量接近于专业制作水平，比较适合业余条件下单件或小批量电路板制作。

一、热转印法的工艺原理

热转印法采用热转移原理，先将设计好的印刷电路板图用激光打印机打印在热转印纸上。由于激光打印机用的墨粉是一种黑色耐热树脂微粒，受热130℃～180℃时熔化，打印时被硒鼓上感光后的静电图表吸附，消除静电后经高温熔化并转移于热转印纸上，成为热转印版。由于热转印纸经过了高分子技术的特殊处理，它的表面覆盖了数层特殊材料的涂层，使热转印纸具有耐高温不粘连的特性。将该热转印纸覆盖在敷铜板上，施加一定的温度和压力，再次融化的墨粉便完全附着在敷铜板上，冷却后形成牢固的耐腐蚀图形。敷铜板放入三氯化铁中腐蚀，将没有墨粉图形覆盖的铜箔腐蚀掉。清洗、干燥后钻孔，即成为做工精美的印刷电路板。

二、热转印纸的选择

市场上有专用热转印纸出售，如果专用的热转印纸买不到，可到制作广告的刻字店找一点即时贴衬纸，这是刻字后的废料，也可到文化用品店买一些即时贴，还可用不干胶的黄色衬纸，这些都是很好的热转印纸。这些纸表面都是经过高分子技术处理，光滑耐热，它对打印在上面的墨粉图形具有较差的附着力，只是作为临时载体，往敷铜板上转印时很容易将墨粉脱离而将其牢固地附着在敷铜板上。

热转印纸要干燥才能保证打印质量，因为表面附着力较差，潮湿的热转印纸打印时容易出现部分墨粉残留在硒鼓上，造成热转印纸上的图形残缺，或是热转印纸不能很好地附着墨粉，使图形呈流淌状。潮湿的热转印纸要进行干燥处理，在阳光下或在60℃～80℃平整放置，不要卷曲。有人采用的在打印机上空走一遍进行干燥的方法不可取，这样干燥过的热转印纸有卷曲现象，或有皱纹，打印时容易出现卡纸等故障，应采用日常密封起来保存在干燥处的方法。

热转印纸要一次性使用，多次使用转印质量难以保证，对激光打印机硒鼓寿命也有影响。

三、印刷电路板的绘制与排版

印刷电路板图形可有Protel等专业软件按1∶1比例绘出，用其他软件只要图形合格就行，图形要绘成镜像，即反过来，好像在印刷电路板的原件面透过板子看铜箔走线，转印到敷铜板上就成正像，正像图可用计算机上的镜像功能转换而成。没有计算机用手工绘制然后复印也可以，手工绘制要直接绘成镜像，最好放大绘制，复印时再按比例缩小成1∶1图形，用这种方法绘图容易保证尺寸精度，还能掩饰一些手工绘制的细微缺陷。

印刷电路板图中焊盘要绘出定位孔，直径约0.1～0.2mm，腐蚀后形成一小圆坑，以便钻孔前用冲头打定位点。如果细心操作还可直接用它作为定位点进行钻孔，省去用冲头打定位点的麻烦。印刷电路板上的安装孔、边界线等有用要素都要绘出，会给印刷电路板的切割、钻孔等加工带来方便。

如果一种印刷电路板图需做2件以上且尺寸不大，或是几种印刷电路板图可放置在一起，就要进行排版。将图复制排列在一起，各图间只留稍大于锯路尺寸即可，图形可分别旋转合适角度以充分利用敷铜板面积。手工绘制的印刷电路板图可分别剪裁排在一起复印在一张纸上。

四、印刷电路板图的打印

排好版的印刷电路板图用激光打印机直接打印在热转印纸上，没有激光打印机可用喷墨打印机打印后再用复印机复印到热转印纸上，因为复印机用的墨粉也和激光打印机用同类的墨粉。手工绘制的电路板图，用复印机复印到热转印纸上。

打印、复印时要注意比例，保证图形尺寸正确，颜色要调得深，使墨粉层厚重，质量才能保证。

五、热转印

热转印机可用过塑机改装，那些专用的热转印机也多是用过塑机改装的。由于过塑机通过的厚度多在1mm以内，要调整到能通过敷铜板的厚度才可使用。方法是：拆开外壳，找到起压力调整的限位螺丝，精心调整试验几次即可。

敷铜板要除净油污才好用，油污不除净，墨粉与敷铜板不易黏合而造成废品。用去污粉擦去除油污比较好，用砂纸打磨会伤敷铜板且不容易除净油污。轻微油污可用干净橡皮擦除。还需去除敷铜板四周的突起毛刺，用砂纸或砂轮打磨光滑，最好是倒一点边，可避免损伤热转印机上胶棍。

将热转印机温度调到150℃～180℃，过纸速度调得慢些，具体温度和速度因采用的热转印纸不同而由实验确定。将敷铜板放在热转印机上与它同时升温进行预热除去水分，预热温度不要太高，有40℃～60℃即可。

将有印刷电路板图形的热转印纸图形面朝上平铺在桌面上，敷铜板对准图形覆盖在上面，注意敷铜板不要与热转印纸有相对磨擦，以免图形模糊。将准备推入过塑机一侧的纸边折起，压在敷铜板上用透明胶布贴牢，相对的一侧也同样做。有热转印纸面朝上送入热转印机。

如果转印得法一般转印一次即成。冷却后从一角缓缓揭开热转印纸，注意转印效果，如果发现纸上面还有墨粉图形，再将其盖回重新转印一次，直到最后揭起后纸上墨粉完全吸附在敷铜板上，形成有图形的保护层为止。

若没有热转印机则可以用电熨斗代替，热转印纸面在上，用电熨斗均匀地熨烫，电熨斗的温度也在 150℃～180℃之间，熨的时间约 30～80s 即可，不需要很长时间，所有图形线条都要熨到。同时，揭开热转印纸，发现纸上面还有墨粉图形也要重新熨，直到满意为止。敷铜板冷却后从一角缓缓揭下热转印纸，仔细检查转印完成的敷铜板，图形如有断线、残缺等情况，使用油性碳素笔、油性记号笔或者指甲油、油漆等进行修补，注意不要弄脏敷铜板，多余的墨点和污染点用刀刮掉。

六、敷铜板的腐蚀

常用的腐蚀剂是三氯化铁，按 1∶3 的比例配制三氯化铁水溶液，装入适当容器，将转印好的敷铜箔面向上浸入，轻轻振荡容器或搅动三氯化铁水溶液，搅动时不要碰到敷铜板上的图形，一般十几分钟即可腐蚀完成。

比较好用的腐蚀液是双氧水和盐酸溶液，工业级即可，比较便宜。找一个小塑料盒，能把敷铜板放进去就行。放少量清水刚没过敷铜板即可，按一块10cm×10cm 的敷铜板大约加 3～5ml 盐酸后再加约 2～4ml 双氧水的比例，视敷铜板面积决定用量，再轻轻振荡即可。调整双氧水与盐酸用量可改变腐蚀速度，腐蚀速度不要太快，太快了容易造成侧蚀，使铜箔走线形成毛边。

腐蚀好的敷铜板要很好清洗，晾干后进行切割、修边、钻孔等后期加工，一块比较“专业”的印刷电路板就展现在你的面前了。

参 考 文 献

苏永昌，熊伟林. 2005. 电工与电子应用技术. 北京：高等教育出版社

童诗白. 2001. 模拟电子技术基础. 北京：高等教育出版社

吴桂秀. 2005. 新型电子元器件检测. 杭州：浙江科学技术出版社

吴国忠. 2007. 热转移法制作印刷电路板. 电子制作，(2)

新电气编辑部. 2004. 电子电路与电子技术入门. 北京：科学出版社

于淑萍. 2004. 电子技术实践. 北京：机械工业出版社

张龙兴. 2004. 电子技术基础. 北京：高等教育出版社

浙江亚龙教仪有限公司. 2006. 数电模电实验手册

朱国兴. 2004. 电子技能与训练. 北京：高等教育出版社